高等学校大学计算机课程系列教材

C语言程序设计

及工程案例分析

熊茜 焦晓军 主编

伍建全 王双明 彭曾 副主编

清华大学出版社

北京

内 容 简 介

本书是国家级一流课程"C语言程序设计"的配套教材,书中全面系统地讲解C语言的基础理论知识,并通过汽车行业的相关工程案例进行应用分析。全书共10章,主要内容包括初识C语言、数据类型和表达式、分支结构、循环结构、函数、数组、指针、结构体、文件和综合工程案例分析等。

本书借鉴课程组"边讲边练"的教学改革方式,对每个知识点采用"案例+知识点+微实例+微课+微练习"的资源组织形式,帮助读者牢固掌握知识点。

本书可作为计算机类相关专业"C语言程序设计"课程的教材,也可作为全国计算机等级考试"C语言程序设计"的自学用书,还可作为相关行业技术人员的参考用书。

版权所有,侵权必究。举报:010-62782989,beiqinquan@tup.tsinghua.edu.cn。

图书在版编目(CIP)数据

C语言程序设计及工程案例分析 / 熊茜,焦晓军主编.北京:清华大学出版社,2025. 6. --(高等学校大学计算机课程系列教材). -- ISBN 978-7-302-69585-1

Ⅰ. TP312.8

中国国家版本馆 CIP 数据核字第 2025U6N001 号

策划编辑:魏江江
责任编辑:葛鹏程 薛 阳
封面设计:刘 键
责任校对:韩天竹
责任印制:刘 菲

出版发行:清华大学出版社
　　　　网　　　址:https://www.tup.com.cn, https://www.wqxuetang.com
　　　　地　　　址:北京清华大学学研大厦 A 座　　　邮　　编:100084
　　　　社 总 机:010-83470000　　　　　　　　　　邮　　购:010-62786544
　　　　投稿与读者服务:010-62776969,c-service@tup.tsinghua.edu.cn
　　　　质量反馈:010-62772015,zhiliang@tup.tsinghua.edu.cn
　　　　课件下载:https://www.tup.com.cn,010-83470236
印 装 者:北京同文印刷有限责任公司
经　　销:全国新华书店
开　　本:185mm×260mm　　　印　张:17.5　　　　　字　　数:437 千字
版　　次:2025 年 7 月第 1 版　　　　　　　　　　印　　次:2025 年 7 月第 1 次印刷
印　　数:1~1500
定　　价:59.80 元

产品编号:109671-01

前 言

党的二十大报告指出：教育、科技、人才是全面建设社会主义现代化国家的基础性、战略性支撑。必须坚持科技是第一生产力、人才是第一资源、创新是第一动力，深入实施科教兴国战略、人才强国战略、创新驱动发展战略，这三大战略共同服务于创新型国家的建设。高等教育与经济社会发展紧密相连，对促进就业创业、助力经济社会发展、增进人民福祉具有重要意义。

C语言是一门古老而常青的程序设计语言。在众多的计算机语言中，C语言是目前用户群最大的计算机语言之一。它既可用于编写系统软件，也可用于编写应用软件。C语言具有现代高级程序设计语言的基本语法特征，常用的面向对象程序设计语言（如C++、Java等）的基本语法都源自C语言，巩固C语言基础有助于学习其他编程语言，因此很多高校将C语言作为程序设计能力培养的入门语言。

面向应用型本科院校"应用型高级人才"的培养目标，本书由应用型本科院校一线教师与企业技术专家合作编写。本书作者在长期从事C语言课程教学的基础上，总结十余年的教学经验与体会，参考近年来出版的大量书籍和相关技术资料，面向零基础的学习者，重新梳理和编写C语言的教材内容。本书突出程序的要点分析和编程心得，编写最适合读者入门与提高的案例，由浅入深，循序渐进，帮助读者打牢编程基础。

本书引入汽车发动机电子控制系统实际工程案例，帮助读者快速了解C语言如何在工程实际中进行应用。第1~8章各章最后部分提供一个针对该章C语言知识点的工程案例分析，第10章提供一个真实且完整的工程案例并进行C语言综合运用的分析。读者在使用本书的过程中，当遇到汽车行业纷繁复杂的专业知识时不必深究，只要了解C语言的工程应用即可。为便于读者理解，本书对工程代码实现的功能和C语言的运用通过注解的方式展开分析。

读者通过本书的学习，可以获得C语言的基本知识、算法设计思想和编程技能，进而提高工程应用的意识和基本能力，为将来能够解决专业领域复杂工程问题和进行科学研究奠定基础。同时，为落实"立德树人"教育根本任务，本书融入课程思政元素，传递精益求精的科学精神,弘扬一丝不苟、追求卓越的工匠精神。

本书作者是重庆科技大学国家级一流课程(线上线下混合式)"C语言程序设计"和重庆市一流课程(线上课程)"C语言程序设计"的课题组成员。本书是课程组18年来持续开展课程教学资源建设、线上线下混合式教学和评价改革的成果体现,所用案例获评"重庆市高校在线课程建设与应用示范案例"和全国高等院校计算机基础教育研究会"在线教学优秀案例"。

编程实验推荐使用程序设计辅助教学(Programming Teaching Assistant,PTA)平台。该平台拥有海量题目,具有自动判题、查重、监考等功能,能够有力支持过程性考核和评价。部分题目具有相当的难度和挑战度,对提升学生的算法实现能力效果显著。建议从第一节课起,将算法设计和程序实现的编程训练贯穿C语言学习始终。通过工程背景案例和习题,延展教学的广度与深度。

为便于教学,本书提供丰富的配套资源,包括教学课件、教学大纲、电子教案、程序源码、习题答案和在线作业。

资源下载提示

课件资源：扫描目录上方的二维码获取下载方式。

在线作业：扫描封底的作业系统二维码,登录网站在线做题及查看答案。

本书在编写过程中,由熊茜、焦晓军主编并统稿。其中,第1、4章由熊茜负责编写,第5、7章由焦晓军负责编写,第2、6章由伍建全负责编写,第3、8、9章由王双明负责编写,第10章及各章工程案例部分由长安福特汽车有限公司动力系统标定高级专家彭曾负责编写。

衷心希望能为读者提供最优质的教材,但由于编者才疏学浅,书中谬误和不足之处在所难免,恳请各位专家和读者予以指正。

编　者

2025年6月

目 录

资源下载

第1章

初识C语言

学习目标

- 了解 C 语言的前世今生,树立学习好 C 语言的信心、决心。
- 了解程序设计的基本概念,学会编写第一个 C 程序,了解典型的 C 程序结构及编程规范。
- 熟练掌握 VC++ 2010 集成开发环境基本工具的使用和开发程序的过程。
- 了解算法的概念,学会用流程图描述算法的方法,了解 IPO 编程方法。

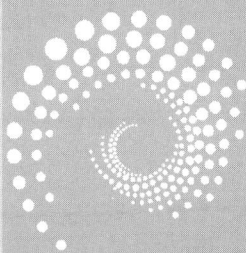

本章主要学习 C 语言编程的基础概念。包括程序设计的基本概念、程序设计的一般过程、如何通过算法和程序来解决问题,掌握集成开发环境的操作和使用,写出第一个属于自己的程序。

🔑 1.1　为什么要学习 C 语言

美国苹果公司联合创始人史蒂夫·乔布斯说过:每个人都应该学习给计算机编写程序,因为它会教你如何思考。C 语言就是最受欢迎的程序设计入门语言之一。本节通过 C 语言的发展历史、使用特点以及它在工程中的应用,一起来认识这门古老而长青的编程语言。

1.1.1　什么是程序设计

当今时代是一个信息的时代,每个人的生活都离不开计算机,信息技术的发展让计算机可以完成几乎所有的任务。但事实上,计算机只是一种机器,它只能做人们告诉它要做的事情。大多数的计算机系统只能执行很基础的操作,这些基础的操作也称为指令。例如,给一个数加一或测试一个数是否等于零。计算机所能实现的指令的集合称为计算机的指令系统。

如果要利用计算机来解决一个问题,则需要将问题解决的过程通过有意义的指令序列传达给计算机。为了解决一个特定问题而形成的有序的指令集合就称为程序。解决问题所采用的逻辑上前后相接的一步接一步的途径或方法就被称为算法。例如,如果想写一个程序判断一个数是奇数还是偶数,解决这个问题的语句集合就是程序,用来测试一个数是奇数还是偶数的方法就是算法,根据算法开发程序的过程就称为程序设计。程序设计的一般过程包括 4 个步骤:①问题分析和算法设计;②编码;③编译、链接和运行;④调试与维护。所以,编程解决判断奇偶数问题的过程应该是:首先确定算法,将这个数除以 2,如果余数是 0,则这个数是偶数;否则,这个数是奇数。有了算法之后就可以针对特定的计算机系统编写指令序列来实现这个算法。这些指令表现为特定的计算机程序设计语言的语句,例如 Java、C++或 C 语言。这个用某种高级语言描述算法的过程就是编码。

对程序设计语言的发展需要有一个大致的了解。

1. 机器语言

最原始的程序设计语言是机器语言,即针对特定机器而专门设计的语言。机器语言是计算机硬件不需要翻译就能直接识别并直接执行的语言,但它能提供的功能非常简单。用机器语言编写程序相当困难,编程的方法就是操作二进制数 0 和 1 组成的计算机指令,编写出的程序也很难阅读和理解,需要有经验的程序员才能完成。不同的计算机有不同的机器语言,一台计算机上的程序无法在另外一台不同类型处理器的计算机上运行,可移植性差。

2. 汇编语言

为了解决机器语言可读性差的问题,汇编语言允许程序员使用助记符执行各种操作,例如 ADD 代表加法。虽然在很大程度上帮助程序员提高了编程效率,更容易阅读和理解程序,但是程序员还必须学习特定的指令集。用汇编语言编写程序还是不可移植的,程序不能在不同的处理器上运行,这是因为不同的处理器有不同的指令集。

3. 高级语言

汇编语言依赖硬件,仍被认为是低级语言,而且助记符数量众多,语法细节复杂,需要专业的程序员才能进行程序开发。为了使程序语言能被更广泛的人群使用,出现了高级语言,它的语法形式接近人类的自然语言,程序员无须了解机器的处理细节,编程变得更加简单易学、可读性强。高级语言有 Fortran、Pascal、Basic、Cobol、Prolog、C、C++、Delphi、Java、C♯、Python 等。

1.1.2　C 语言的发展历程

C 语言是一门古老又常新的语言,要研究它的历史不得不提到 UNIX 操作系统。据说贝尔实验室的几位天才程序员为了早日玩上自己编写的电子游戏,促使自己用新的语言开发了一款操作系统,这种编程语言就是后来大名鼎鼎的 C 语言,这款操作系统就是 UNIX 操作系统。

操作系统是一种仅覆盖在硬件之上的特殊的系统软件,它是用户与计算机硬件系统之间的接口,是计算机系统资源的管理者。早期的操作系统软件主要是用汇编语言编写的。由于汇编语言依赖计算机硬件,程序的可读性特别是可移植性都比较差,为了提高操作系统软件的可读性和可移植性,希望有一种高级语言能够用来编写操作系统,同时也希望能兼顾低级语言能直接操作硬件等优点。在这种情况下,C 语言就诞生了。

1970 年,美国贝尔实验室的 Ken Thompson 以 BCPL 语言为基础,又进一步简化,设计出了很简单而且很接近硬件的 B 语言(取 BCPL 的第一个字母)。并且他用 B 语言写了第一个 UNIX 操作系统。

1972 年,美国贝尔实验室的 D. M. Ritchie 在 B 语言的基础上最终设计出了一种新的语言,他取 BCPL 的第二个字母作为这种语言的名字,这就是 C 语言。C 语言既保持了 BCPL 和 B 语言的优点,又克服了它们的缺点。他用 C 语言重写了 UNIX 操作系统。

1977 年,D. M. Ritchie 发表了不依赖具体机器系统的 C 语言编译文本《可移植的 C 语言编译程序》,推动了 C 语言以及 UNIX 操作系统的广泛使用。

为了 C 语言的健康发展,1982 年美国国家标准协会(ANSI)成立了 C 标准委员会,建立了 C 语言的标准。1989 年,ANSI 发布了第一个完整的 C 语言标准"C89",即"ANSI C",次年被国际标准组织 ISO 采纳。1999 年,ISO 发布了新的 C 语言标准"C99"。2011 年,ISO 又正式发布了最新的标准"C11"。

很多程序设计的初学者都会问一个问题:选择哪一种编程语言更好呢? TIOBE 编程语言排行榜是编程语言流行趋势的一个风向标,反映了某种编程语言的热门程度。它每月更新,这份排行榜排名基于互联网有经验的程序员、课程和第三方厂商的数量。排名使用著名的搜索引擎(诸如 Google、Bing、Yahoo!、Wikipedia、Amazon、YouTube 以及 Baidu 等)进行计算。图 1.1 是 2025 年 4 月的 TIOBE 编程语言 Top20 的排行榜,C 语言仅次于 Python、C++语言,位于排行榜的第三位,说明 C 语言备受程序员青睐。

Apr 2025	Apr 2024	Change		Programming Language	Ratings	Change
1	1			Python	23.08%	+6.67%
2	3	^		C++	10.33%	+0.56%
3	2	v		C	9.94%	-0.27%
4	4			Java	9.63%	+0.69%
5	5			C#	4.39%	-2.37%
6	6			JavaScript	3.71%	+0.82%
7	7			Go	3.02%	+1.17%
8	8			Visual Basic	2.94%	+1.24%
9	11	^		Delphi/Object Pascal	2.53%	+1.06%
10	9	v		SQL	2.19%	+0.57%
11	10	v		Fortran	2.04%	+0.57%
12	15	^		Scratch	1.35%	+0.21%
13	17	^		PHP	1.31%	+0.21%
14	20	^		R	1.19%	+0.34%
15	24	^		Ada	1.09%	+0.36%
16	16			MATLAB	1.07%	-0.04%
17	12	v		Assembly language	0.97%	-0.32%
18	19	^		Rust	0.96%	-0.08%
19	23	^		Perl	0.91%	+0.15%
20	21	^		COBOL	0.91%	+0.11%

图 1.1　TIOBE 编程语言 Top20 排行榜(2025 年 4 月)

1.1.3　C 语言的特点

1. 表达力强,应用广泛

C 语言兼具高级语言和低级语言的优点,被广泛使用于各大主流操作系统,如 UNIX、Linux、MS-DOS 和 Microsoft Windows 等。C 语言具有良好的跨平台性,可以在不同的处理机上运行,也可以在普通计算机或超级计算机上运行,还也可以在嵌入式处理器上运行。

中美贸易战中,华为公司自主研发的鸿蒙操作系统亮剑,其内核也是用 C 语言编写的,这是国人的骄傲,让我们不再受制于人。C 语言不仅可用于编写操作系统,还可用来编写其他的系统软件,如编译器、驱动等,擅长做后台和底层应用开发,特别是嵌入式设备开发,例如大部分带智能芯片的家电、工业制造系统、交通工具,几乎所有带微控制器的需要用信号来控制被控对象的设备都需要 C 语言完成所有编程或者部分编程任务。另外,C 语言还应用于科学研究、数字计算、图形图像处理、网络通信、游戏软件开发等几乎所有的领域。

2. 简洁紧凑,灵活方便

C 语言包含 32 个关键字,9 种控制语句,34 种运算符,特有"指针"语法,使 C 语言可以对存储器进行低级控制。程序书写形式自由,区分大小写。程序设计自由度大,完成同样的任务可以有多种不同方案,合理利用将使程序员有更大的发挥空间。C 语言具有低级语言的优点,可以直接操作位、字节和地址,可以直接访问物理地址和对硬件进行操作。

3. 目标代码质量高,程序执行效率高

C 语言兼具高级语言和低级语言的优点,作为一种高级语言,编程工作量小,程序可读性好,易于理解和调试,代码质量高;同时作为一种低级语言,目标代码效率仅比汇编程序生成的低 $10\%\sim20\%$。

4. 可移植性好

由于 C 语言是一种高级语言,对硬件的依赖比较少,只需要简单地修改或者不修改,就可以很容易移植到另外一个完全不同的平台上进行程序开发。

这就是纵然过去了几十年,C 语言依旧活跃在编程语言排行榜前列的原因。C 语言是程序设计初学者一个很好的选择,学好 C 语言可以帮助我们打下坚实的程序设计基础,包括基本语法、常用的算法以及结构化程序设计思想,帮助学习者深刻理解计算机的组成以及基本工作原理,是学习 C++、Java 等其他编程语言的必经之路。

1.1.4　C 语言在工程中的应用

由于 C 语言具有诸多优点,在工程上得到大量运用,工程上自动化设备基本都采用 C 语言编程,原因是工程上基本采用单片机来控制系统,虽然单片机和计算机相比性能较弱,功能单一,但它不太受外界干扰。以汽车行业为例,汽车开发中使用各种各样的软件,其设计时候的仿真软件和测试软件可能是采用不同语言编写的,以尽快实现设计者不同的目的,但是最终往芯片里灌装的软件都是 C 语言编写的。即使开发时使用 MATLAB 等软件编写的图形化程序,最终也必须要转换成 C 语言,并且软件测试签收也是在 C 语言版本上进行的。

形成这种现象的主要原因之一是 C 语言应用历史悠久,更高级的语言开发出来之前只有 C 语言可以选择,造成了大量的功能模块需要沿用 C 语言,如果要更换就必须要重新开发,涉及天价的开发成本和大量的开发时间;其次,C 语言相较于更高级的语言没有明显不足的地方。工业级软件从整体到各个逻辑模块甚至每一行代码都需要经过反复验证,高级语言可以极大地简化编程时候的代码编写而专注于实现算法和逻辑。庞大工程的各个模块往往是世界各地不同团队人员编写的,基于文化和经验等方面的差异,实践证明用 C 语言交付的版本出现分歧和误解的情况最少,这样可以在验证阶段节省大量工作。因此,汽车的动力系统软件对同一控制对象常常同时拥有高级语言版本和 C 语言版本,并且附有近万页的软件说明。

1.2　初识 C 程序

与人交往,留给人们的第一印象是对方的外貌;与 C 语言打交道,通常也想第一时间看看它的外貌,包括头、身子、骨架等都长什么样。本节将从第一个程序 Hello,world! 出发,学习 C 语言基本组织结构以及需要遵循的编程规范。

从本节开始,程序编码将伴随全书理论学习的始终,希望读者能多多上机练习,因为这是学习程序设计的不二法门。如果还没有安装 C 语言集成开发环境,则可以查阅 1.4 节的内容并进行安装。话不多说,马上来看看第一个 C 语言程序。

1.2.1　第一个 C 语言程序

计算机文化里有一个有趣的现象:程序员在学习编程时,第一个演示程序通常都是在屏幕上输出"Hello,world!"这行字符串。

【例 1.1】　在屏幕上输出单行字符串。

程序 1.1　在屏幕上输出"Hello,world!"。

```
# include< stdio. h>
int main(void)
{
    printf("Hello, world!\n");
    return 0;
}
```

程序运行结果如下。

```
Hello, world!
```

这短短 6 行代码就是一个完整的 C 程序,下面分析程序 1.1 中的每个句子和符号的含义。

1.　# include < stdio. h > 预编译命令

include 的意思是包含,std 是标准 standard 单词的缩写,io 是 input 和 output,即输入输出,.h 是 head 头文件的扩展名,合起来的意思就是"包含标准输入输出头文件"。因为这个程序虽然看起来简单,只是输出,但除了编写一行输出语句外,程序还需要完成其他的工作、执行其他的代码,这些代码已经打包放在了头文件程序中,此时只需要将它包含进自己的程序即可。

2.　main()函数

main()函数即主函数,一个可独立运行的 C 语言程序有且仅有一个 main()函数,形如:

```
int main(void)
{

}
```

一个 C 语言程序不管多么复杂,不管另外定义了多少功能函数,main()函数都是程序的入口和出口。入口就是 main()函数的左花括号"{",出口就是 main()函数的右花括号"}"。main 后面"()"是函数的标志,用来存放函数参数,这里可以填写"void"代表空或者不写。main 之前的 int 是函数返回值类型,int 是整型 integer 的缩写,代表 main()函数返回的是一个整数。

3. printf 输出语句

printf 是格式化输出语句,printf("Hello,world!\n");的作用就是在标准输出设备(通常是屏幕)按规定格式输出内容。对于这个语句来说,就是输出双引号之间的句子。

C 语言每条语句后都有一个分号作为结束符。"\n"的作用是回车换行,如果还有其他信息输出,就会转到下一行,而不是紧跟在"Hello,world!"语句后输出。

main()函数的花括号中可以有多条语句,这些语句构成了 main()函数的函数体,构建了 main()函数的功能。

4. return 语句

main()函数中的 return 0;语句用于向操作系统返回一个整数 0,并终止程序的运行。main()函数前面的 int 说明需要返回一个整型数据,这个 0 就是返回的整型值。

对于初学者来说,这个框架是每一个程序都必需的,因此建议写 C 程序之前都先写上这一段代码,然后在里面填写其他功能代码。

```
# include< stdio. h>
int main(void)
{
    ...
    return 0;
}
```

【例 1.2】　在屏幕上输出两行字符串。

程序 1.2　在屏幕上输出"This is my first C program!"和"I get much fun from programming"。

```
# include< stdio. h>
int main(void)
{
    printf("This is my first C program!\n");
    printf("I get much fun from programming\n");
    return 0;
}
```

程序运行结果如下。

```
This is my first C program!
I get much fun from programming
```

1.2.2　一个典型的 C 程序

这是一个仅有 18 行的小程序,但这个程序"麻雀虽小,五脏俱全",是一个典型的 C 语言程序,它包含了 C 语言的常用基本语法、组织结构、程序设计的基本方法。

【例 1.3】　计算圆的面积。

程序 1.3　输入圆的半径,计算圆的面积。

```
# include < stdio.h>
# define PI 3.1415926
int main(void)
{
    float area_calculation(float r);          //area_calculation()函数的声明
    float radius,area;
    printf("请输入圆的半径: ");
    scanf(" % f",&radius);
    area = area_calculation(radius);          //area_calculation()函数的调用
    printf("该圆的面积是 %.2f\n",area);
    return 0;
}
/ * area_calculation()函数的定义 * /
float area_calculation(float r){
    float result;
    result = PI * r * r;
    return result;
}
```

程序运行结果如下。

```
请输入圆的半径: 3
该圆的面积是 28.27
```

先来研究这个程序的框架。这个程序主体由两个函数构成,除 main()函数外,还有一个执行具体求取面积功能的函数 area_calculation()。函数的英文是 function,function 有功能之意,因此函数就是功能模块,功能由函数来实现,一般一个函数实现一个独立的功能。不管程序如何复杂,即使是几十万行代码的程序,也是由函数来构建的,只是程序越复杂,函数个数通常就越多,但 main()函数始终只有一个,而且它是程序的入口和出口。

在这个程序中使用了"//"和"/ * … * /"符号,这两种都是注释符号,它们的作用是对程序代码进行解释说明,并非必需的程序代码,不会参与程序的运行。对代码添加注释是非常必要的,这将在 1.2.4 节编程规范中再做说明。

从注释可以了解到函数具有三要素:函数的定义、函数的调用和函数的声明。函数的定义是构建函数的功能,函数的调用是使用函数,由于函数调用位于函数定义之前,违反了程序设计中先定义后使用的原则,因此需要在 main()函数的函数体前部加上函数的声明。在第 5 章将详细说明函数的三要素。

除主体两个函数外,在程序的开头还有两行预编译处理命令,以"#"开头:

```
# include < stdio.h>
# define PI 3.1415926
```

其中,第一行的意思是包含标准输入输出头文件,每个程序都需要这行代码;第二行是宏定义,define 就是定义,定义 PI 这个符号为 3.1415926,注意后面并没有分号。宏定义的作用是在程序编译期间将程序中的"PI"替换为"3.1415926",这种替换是简单的原样替换,如果"3.1415926"后面加上了分号";",那么 PI 这个符号也会被原样替换,显然会引起错误。

初学程序设计并不需要有天马行空的想象力,其实很多设计都是有套路可循的,记住程序 1.3 的框架,仅对它进行模仿和改写,就可以实现很多任务。通过这个例子,除了要了解程序的组织结构,还需要知道程序设计的一般方法——IPO 模式。

1.2.3 IPO 模式

编程求解一个问题,通常需要零个或多个输入,需要至少一个或多个输出,如果没有输出,程序将变得没有意义。很多初学者在编程时不知从何入手,其实方法很简单,只需要回答图 1.2 中的几个问题。

输入(Input)、处理(Process)、输出(Output)这三个问题的首字母合起来就是 IPO,回答出这三个问题,思路就捋清了。工作中要完成一项任务也需要 IPO 方法:获得的资源是什么?需要达到哪些目标?如何利用获得的资源达到这个目标?

输入数据是什么?(Input)
↓
怎么处理和计算数据?(Process)
↓
输出数据是什么?(Output)

图 1.2 IPO 模式

首先是输入。仍以程序 1.3 为例,输入是圆的半径,输出是圆的面积,处理过程就是通过圆的半径计算圆的面积。输入是由这条语句实现的:

```
scanf("%f",&radius);
```

scanf 是格式化输入语句,它的作用是接收用户按规定格式从键盘输入的数据,是一种控制台输入方式。通常表现为程序的暂停、光标闪烁,等待用户的输入。一般为提高交互性,需要提示用户进行某种数据的输入。例如:

```
printf("请输入圆的半径:");
```

这种提示有助于提升用户体验,是一种良好的编程习惯。但这并不是必需的,很多在线判题系统为方便判题,要求程序去掉这些提示语句。还有其他一些输入数据的方式,例如在程序开始就将数据存入数据容器——变量之中,隐含了数据的输入过程;或者从外部文件输入,需要取得外部文件的访问权,并读取和解析数据;或者将随机数作为程序的输入数据,需要调用随机函数等方法设置生成随机数。

最后是输出。程序的输出通常在处理计算之后,输出的方式是调用格式化输出语句printf。例如:

```
printf("该圆的面积是%.2f\n",area);
```

这种方式实际就是控制台输出方式,将结果按某种指定格式显示在计算机屏幕。也可以将结果输出到外部文件中,便于长久存储数据。

中间是处理。最关键的部分是处理数据,需要将输入数据通过计算产生输出结果。这一过程是创造的过程,创造解决问题的策略、规则和方法,也称为算法。程序员需要设计出正确、高效的算法,并根据算法一步一步解决问题。计算机能执行的每一步功能都是基础的、简单的,而需要完成的任务又相对复杂,因此算法是程序设计的关键,是程序的灵魂。程序 1.3 的数据处理是通过函数完成的,函数的调用概括了数据处理的过程:输入半径,输出面积。

```
area = area_calculation(radius);
```

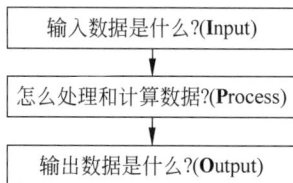

函数的定义具体实现了这一过程,包含了由半径计算面积的公式。

```
float area_calculation(float r){
    float result;
    result = PI * r * r;
    return result;
}
```

当读者能清楚回答前面提出的三个问题时,就可以按输入、处理、输出的顺序编写绝大多数的程序了。另外,在输入之前一般需要定义程序需要的各个变量。综上,IPO模式是程序设计的一般方法,每位初学者都应该谙熟于心。

1.2.4　编程规范

人们在生活、学习、工作中都需要遵章守纪,同样,为了写出更规范的代码,方便自己和他人阅读、理解程序,也需要遵循一定的编程规范,并养成严谨细致、一丝不苟的编程习惯。主要需要注意以下几方面的问题:标识符命名、编码风格、注释等。

1. 标识符命名规则

什么是标识符?标识符就是程序中各种程序成分的标识,即对变量、常量、类型、函数和符号等各种实体进行命名。C语言规定,合法的标识符只能由字母、数字和下画线组成,不允许出现其他字符,不能以数字开头,不能和C语言的关键字(保留字)重名。换句话说,必须由英文字母或下画线开头,如 student_123、test_number、_result。对标识符的长度有限定,C89规定为31个字符以内,C99规定为63个字符以内。C语言是大小写敏感的语言,意思是在标识符的构成中大写字母和小写字母被认为是两个不同的字符,如 LENGTH 和 length 是不同的标识符。

在给各种实体命名时要注意"见名知义",意思是看到名字就可以猜出实体的意义和作用。例如,若 student_average 是个变量名,则可以猜测这个变量是用来存放学生平均成绩的;若 student_average 是个函数名,则可以猜测这个函数是用来求取学生平均成绩的。显然,这样命名可以提高程序的可读性,便于理解和记忆。

用户根据自己的需要定义的标识符称为用户标识符,命名的时候需要遵守标识符命名规则并做到"见名知义",初学者特别要注意养成良好的命名习惯。各种不同的语言有自身常用的习惯命名方法,如匈牙利命名法、帕斯卡命名法、骆驼命名法和下画线命名法,C语言使用的是下画线命名法。习惯上符号常量、宏等用下画线分隔的大写字母表示,如 PI、MAX_NUM;变量名、函数名等用下画线分隔的小写字母表示,如函数名 array_sum、循环变量 i、j、k,临时变量 temp。

程序中除了用户自定义的标识符,还有C语言预定义的标识符,这些符号已经被征用,有特定的含义,尽管用户可以定义同名的标识符,但为避免混淆,就不要再定义相同的标识符了。如果用户定义了与预定义标识符同名的自定义标识符,则将使这些标识符失去系统规定的原意。预定义标识符通常包括固定的库函数名 scanf、printf、sqrt 或预编译处理命令 define、include 等。

除此之外还有一类标识符——关键字,又称保留字,由C语言系统提供,有特殊的语法含义,用户不能重新定义,在开发界面中通常与其他符号颜色不同。C 语言共有 32 个关键字:auto、break、case、char、const、continue、default、do、double、else、enum、extern、float、for、goto、if、int、long、register、return、short、signed sizeof、static、struct、switch、typedef、union、ubsigned、void、volatile、while。

2. 编码风格

初学 C 语言知晓并形成规范的编码风格特别重要,虽然编码风格并不会影响程序功能的实现,但好的编码风格可以增加程序的可读性,帮助程序员更好地阅读和理解程序。C 语言的语法规则非常灵活,对缩进、空白、换行等几乎没有要求,都可以实现程序功能,但有的程序可以给人"美"的感受,有的程序会让人们觉得好"丑"。要想写出美的程序,需要参考以下一些建议。

采用缩进方式组织程序代码。缩进可以帮助读者知晓程序的一个部分、一个模块从哪里开始,到哪里结束。例如,函数体的开始、结构的定义、控制结构中 if、switch、case、default、for、while、do-while 各条语句执行开始,都需要添加花括号"{"和"}"这个标志来提示缩进。每新增一个层次的语句,就增加一层缩进。各层次的缩进在编译环境中会自动添加,宽度是一个 Tab,Tab 的宽度与系统有关,有的是 4 个空格,有的是 8 个空格。

一行只写一条语句。C 语言允许一行可以有多条语句,但显然只写一行语句更简洁清楚。较长的语句(>80 字符)要分成多行书写。

程序中的空行和空格到底使用多少,C 语言并没有严格的规定,以下是 些使用建议。各个函数之间添加空行,函数体中一般不随意添加空行,除非是相对独立的程序块之间,为增加可读性可以添加空行。在 C 语言的关键字(如 if、for、while、switch 等)之后要留有空格,以突出关键字,函数参数之间也要留有空格,如 Function(a,b,c),但函数名之后不留空格。二元操作符前后都应留有空格,一元操作符不加空格。初学者可以通过阅读教材上的程序和自己编写程序,逐步积累经验,形成规范的编码风格。

3. 注释

为了进一步提高程序的可读性,方便对代码的进行维护,需要对程序的相关信息进行说明,对代码进行必要的解释注解,这就是注释。注释不宜太多也不能太少,注释语言必须准确、简洁、易懂,没有二义性。源程序的有效注释量一般在 20% 以上。

程序开头的注释用来说明程序的相关信息:版权说明、版本号、完成日期、作者姓名、内容、功能说明、修改日志等。

```
/ *************************************************
 * @File name: area.c
 * @Author: Marisa
 * @Version: 2.0
 * @Date: 2025 - 5 - 1
 * @Description: The function interface
 ************************************************* /
```

各个函数开头的注释说明函数的目的、功能和方法,关键代码的注释提供该代码以外的有用信息,帮助读者理解代码。

C 语言有两种形式的注释,一种是多行注释:

```
/ * comment * /
```

这种注释方式可以跨越多行,当需要注释的内容比较多时选择这种方式,程序开头的注释和函数开头的注释就是多行注释。另一种是单行注释:

```
// comment
```

程序 1.3 中代码后面的注释"//area_calculation 函数的声明"和"//area_calculation 函数的调用"就是单行注释,在需要注释的内容较少时使用。

注释不是代码的一部分,并不参与代码的运行,在编辑环境中的颜色也与代码不同。

1.3　格式化输入输出语句

在 1.2 节中介绍了典型 C 程序的基本构成,然后讨论了 IPO 的程序构建模式。如果几乎能掌握每个程序必备的输入输出语句,则很快就能写出更多的程序,并利用输入输出信息与计算机进行交互。因此在第 1 章就引入格式化输入输出语句,主要讨论对整数的输入输出操作,对其他数据类型的操作将在第 2 章详细说明。

C 语言中的格式化输出和格式化输入是由库函数来实现的,分别是 printf()和 scanf(),要使用这两个库函数,只需要在程序开头加上"♯include<stdio.h>"的句子,几乎每个程序都会用到输入输出,因此每个程序开头都需要加上这个包含语句。库函数是一种特殊的函数,它的功能已经有人事先构建好了,这里只需要学会如何使用这些函数即可。下面就用一个例子说明如何使用这两个库函数实现输出和输入。

【例 1.4】　统计一个学生的三门课成绩,计算总分和平均分。

如果要编程解决这个问题,则需要思考如何将题目的信息逐渐翻译成计算机程序的表达方式。根据 IPO 的程序设计思路,输入是三门课成绩,就是需要输入 3 个数据;输出是总分和平均分,需要输出两个数据。中间过程是通过数学公式计算出结果。

什么是"格式化"呢?它有两层意思,其一是对输入特别是对输出的显示格式、样式进行控制,包括提示字符串、宽度、对齐方式、是否换行等;其二是对输入、输出的数据按什么数据类型进行读取和显示。数据类型是程序设计语言中相当重要的概念,在第 2 章将详细说明。程序中的每一个数据都有确定的数据类型。例如,整数在 C 语言中归为"整数类型",小数在 C 语言中归为"浮点数类型"。

1.3.1　格式化输出语句 printf()

格式化输出语句 printf()的一般形式:

```
printf("格式控制字符串",输出数据参数列表);
```

格式控制字符串混合了两类信息。一类是形如%d、%f 的格式控制字符,它的数量和参数列表的参数个数一致,顺序也一致,就是用来指定其对应的数据以何种数据类型输出。

另一类是其他字符,这些会被原样输出,意思是我们写什么就直接输出什么。显然,其他字符对输出数据起提示作用。参数输出的位置即是替换格式控制字符在格式控制字符串中的位置。

例 1.4 中存放总分的变量 total 和存放平均分的变量 average 的值,就是计算出来的结果数据,需要通过 printf()函数输出到屏幕。变量顾名思义就是一个可变的量,可以把它想象成一个存储数据的容器,变量的名字就是容器的名字,变量的值就是容器中存储的数据的值。这个值可以用不同的视角去观察它,如果设定用"%d"的方式输出,它就是一个十进制整数;如果设定用"%f"的方式输出,它就是一个小数。

现在将总分以十进制整数的形式显示,平均分以小数的形式显示:

```
printf("total = %d,average = %f\n",total,average);
```

这个 printf()语句中前一部分是格式控制字符串"total=%d,average=%f\n",后一部分是输出数据参数列表,两个参数 total 和 average。格式字符串"total=%d,average=%f\n"中%d 定义 total 的输出格 ... 下的"total=""average="包含的字符都是其他字符, ... 字符"\n"实现回车效果。注意包括分隔两个数据的逗 ... 头的格式控制字符,其他所有字符都是原样输出的,形 ...

```
total = 268,average = 89.
```

1.3.2 格式化输...

格式化输入语句 scanf(...

```
scanf("格式控制字符串",...
```

格式化输入语句的形式 ... 但有几个需要注意的地方。

(1) 输入数据一般需要 ... 将把从输入终端得到的数据放入该地址,参数列表中 ... 1.3 输入时需要分别在 Chinese,Math,English 三个 ...

```
scanf("%d %d %d",&Chi...
```

程序运行后,在控制台 ... 空格分隔,即可存入三个变量中。

(2) 格式控制字符串要 ... 制字符串要尽量添加其他符号提示输出数据的含义,提高 ... 容易"言多必失"。scanf()的格式字符串中的格式控制 ... 代表原样输入字符。既然是"原样输入",那么字符串 ... 符,例如:

```
scanf("%d,%d,%d",&Chi...
```

格式控制字符串中添加 ... 于是在控制台输入时就必

须在相同位置按原样加入这两个逗号,形如 89,93,86,否则输入就会出错。请读者模仿并改写程序 1.4,思考若是以下输入语句,应该在控制台输入什么形式的数据:

```
scanf("Chinese = % d, Math = % d, English = % d", &Chinese, &Math, &English);
```

程序 1.4   统计一个学生的三门课成绩,计算总分和平均分。

```c
# include < stdio. h>
int main(void)
{
    int Chinese, Math, English, total;
    float average;
    scanf("% d % d % d", &Chinese, &Math, &English);
    total = Chinese + Math + English;
    average = total / 3.0;
    printf("total = % d, average = % f\n", total, average);
    return 0;
}
```

程序运行结果如下。

```
89 93 86
total = 268, average = 89.333333
```

1.4   C 语言的集成开发环境

所谓集成开发环境(Integrated Development Environment,IDE)就是专门用来进行程序开发的一个整合的应用软件,它是程序员开发程序的工具,程序员通过集成开发环境对程序进行编辑、编译、运行、调试、发布和维护。

C 语言的开发工具很多,早期有 Turbo C 2.0、Turbo C++ 3.0、VC++ 6.0,目前比较常用的有 VC++ 2010、CodeBlocks、Dev-C++等。

1.4.1   VC++ 2010

Microsoft Visual C++(简称 Visual C++、MSVC、VC++或 VC)是微软公司的 C++开发工具,是可运行 C 和 C++等编程语言的集成开发环境。VC++集成了便利的调试工具,特别是集成了微软 Windows 视窗操作系统应用程序接口(Windows API)、三维动画 DirectX API,Microsoft . NET 框架。它从 Microsoft Visual C++ 1.0 版本一直不断改进至今。

Microsoft Visual C++ 2010 于 2009 年发布,新添加了对 C++ 11 标准引入的几个新特性的支持。Visual C++被整合在 Visual Studio 之中,但仍可单独安装使用。2010 年 Microsoft Visual Studio 2010 上市,它有 5 个版本:专业版、高级版、旗舰版、学习版和测试版,Microsoft Visual C++ 2010 Express 是其中免费的学习版(见图 1.3)。Express 版比其他版本更精简,体积更小,启动速度更快,主要用于教学等非商业用途,虽不具有其他版本的某些功能,但对于初学 C 语言实际并无影响(这些功能暂时用不到)。

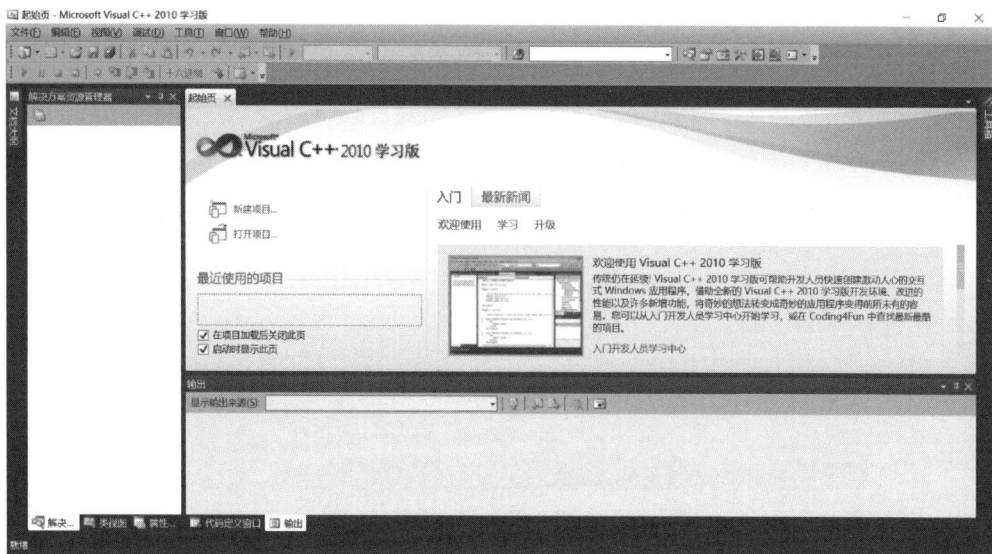

图 1.3　VC++ 2010 集成开发环境

由于从 2018 年 3 月起,全国计算机等级考试 C 和 C++语言的考试软件改为 VC++ 2010 学习版,因此本书将在该版本集成开发环境的基础上进行讨论。

1.4.2　编程基本步骤

首先双击打开 Microsoft Visual C++ 2010 学习版集成开发环境,依次单击"文件"→"新建"→"项目"(见图 1.4),在"新建项目"对话框中选择"Win32",再选择"Win32 控制台应用程序",在对话框的底部填写项目名称并单击"确定"按钮进入下一步(见图 1.5)。

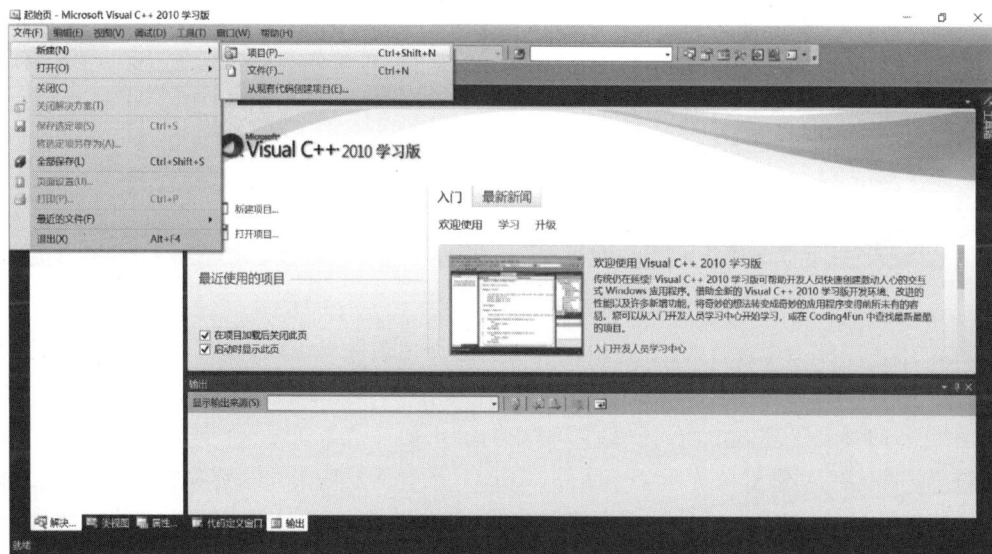

图 1.4　新建项目

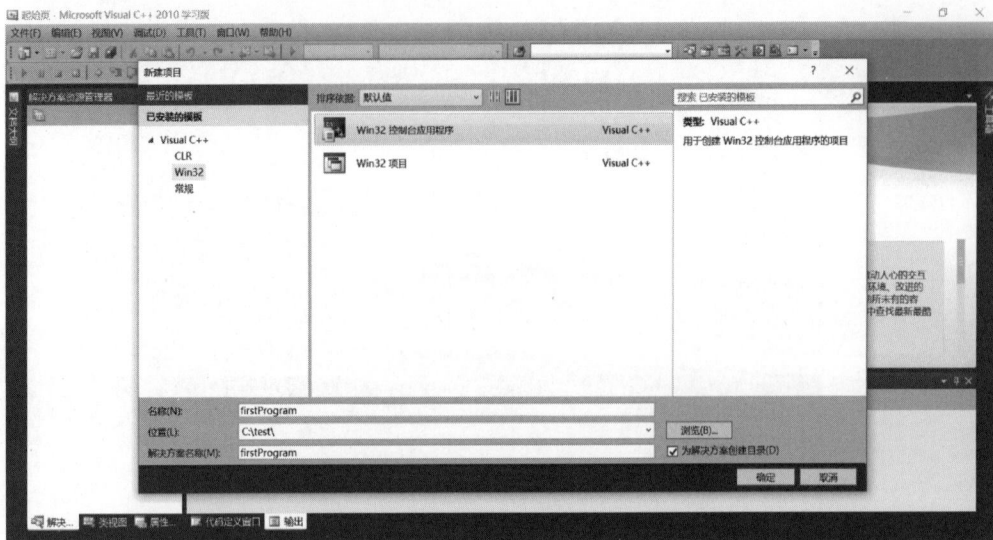

图 1.5　填写项目名称

显示当前项目设置为控制台应用程序,单击"下一步"按钮,如图 1.6 所示。

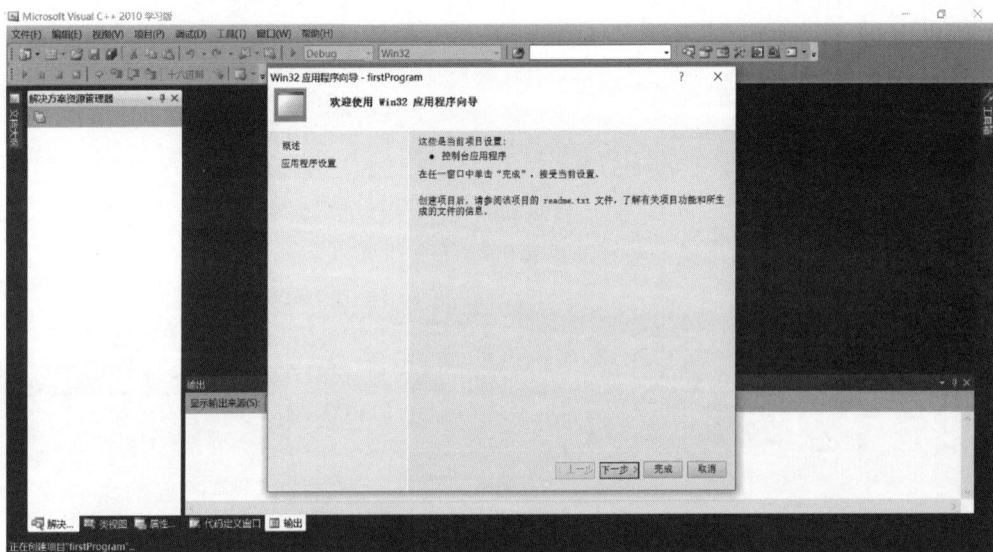

图 1.6　显示当前项目设置为控制台应用程序

在应用程序类型中选择"控制台应用程序",附加选项选择"空项目",然后单击"完成"按钮,如图 1.7 所示。

在打开的资源管理器中,右击"源文件",选择"添加"→"新建项"命令,如图 1.8 所示。

在"添加新项"对话框中选择"C++文件(.cpp)",在对话框底部填写程序文件名称,注意添加".c"的扩展名,代表这是一个 C 语言的源文件,在添加了一个"HelloWorld.c"的源文件(见图 1.9)后单击"添加"按钮。

在打开的编辑区域编辑源文件代码,如图 1.10 所示,将程序 1.1 的代码敲入编辑区,单击"保存"按钮保存源代码。

图 1.7 选择"空项目"

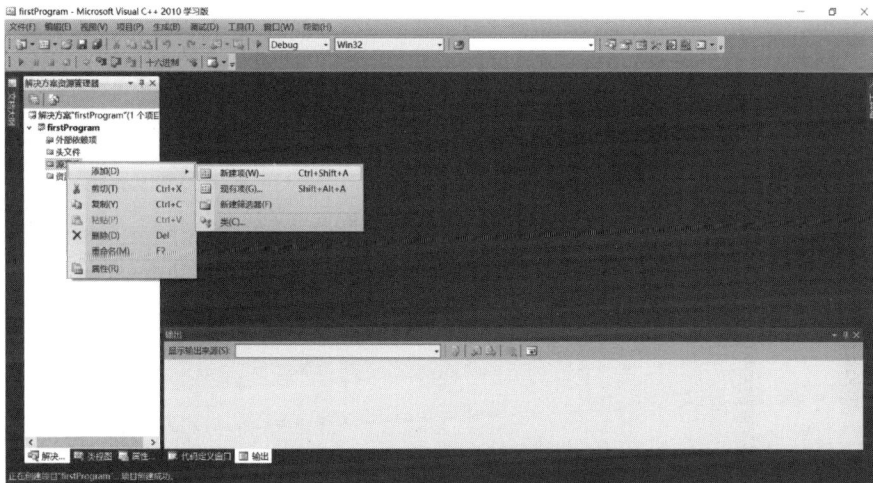

图 1.8 打开资源管理器添加文件

图 1.9 填写文件名称

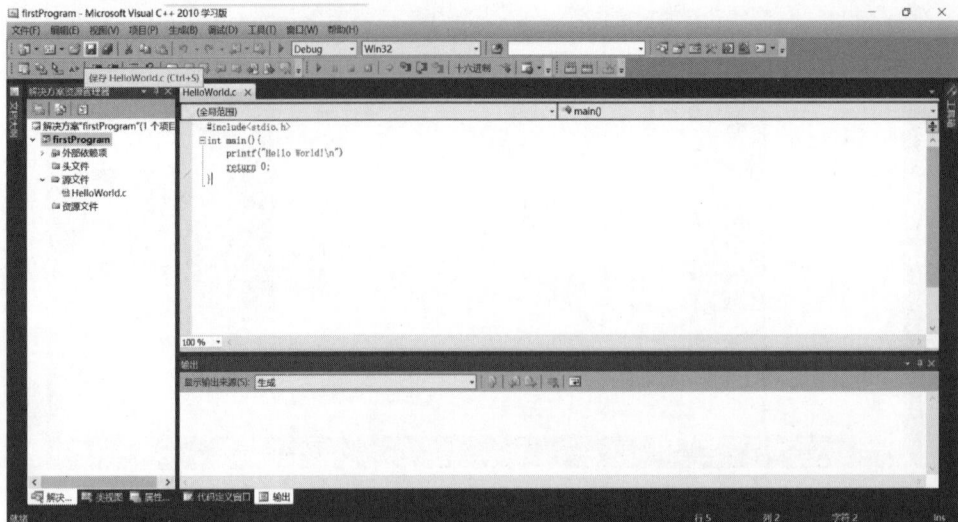

图 1.10　编辑源文件代码

在菜单栏找到"生成"→"编译(Ctrl+F7)"命令,执行编译操作,如图 1.11 所示。编译的作用是将人们容易理解的高级语言翻译转换为机器可以认识的机器语言,得到目标文件。

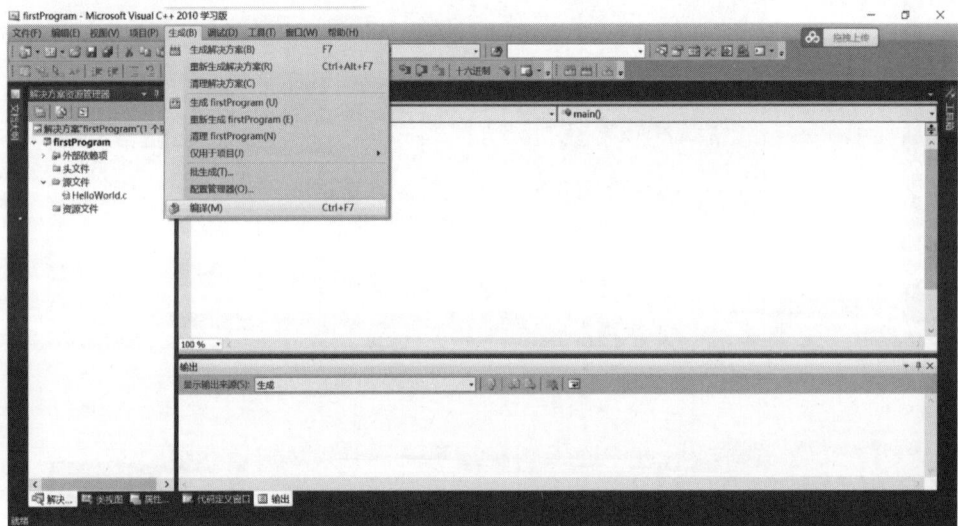

图 1.11　编译源文件

编译的结果显示在 VC++ 2010 集成开发环境的下方状态窗口中。图 1.12 显示编译成功。

单击"生成解决方案(F7)"命令,或者"生成(项目名称)"命令,执行链接过程,如图 1.13 所示。链接的作用是将编译得到的目标文件代码和标准函数库的代码,以及由操作系统提供的资源合成在一起,得到一个可执行文件。

状态栏窗口显示成功生成了一个 firstProgram.exe 的文件,如图 1.14 所示。

最后在菜单栏找到"调试"菜单,并单击"开始执行(不调试)"命令运行程序,或者使用 Ctrl+F5 快捷键方式直接执行程序,如图 1.15 所示。

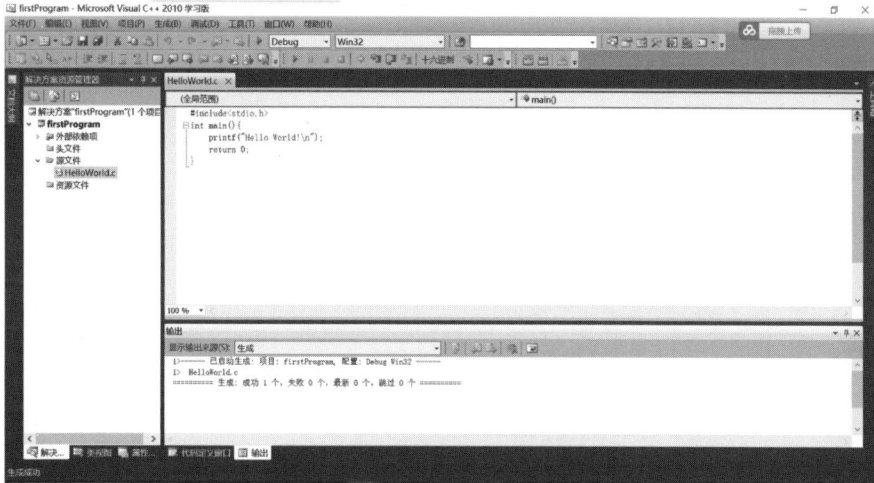

图 1.12　状态栏显示编译成功

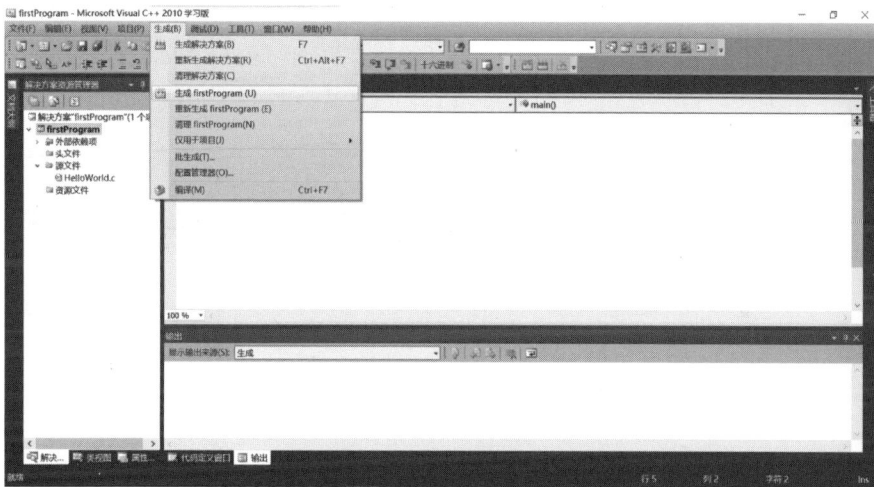

图 1.13　生成项目

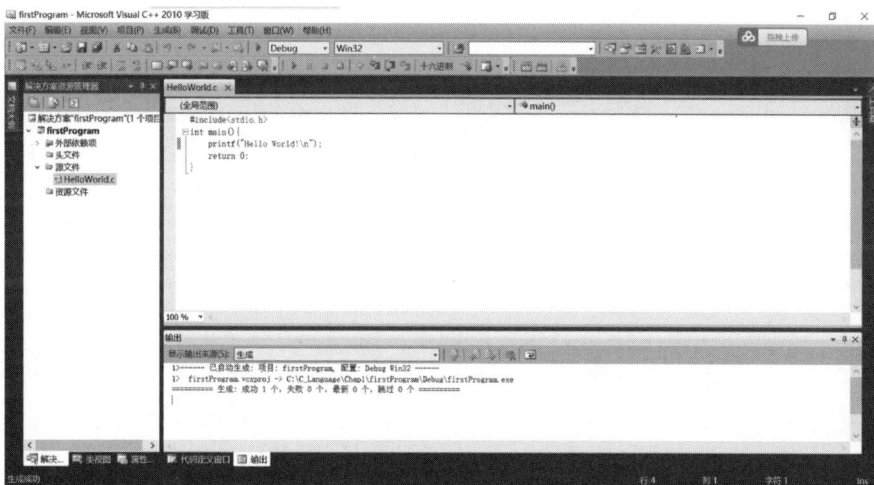

图 1.14　状态栏显示生成.exe 文件

图 1.15   开始执行程序

此时跳出一个新的窗口,可以查看程序运行结果,如图 1.16 所示。

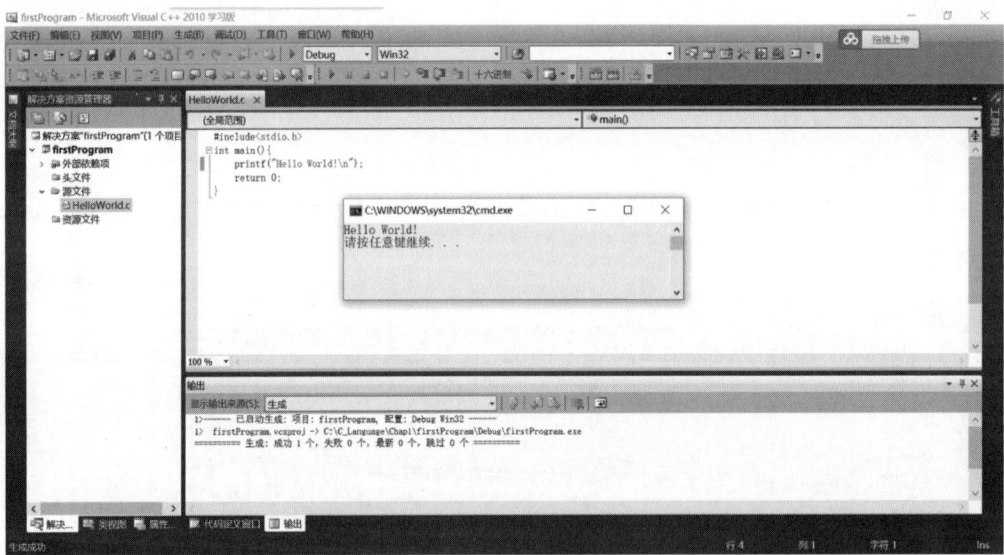

图 1.16   得到执行结果

以上就是利用 VC++ 2010 开发程序的基本过程。程序员所写的程序有可能存在错误,如图 1.17 所示,输出语句缺少一个分号,在程序编译之后,就会在状态栏显示出这个错误。通常可以通过双击该错误信息来定位该错误。能通过编译器编译发现而报错的错误称为"语法错误",这类错误是由于违反了编译器的语法规则而产生,可以通过提示信息进行修改,修改之后再次编译和运行程序即可。

还有一类错误是"逻辑错误",是由于程序员在程序算法或逻辑设计上的失误或粗心造成的。例如,求两个整数的和应该是两个数用"+"相加才正确,由于粗心键入了"-",虽然编译器不会报错,但得到的结果是错误的。有的逻辑错误程序员可以通过自己的经验判断

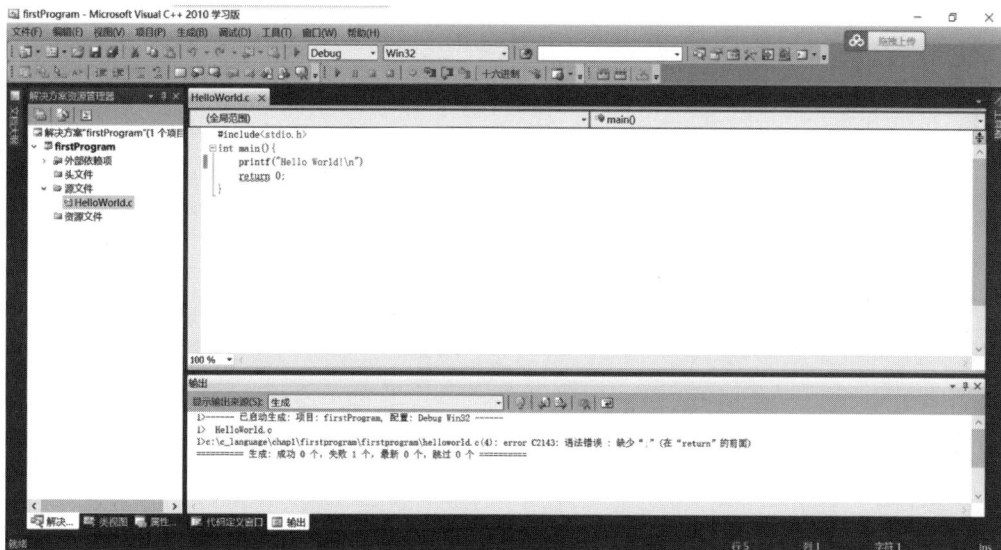

图 1.17　状态栏显示编译错误

出来,但有些隐藏的逻辑错误需要调试工具的帮助才能找到,通常可以利用单步调试、断点调试等调试技术来判断逻辑错误产生的位置和原因。

编码调试过程中经常会遇到出错的情况,有的是语法错误,有的是逻辑错误,虽然遇到问题可以想办法修正,但有些问题发生的原因较难判断,因此需要从一开始就注重编码的规范、细节的无误、逻辑的正确,养成严谨细致、精益求精的编程态度和工匠精神。

下面通过图 1.18 所示的流程图说明程序开发的一般步骤。

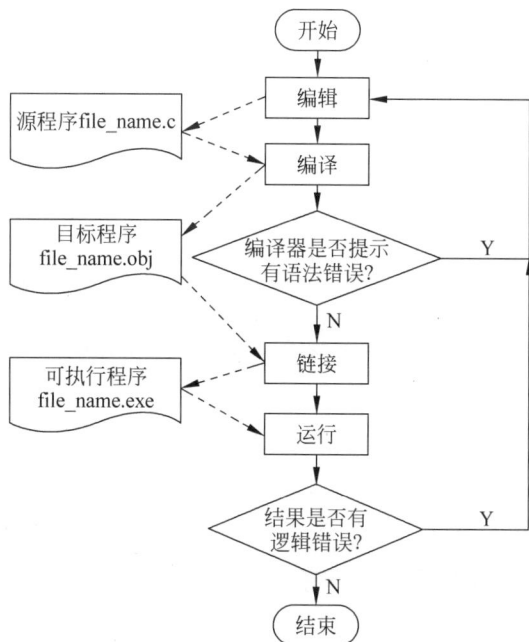

图 1.18　编程基本步骤

1.4.3　常见的 C 语言集成开发环境

1. VC++ 6.0

Microsoft Visual C++ 6.0(见图 1.19)于 1998 年发行,用于各种项目开发和教学已有很长的历史了。但是,这个版本对 Windows 7、Windows 8、Windows 10、Windows 11 的兼容性很差,常常无法安装和正常使用,因此微软也不推荐安装在新的视窗操作系统上。随着 Windows 11 系统的逐渐普及,Microsoft Visual C++ 6.0 渐渐地退出历史舞台。

在 2018 年 3 月之前,全国计算机等级考试中 C 和 C++ 语言的考试都是在 VC++ 6.0 平台上进行的,为了顺应新的时代要求,适应新的操作系统的升级发展,考试环境调整为 VC++ 2010。

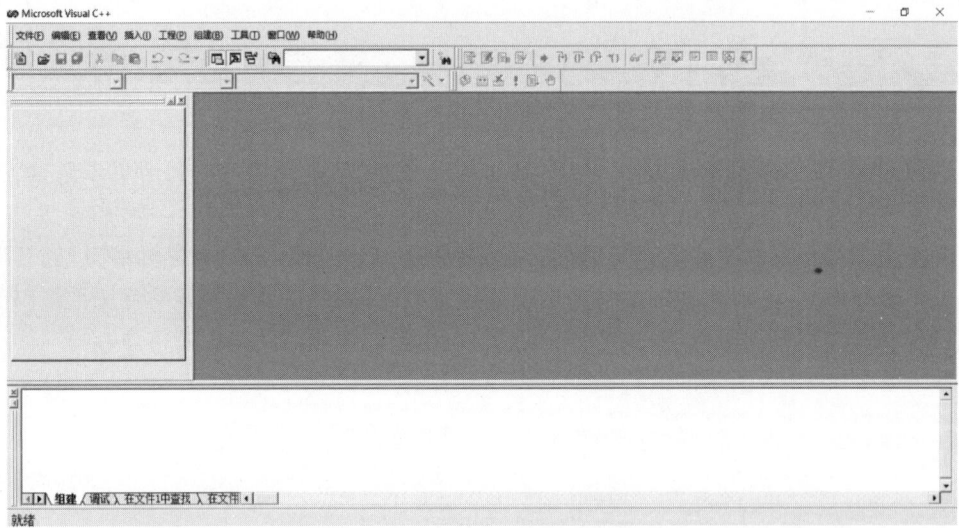

图 1.19　VC++ 6.0 集成开发环境

2. Code∷Blocks

Code∷Blocks(见图 1.20)是一个开源的、跨平台的 C/C++ 集成开发环境,支持新版的 C++ 的标准,可以配置不同的 C 语言编译器。相对于 VC++ 6.0 的古老,Code∷Blocks 是较新的 IDE,近年来在国内外得到广泛使用。

3. Dev-C++

Dev-C++(见图 1.21)是 Windows 环境下的一个适合初学者使用的轻量级 C/C++ 集成开发环境(IDE)。Dev-C++ 的优点是功能简捷,安装方便,适合在教学中供 C/C++ 语言初学者使用,但并未在商业级的软件开发中使用。

除此以外,还有众多的 C/C++ 商用集成开发环境,如 Visual Studio Code、Eclipse、NetBeans、CodeLite、CodeWarrior 等,它们具有各自的特点,感兴趣的读者可以查阅相关参考资料。

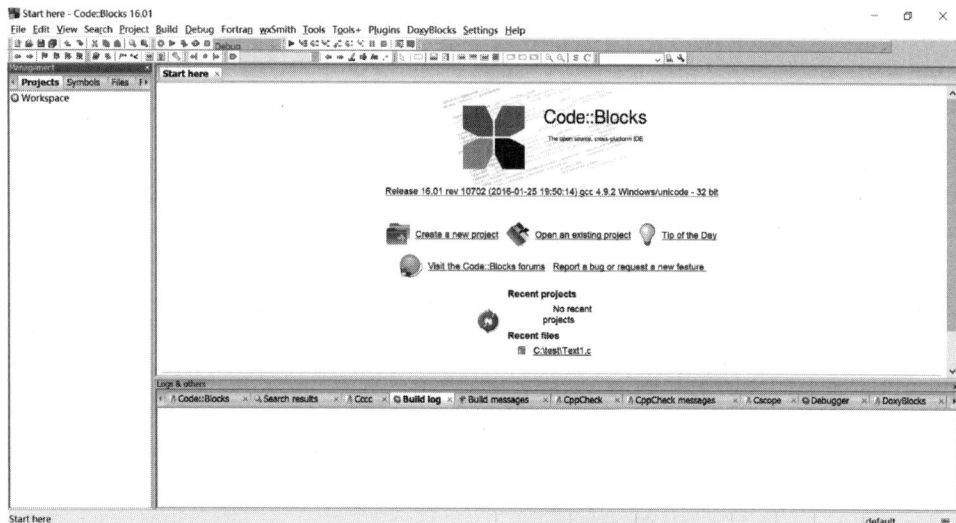

图 1.20　Code::Blocks 集成开发环境

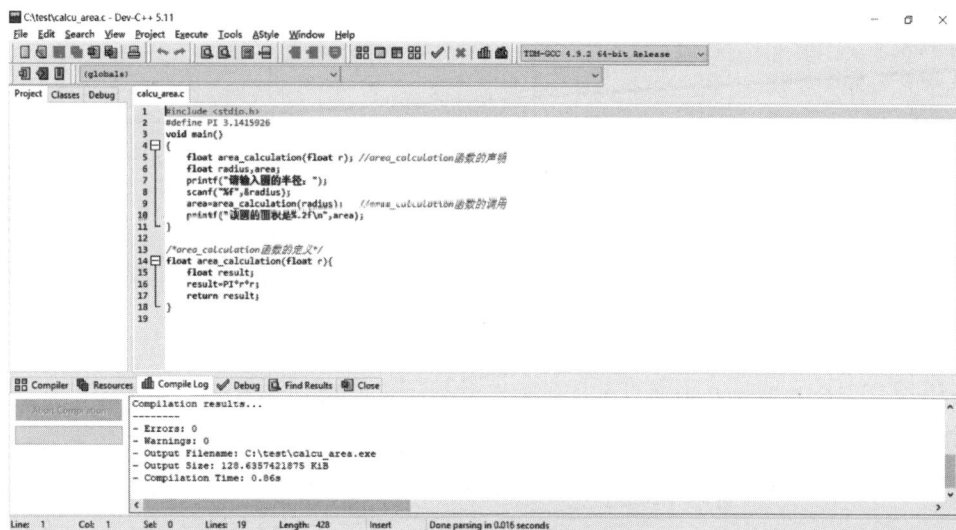

图 1.21　Dev-C++ 集成开发环境

1.5　算法

初学一门程序设计语言,除了学习基本的语法知识、熟练使用开发工具外,还必须要了解算法的基本概念,学习算法的描述方法,并掌握一些常用的算法实现。

1.5.1　什么是算法

算法是解决一个问题的完整的步骤描述,包含了解决问题的思路、方法、策略和规则,解决程序设计中"如何做"的问题,因此算法是程序的灵魂。

就好比我们要做出一份美味的蛋炒饭,除了需要鸡蛋、米饭、午餐肉、香葱等食材,盐、味精、食用油等各种配料外,还必须要有食谱。食谱建议了各种食材下锅的顺序、翻炒的火候、配料的用量等,可以指导人们如何将这些原材料变为可口的蛋炒饭。做饭的食材和配料就是程序设计的语言工具,食谱就是算法。

1.5.2　算法的特征

算法具有以下 5 个特征。

(1) 有穷性:算法必须保证在执行有限步骤后结束,每一步也必须在有限时间内完成,不能无止境执行下去。例如,要做一批数据的运算,需要设置运算结束的条件,不能形成死循环。

(2) 可行性:算法是确切可行的,每一步都能有效地运行,有对应的可以执行的操作步骤,并最终得到正确结果。例如,程序的某个部分不符合数学上的规定,不可以被执行,这样的算法就是不具有可行性的。

```
int a,b,c;
a = 9;
b = 0;
c = a/b;
printf(" % d",c);
```

由于被除数不能为 0,因此 c=a/b 就不是一条可行的语句。

(3) 确切性:算法的每一个步骤必须具有明确的意义,不能产生二义性。每一个操作都有明确而清楚的规定。

(4) 输入:一个算法可以有 0 个或多个输入。一个算法可以没有输入,也可以得到一些完成程序必要的数据,并与外界进行数据交互。例如,程序 1.2 输入了两个数据,程序 1.1 只是单纯输出一行信息而无须任何输入。

(5) 输出:一个算法必须要有 1 个或多个输出。没有输出的程序是没有意义的。编程通常都是为了得到一个结果或取得一些数据,因此至少都有一个输出。例如,程序 1.1 输出一行文字信息,程序 1.3 输出一个“圆的面积”这样的计算结果。

1.5.3　算法的优劣

算法由一系列求解问题的指令构成,能根据规范的输入,在有限的时间内获得有效的输出结果。但如果这个算法有错误则无法得到正确结果,就解决不了问题。解决同一个问题,有时可以采用不同的算法,即使这些算法都是正确的,但由于采取的策略不一样,可能会花费不同的时间代价或空间代价,有的时候还差异甚大。评价一个算法的优劣可以通过程序解决问题的时间复杂度或空间复杂度来度量。

1. 时间复杂度

算法的时间复杂度简单说就是运行程序的时间耗费,它是该算法所求解问题规模 n 的函数。评价一个算法的时间性能时,主要标准就是算法的渐近时间复杂度。渐近时间复杂度是指当问题规模趋向无穷大时,该算法时间复杂度的数量级。

2. 空间复杂度

算法的空间复杂度是指算法需要的空间耗费,是所求解问题规模 n 的函数。算法的时间复杂度和空间复杂度合称算法复杂度。

3. 正确性

算法的正确性是评价一个算法优劣的最重要的标准。一个算法至少要能解决该问题,得到问题的正确答案。

4. 可读性

算法的可读性是指一个算法可供人们阅读的容易程度。算法的可读性非常重要,简单明了的算法容易被人理解、学习,进而可以推广与传播,还便于他人进行改进和扩展。

5. 健壮性

健壮性是指一个算法对不合理数据输入的反应能力和处理能力,也称为容错性。因为无法要求用户始终能输入正确合理的数据,对不合理的数据输入要能做出相应的提示,不至于导致程序卡死。

在用不同算法解决问题时,要综合考虑以上 5 方面的要求,选择较优的算法来实现程序。

1.5.4　算法的描述方法

算法体现解决问题的思路和步骤,为分享算法设计经验,记录程序员的实现思路,需要用图形或语言的方式来描述算法流程。常用的方法有自然语言、伪代码、流程图、N-S 流程图等,流程图是学习的重点。

1. 自然语言

用日常生活中的语言描述算法流程,简单易懂,但要产生对应的代码还有一定的难度,需要做较多的迁移转换才可行。

【例 1.5】　求 1～100 的偶数的和。

用自然语言进行描述,求解例 1.5 问题的算法如下。

(1) 定义两个变量 i,sum,并为 sum 赋初值为 0。

(2) 给变量 i 赋初值为 1,然后判断 i 的值是否小于或等于 100,如果 i 的值小于或等于 100,就执行步骤(3)。执行完步骤(3)再将 i 自增 1,然后判断 i 的值是否小于或等于 100,如果 i 的值大于 100,就执行步骤(4)。

(3) 判断 i 除以 2 的余数是否为 0,如果是则执行累加操作,将 i 的值累加到 sum 中,否则什么也不做。

(4) 将 sum 的结果输出。

2. 伪代码

伪代码在自然语言描述的基础上加入了编程语言的书写形式,如结构化控制语句。伪代码介于自然语言和编程语言之间,是半结构化的、不标准的编程语言,并不能真正被运行。它注重表达算法实现的思路,可以用任何一种熟悉的语言来描述,很容易转换为真的代码。例 1.5 用伪代码来描述就是:

```
初始化 sum 的值为 0;
for(i = 1;i <= 100;i++)
    if(i 是偶数)
        将 i 累加到 sum 中;
输出 sum 的结果;
```

以上两种方式都是非图形化的算法描述方式,下面介绍两种图形描述方式:流程图和 N-S 流程图。

3. 流程图

流程图是算法最常用的直观的表达方式,它一目了然,很容易理解。生活中人们会接触到流程图指导办事流程,如新生报到流程(见图 1.22)、医院就医流程、行政服务中心各项办事流程等。

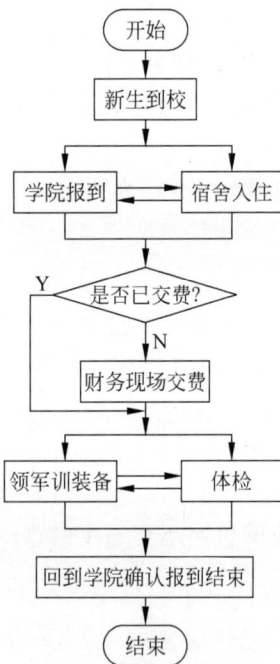

图 1.22 新生报到流程

描述算法实现过程的程序流程图与这些流程图类似,是用统一规定的标准符号来描述输入、输出、处理数据的步骤和内容,是下一步实现程序代码的依据,流程图如果清晰明了,就更容易转换为可运行的代码。

绘制程序流程图必须使用标准统一的图形符号,这些符号是各式各样的图形框,因此程序流程图又称程序框图。起止框是椭圆形的,明确开始和结束的地方;输入输出框是平行四边形的,指示数据的接收和显示过程;判断框是菱形的,在分支、循环的控制流程中需要进行条件判断的地方绘制;处理框是矩形的,代表程序处理数据的具体操作和加工步骤;另外还需配合一个带箭头的流程线来连接各个框图符号,箭头代表数据流动的方向,如图 1.23 所示。

程序的执行过程是通过控制结构来控制的,理论和实践已经证明,程序的三种基本控制结构——顺序、分支和循环的组合可以实现任意复杂的程序,三种结构相互间可以有先后、并列、嵌套等关系,但是不能交叉。只要掌握了三种基本结构的流程图绘制方法,就可以利用三者的组合绘制任意程序的流程图。

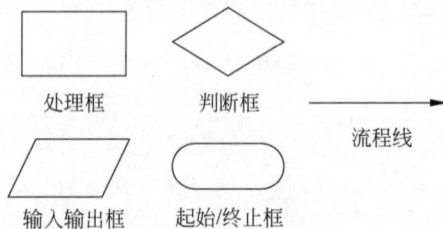

图 1.23 流程图符号

(1) 顺序结构。

程序从上到下逐条语句依次执行,除非遇到分支和循环结构,如图 1.24 所示,执行完 A 框的操作再执行 B 框的操作。

(2) 分支结构。

图 1.24 顺序结构

程序中常常需要分情况执行不同的处理方案,就需要用到分支结构。P 框代表条件判断,P 框计算的结果只有是(Y)和否(N)两种情况,根据这个结果进入不同的处理流程。结果为"是",进入处理 A 框操作;结果为"否",进入处理 B 框操作,不管处理的是 A 框还是 B 框,处理完毕后都接着处理这个分支结构之后的框图,如图 1.25(a)所示。A 框和 B 框只会执行其中一个,不可能同时执行。还有一种分支结构如图 1.25(b)所示,只有 A 框,没有 B 框,结果为"是",进入处理 A 框操作;结果为"否",什么都不做,接着进入下一个处理框。

(3) 循环结构。

程序中还时常需要重复执行一些操作,这就要用到循环结构。循环结构又分为两种:当型循环(见图 1.26(a))和直到型循环(见图 1.26(b))。当型循环先判断 P 框条件,如果结果为"是",则处理 A 框的操作,然后回头判断 P 框条件,如果为"是",则再次处理 A 框操作,如果为"否",则退出该循环结构,接着进入下一个处理框。直到型循环先处理 A 框操作,再判断 P 框条件,如果为"是",则再一次处理 A 框操作,如果为"否",则退出该循环结构。

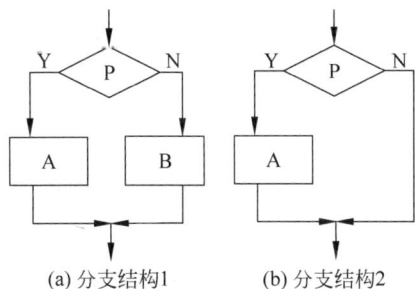

(a) 分支结构1   (b) 分支结构2

图 1.25 分支结构

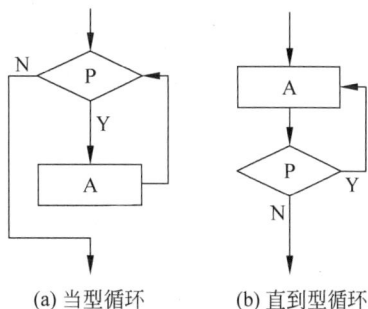

(a) 当型循环   (b) 直到型循环

图 1.26 循环结构

例 1.5 的程序流程如图 1.27 所示,从"开始"椭圆形起始框进入处理流程,先是顺序执行矩形框中的初始化工作,然后进入从 1 到 100 的循环过程,循环基本结构中又嵌套了一个分支基本结构,作用是用来判断是否是偶数,接着用矩形的输出框输出结果,最后进入"结束"终止框。

4. N-S 流程图

N-S 流程图是另一种图形化算法表示方式,与前一种流程图的不同是去掉了流程线,利用方框之间的位置关系来代替流程线,将三种基本结构的形状规范为矩形框,形成统一的表示方式,如图 1.28～图 1.30 所示。

用 N-S 流程表示例 1.5,如图 1.31 所示。

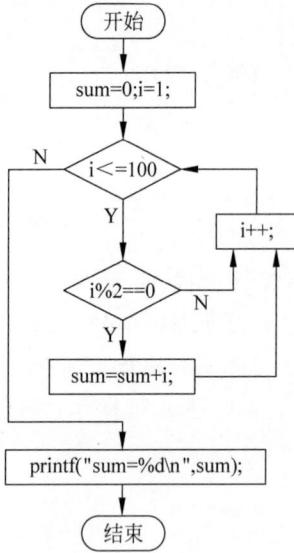

图 1.27　例 1.5 的程序流程

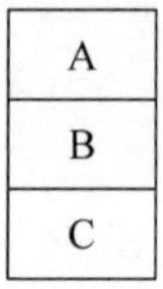

图 1.28　N-S 流程图顺序结构

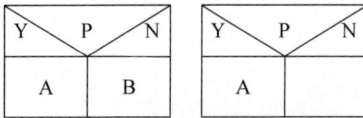

(a) 分支结构1　　　(b) 分支结构2

图 1.29　N-S 流程图分支结构

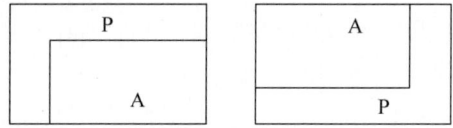

(a) 当型循环　　　(b) 直到型循环

图 1.30　N-S 流程图循环结构

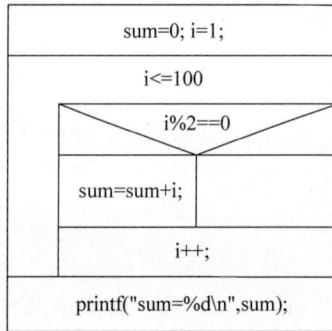

图 1.31　例 1.5 的 N-S 流程

程序 1.5　求 $1 \sim 100$ 的偶数的和。

```c
#include <stdio.h>
int main(void)
{
    int i, sum = 0;
    for(i = 1; i <= 100; i++){
        if(i % 2 == 0)
            sum = sum + i;
    }
    printf("sum = % d\n", sum);
    return 0;
}
```

程序运行结果如下。

```
sum = 2550
```

1.6　综合应用实例——将华氏温度转换成对应的摄氏温度

编程求华氏温度 100 度对应的摄氏温度,计算公式如下。

$$c = \frac{(f-32) \times 5}{9}$$

其中 f 表示华氏温度,c 表示摄氏温度。

程序 1.6　将华氏温度转换为对应的摄氏温度。

```c
#include <stdio.h>
int main(void)
{
    int celsius,fahrenheit;
    fahrenheit = 100;
    celsius = (fahrenheit - 32) * 5/9;
    printf("fahrenheit = %d,celsius = %d\n",fahrenheit,celsius);
    return 0;
}
```

程序运行结果如下。

```
fahrenheit = 100,celsius = 37
```

1.7　工程案例分析——不同单位温度转换

从本章开始,每章提供一个针对该章 C 语言知识点的工程案例及应用分析,帮助大家了解 C 语言理论知识在工程实践中的应用。

在汽车电子控制系统中,因美国使用的是华氏温度,而全球其他主要地区使用的是摄氏温度,因此有温度不同单位之间转换的需求,1.6 节讨论的综合应用实例正好派上用场。下面是工程中实际的代码段,读者在本书中但凡遇到汽车工程案例时,不必深入了解汽车专业知识,只需重点关注 C 语言在工程中的应用即可。观察工程中的代码可以看出,其严格遵守标识符命名规则并且能够见名知义,对于数据的表示也与程序 1.6 有些差异,在第 2 章会深入讨论数据的表示。

```c
static U32 Send_Msg420(CANTX_HLD_Vars_t * pVars)    /* CAN 420 号 message */
{
    U8 * const data = pVars -> MsgData;             /* ptr to array of MsgData */
    if (TRUE == ffg_ect)                            /* 如果温度传感器有故障 */
```

```
    {
        data[0] = 0xFF;                      /*向整车局域网 CAN 发送代码 FF */
    }
    else
    {
        data[0] = (U8)iclip(0L, (S32)((((ect_disp_scp - 32.0F) * 5.0F) / 9.0F) + 40.0F),
                0xFEL);
    }
}
/*将 ect_disp_scp 这个华氏温度通过公式(x-32)*5/9 转换为摄氏温度,再加上 40 摄氏度的偏移
发送到 CAN*,并限定为 0~254(实际代表-40℃~214℃)/
```

🔑 1.8　小结

本章的内容主要是为读者掀开 C 语言的面纱,了解 C 语言的前世今生。学习编写第一个 C 语言程序,了解 C 语言的基本构成,熟悉 C 语言的集成开发环境,并且对算法的作用和表示方式有初步的了解。

🔑 本章习题

知识点强化训练

单选题

1. 下列 4 组选项中,均不是 C 语言关键字的选项是(　　)。
   - A. define　IF　type
   - B. getc　char　printf
   - C. include　scanf　case
   - D. while　go　pow

2. C 语言源程序的基本单位是(　　)。
   - A. 过程
   - B. 函数
   - C. 子程序
   - D. 标识符

3. C 语言程序中必须有的函数是(　　)。
   - A. #include < stdio. h >
   - B. main
   - C. printf
   - D. scanf

4. 若变量已正确定义,执行语句 scanf("%d,%d,%d",&k1,&k2,&k3);时,(　　)是正确的输入。
   - A. 20 30,40
   - B. 20 30 40
   - C. 20,30 40
   - D. 20,30,40

5. 以下说法错误的是(　　)。
   - A. 用户所定义的标识符允许使用关键字
   - B. 用户所定义的标识符应尽量做到"见名知义"
   - C. 用户所定义的标识符必须以字母或下画线开头
   - D. 用户定义的标识符中,大、小写字母代表不同标识

6. 以下标识符中,不能作为合法的 C 用户定义标识符的是(　　)。

    A. a3_b3　　　　　　B. void　　　　　　C. _123　　　　　　D. IF

编程训练

1. 打印由星号组成的图形。

```
         *
        ***
       *****
         *
        ***
       *****
      *******
     *********
        ***
        ***
```

2. 模仿程序 1.4,编程计算立方体的体积,长、宽、高的值由用户输入。

3. 设计一个流程图解决以下问题:统计 1~100 有多少个数能被 3 整除。

第 **2** 章

数据类型和表达式

CHAPTER **2**

学习目标
- 学会使用 C 语言基本数据类型。
- 掌握算术运算符、赋值运算符和强制类型转换。

本章将介绍 C 语言基础语法知识,包括字符型、整型和浮点型等基本数据类型、表达式与赋值语句,以及最简单的程序结构——顺序结构。

🔑 2.1　变量与常量

在程序的指挥下,计算机可以做很多事情,如数值计算、播放音乐、网络聊天等。完成这些任务的程序由两部分构成——指令和指令处理的数据,因此程序设计中需要使用数据,用来承载问题中的数字与字符等。有些数据可以在程序运行之前预先设定并在整个程序运行过程中没有变化,这称为常量。有些数据在程序运行过程中可能发生变化,称为变量。例如程序 1.5 中,1、100 和 2 是常量;i 和 sum 是变量。

2.1.1　整数

整数(integer)就是没有小数部分的数。例如,-3、0、3、9、1246 都是整数,3.14、1.89、3.0 则不是整数。整数以二进制数字的形式存储在计算机中,如整数 9 的二进制表示为1001,在 8 位的字节中,它的存储形式如图 2.1 所示。

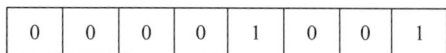

0	0	0	0	1	0	0	1

图 2.1　整数存储格式

默认情况下,C 语言中的整型常量是十进制数,前缀 0 表示该数为八进制数,前缀 0x 或0X 表示该数为十六进制数。

程序 2.1　十进制、八进制和十六进制整数示例。

```
# include < stdio. h>
int main(void)
{
    int x = 100, y = 0x64, z = 0144;
    printf("x = % d,y =  % d,z =  %d\n", x, y, z);
    return 0;
}
```

程序运行结果如下。

```
x = 100, y = 100, z = 100
```

程序 2.2　输出同一个整数的十进制、八进制和十六进制形式。

```
# include < stdio. h>
int main(void)
{
    int x = 100;
    printf("dec =  % d, octal =  % o, hex =  % x\n", x, x, x);
    printf("dec =  % d, octal =  % #o, hex =  % #x\n", x, x, x);
```

```
    return 0;
}
```

程序运行结果如下。

```
dec = 100, octal = 144, hex = 64
dec = 100, octal = 0144, hex = 0X64
```

同样地，格式控制符%d 表示输出整数的十进制形式，%o 表示输出整数的八进制形式，%x 表示输出整数的十六进制形式。如果想显示前缀，则可以用说明符%＃o，%＃x 或%＃X 输出前缀。

2.1.2　浮点数

浮点数(floating-point)可以和数学中的实数(real number)概念相对应。带小数点的数 1.95，2.87E5，3.0 和 7e−3 都是浮点数，其中 2.87E5 等价于 $2.87×10^5$，7e−3 等价于 $7×10^{-3}$。在计算机中，浮点数与整数的存储方式不同。尽管 9.0 和 9 有相同的值，但是它们的存储方式完全不同，有兴趣的同学可以自行查阅 IEEE 浮点数表示法，本书不讨论浮点数的存储方式，这里重点关注整数和浮点数在应用中的区别。

(1) 整数没有小数部分；浮点数可以有小数部分。

(2) 浮点数可以表示比整数范围大得多的数。

(3) 因为在任何区间内(如 1.0～2.0)都存在无穷多个实数，所以计算机浮点数不能表示区域范围内所有的值。

2.2　基本数据类型

C 语言最重要的特性之一是它提供给程序员各种标准数据类型，包括字符型、整型、浮点型，还允许程序员自己定义新的数据类型。在 C 语言中必须说明每个标识符的类型，可以在数据项上执行的运算依赖于数据的类型，如果运算和它的数据类型不一致，则编译器将给出错误诊断信息。

2.2.1　整型

C 语言提供多种整数类型，分别是 unsigned short、signed short、unsigned int、signed int、unsigned long、signed long。其中关键字 signed 是默认类型，通常被省略。也就是说，单独的类型定义 short、int 和 long 其实指的是 signed short，signed int 和 signed long。C 语言为什么要提供这么多种整数类型呢？原因是为程序员提供针对不同用途的多种选择。例如，各种整数类型的区别在于不同的取值范围，以及数值是否可以取负数。各种数据类型的区别如表 2.1 所示。

表 2.1　整型数据的存储与取值

关键字	格式控制符	在内存中所占字节数	数 值 范 围
unsigned short	%hu	2 字节	$0 \sim 65535$,即 $0 \sim (2^{16}-1)$
(signed) short	%hd	2 字节	$-32768 \sim 32767$,即 $-2^{15} \sim (2^{15}-1)$
unsigned int	%u	2 字节 (16 位 C 语言编译器)	$0 \sim 65535$,即 $0 \sim (2^{16}-1)$
		4 字节 (32 位 C 语言编译器)	$0 \sim 4294967295$,即 $0 \sim (2^{32}-1)$
(signed) int	%d	2 字节 (16 位 C 语言编译器)	$-32768 \sim 32767$,即 $-2^{15} \sim (2^{15}-1)$
		4 字节 (32 位 C 语言编译器)	$-2147483648 \sim 2147483647$, 即 $-2^{31} \sim (2^{31}-1)$
unsigned long	%lu	4 字节	$0 \sim 4294967295$,即 $0 \sim (2^{32}-1)$
(signed) long	%ld	4 字节	$-2147483648 \sim 2147483647$, 即 $-2^{31} \sim (2^{31}-1)$

C 语言标准规定 int 类型的表示范围必须大于或等于 short 类型,小于或等于 long 类型。因此,通常 16 位 C 语言编译器(例如 Keil C,用于单片机 C 语言编程)下的 int 类型在内存中占 2 字节,而在 32 位或 64 位 C 语言编译器中(当前常用的 Microsoft C 语言编译器或 gcc 编译器)的 int 类型在内存中占 4 字节。

程序 2.3　int 类型的溢出。

```
#include <stdio.h>
int main(void)
{
    int x = 2147483647, y;
    y = x + 1;
    printf("x = %d, y = %d\n", x, y);
    return 0;
}
```

程序运行结果如下。

```
x = 2147483647, y = -2147483648
```

这里可以不用管为什么 y 会得到如此一个奇怪的值,但至少可以看出程序运行结果是错误的:一个正数加上 1,不会得到负数。这里的错误在于——整数溢出了。int 类型最大能表示的数是 2147483647,加上 1 之后,发生溢出错误(OVERFLOW),得到一个错误的结果。

在计算机系统中,整数在内存中是以二进制形式存储的,通常基于补码表示法来存储有符号整数。为了理解整数在计算机中的存储,下面讨论三种不同的二进制表示方法:原码、反码和补码。

(1)原码:原码是最简单的表示方法,用于表示整数的符号和大小。最高位(最左边一位)表示符号,0 表示正数,1 表示负数。其余位表示整数的绝对值。例如,8 位二进制数:

+5 的原码表示为 00000101

－5 的原码表示为 10000101

（2）反码：反码表示法用于解决原码表示负数时的复杂性。它的特点是：正数的反码与原码相同。负数的反码是将正数的每一位取反（即将 0 变成 1,1 变成 0）而得。例如,8 位二进制数：

＋5 的反码是 00000101（与原码相同）

－5 的反码是 11111010（正数 5 的二进制 00000101 取反）

（3）补码。补码是计算机系统中实际使用的整数表示法,因为它可以将符号位和数值域统一处理,还可以将加法和减法运算统一处理。补码的定义是：正数的补码与原码相同,负数的补码将对应正数的反码加 1。例如,8 位二进制数：

＋5 的补码是 00000101（与原码相同）

－5 的补码是 11111011（反码 11111010 ＋1）

补码表示法有几个重要的特性。其一,唯一的零：在补码表示中,0 只有一种表示方式 00000000,而在反码中,0 有 00000000（正零）和 11111111（负零）两种表示方式。其二,计算简单：补码使得减法可以转换为加法,减法 A － B 可以表示为 A ＋（－B）。其三,符号扩展：补码容易进行符号扩展,即从低位数扩展到高位数时,只需复制符号位即可,例如,将 8 位扩展为 16 位时,正数补 0,负数补 1。

通过补码表示法,计算机可以高效地进行加减运算,并且解决了符号和数值同时处理的问题。

2.2.2　字符型

字符型数是括在两个单引号中的一个 ASCII 字符,如 'A' 'B' 'C' 'a' 'b' 'c' '0' '1' '2' '+' 等。

定义字符型变量的关键字是 char。char 类型用于存储英文字母和标点符号之类的字符,但在技术实现上 char 却是整数类型,这是因为 char 类型实际存储的是整数而不是字符。为了处理字符,计算机使用数字编码,用特定的整数表示指定的字符,传统上,C 语言使用 ASCII 字符集编码（详见附录 B）。标准 ASCII 值的范围从 0 到 127,只需 7 位二进制数即可,而 char 类型定义为 1 字节（8 个二进制位）。

单引号中的一个字符是 C 语言的一个字符常量,编译器遇到 'A' 时会将其转换为相应的编码,其中单引号是必不可少的。下面看另外一个例子：

```
char x;         //声明一个 char 变量
x = 'H';        //可以
x = H;          //不可以!编译器会把 H 看作一个变量
x = "H";        //不可以!编译器会把 "H" 看作一个字符串
```

单引号技术适用于字符、数字和标点符号。但是如果浏览附录 B ASCII 对照表,可以发现有些 ASCII 字符是打印不出来的,如特殊动作换行、字符串结束符等。如何表示这些字符呢？C 语言提供了两种方法。

第一种方法是直接使用 ASCII 值。例如,蜂鸣字符的 ASCII 值是 7,所以可以这样写：
char beep＝7;

第二种方法是使用转义字符(Escape Sequence),表 2.2 列出了常见转义字符及其含义。

表 2.2　常见转义字符及其含义

转 义 字 符	含 义
\0	字符串结束符
\a	警报
\b	退格
\n	换行
\r	回车
\t	水平制表符
\v	垂直制表符
\\	反斜杠 (\)
\'	单引号 (')
\"	双引号 (")
\o、\oo 或 \ooo	与该八进制码对应的 ASCII 字符(o 代表一个八进制数字)
\xh[h...]	与该十六进制码对应的 ASCII 字符(h 表示一个十六进制数字)

使用 ASCII 时要注意数字和数字字符的区别。程序中出现符号 4 表示十进制常量 4,它在内存中的存储是二进制 00000100;而符号 '4' 表示字符 4,存储在内存中的是 '4' 的 ASCII 值 52。

2.2.3　浮点型

C 语言有两种浮点类型: float 和 double。浮点数都是有符号数。C 语言标准规定,float 类型必须至少能表示 6 位有效数字,取值范围至少为 10^{-37} 到 10^{37}。6 位有效数字指浮点数至少应能精确表示如 213.756987 这样数字的前 6 位。系统使用 4 字节存储一个 float 类型的数。float 类型的格式控制符是%f。double 类型的浮点数在内存中占用 8 字节,它至少具有 13 位有效数字。double 类型的格式控制符是%lf。

浮点变量的声明以及初始化方法与整型变量相同,下面是一些例子:

```
float x, y;
double z;
float f = 3.14;
float t = 21.17e-3;
double d = 3e8;
double r = -79.15;
```

在书写浮点型常量时,可以由一个包含小数点的带符号的数字序列,加上字母 e 或 E,代表 10 为底的指数的一个有符号数这三部分组成,下面是两个有效的浮点数常量:

```
-21.37E+12
3.94e-5
```

可以省略正号,可以没有小数点(23E7)或指数部分(3.14)。可以省略纯小数部分(3.E5)或整数部分(.38E-2),下面是几个有效的浮点数常量:

```
3.1415926
.73
4.
3e12
2E - 7
```

注意指数部分必须是整数,如 3.14E7.3 是不合法的。

程序 2.4   float 类型的溢出。

```
# include < stdio.h >
int main(void)
{
    float f = 2.7e38;
    printf(" % f\n", f);
    f = 2.7e38 * 100;
    printf(" % f\n", f);
    return 0;
}
```

程序运行结果如下。

```
27000000455127994000000000000000000000.000000
1. # INF00
```

这是一个浮点数溢出的例子。当计算结果是一个大得不能表达的数时,会发生溢出 (OVERFLOW)。

再来看看另一个关于浮点数表示精度的有趣例子。在数学中,将一个数加上 1 再减去原数,结果应该为 1。如果使用浮点计算,则可能会得到错误的结果。

程序 2.5   float 类型的表示精度。

```
# include < stdio.h >
int main(void)
{
    float a, b;
    b = 3.0e6 + 1.0;
    a = b - 3.0e6;
    printf("a =  % f\n", a);
    return 0;
}
```

程序运行结果如下。

```
a = 1.000000
```

此时一切正常,但是如果将 3.0e6 改为 3.0e9,则会发生有趣的事情。

程序 2.6   float 类型的表示精度。

```
# include < stdio.h >
int main(void)
{
```

```
    float a, b;
    b = 3.0e9 + 1.0;
    a = b − 3.0e9;
    printf("a = %f\n", a);
    return 0;
}
```

程序运行结果如下。

```
a = 0.000000
```

出现这种奇怪的结果是由于计算机缺乏足够的进行正确计算所需的十进制位数。数字
3.0e9 是 3 后面加 9 个零。如果对它加 1,那么变化的是第 10 位数字。如果要正确计算,至
少需要存储 10 位有效数字,而 float 型只能存储六七位有效数字,因此这个结果注定是不正
确的。

1996 年 6 月 4 日,阿丽亚娜 5 型运载火箭首次测试发射。因为控制火箭飞行的软件故
障,整台火箭在发射后 37 秒被迫引爆毁灭,这件事可以说是历史上损失最惨重的软件故障
事件。事后调查显示,控制惯性导航系统的计算机向控制引擎喷嘴的计算机发送了一个无
效数据,其原因在于将一个 64 位浮点数转换 16 位有符号整数时产生了溢出。从这一事件
充分说明"细节决定成败",一个小小的失误和缺陷都可能会招致前功尽弃、功亏一篑的严重
后果,因此,在程序设计过程中,需要程序员具有高度的责任感和精益求精的工匠精神。

🔑 2.3　赋值运算符

赋值语句是 C 语言程序中最常用的语句。在 C 语言中,符号"="不表示"相等",而是
一个赋值运算符。下面的语句将值 6218 赋给名字为 x 的变量:

```
x = 6218;
```

符号＝的左边是一个变量名,右边是赋给该变量的值。符号"＝"被称为赋值运算符,上
式应该读成"将 6218 赋值给 x",或者读成"x 被赋值为 6218"。

考虑下面这个常用的计算机语句:

```
i= i + 1;
```

在数学上,这个式子没有任何意义,但是作为赋值语句,它却很合理。它意味着"找到名
字叫作 i 的变量的值,对这个值加 1,然后将这个新值赋给名字为 i 的变量"。

程序 2.7　连续的赋值语句。

```
#include <stdio.h>
int main(void)
{
    int x, y;
    x = y = 3;
    printf("x = %d, y = %d\n", x, y);
```

```
        return 0;
}
```

程序运行结果如下。

```
x = 3, y = 3
```

在 C 语言中,赋值表达式的值是被赋值那个变量的值。因此,表达式 y = 3 的值是 3,然后将这个表达式的值赋给 x,于是 x 的值也变成了 3,如图 2.2 所示。

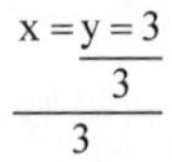

$$x = y = 3$$
$$\underline{\quad\quad 3}$$
$$3$$

图 2.2　赋值语句的结合

2.4　算术运算符

C 语言中常用的算术运算符有加、减、乘、除和取模(求余数)5 种,它们分别对应符号＋、一、＊、/、％。

运算符＋、一和＊与对应的数学运算符一样,但是 / 的执行与运算数的类型有关。如果除法运算的两个操作数都是整数,则执行整数除法;只要两个操作数有一个是浮点数,则执行浮点数除法。

程序 2.8　除法的结果与运算数的类型有关。

```
#include <stdio.h>
int main(void)
{
    double x;
    x = 1 / 2;
    printf("%lf\n", x);
    return 0;
}
```

程序运行结果如下。

```
x = 0.000000
```

在程序 2.8 中,除法的两个操作数,1 是整数,2 也是整数,所以这是一个整数除法,其商是 0。

程序 2.9　除法的结果与运算数的类型有关。

```
#include <stdio.h>
int main(void)
{
    double x;
    x = 1.0 / 2;
    printf("%lf\n", x);
    return 0;
}
```

程序运行结果如下。

```
x = 0.500000
```

只需要除法的两个操作数中任何一个不是整数,这就形成了小数除法,其商是 0.5。

模运算也称为求余运算,其符号是%,作用是求两个整数相除得到的余数。注意%运算的两个操作数必须是整数。如果有任何一个操作数是浮点数,则编译器会报告编译错误。

程序 2.10 模运算。

```
# include < stdio. h >
int main(void)
{
    int a, b;
    a = 14 / 3;
    b = 14 % 3;
    printf("The quotient of 14 divided by 3 is % d, and the remainder is % d.\n", a, b);
    return 0;
}
```

程序运行结果如下。

```
The quotient of 14 divided by 3 is 4, and the remainder is 2.
```

C 语言的算术表达式与数学表达式在写法上有时是不一样的,如表 2.3 所示。

表 2.3 C 语言的算术表达式与数学表达式的对比举例

数学表达式	C 表达式
1.25×10^{-6}	1.25e-6
$2+3x$	2+3 * x
$\dfrac{a+b}{c+d}$	(a+b)/(c+d)
$a+\dfrac{b}{c}+d$	a+b/c+d
$3 \times [8-(5+2)]$	3 * (8-(5+2))

在写 C 语言表达式时,要注意以下几点。

(1) 所有表达式必须以线性形式写出。例如,分子、分母、指数、下标等必须写在同一行上。

(2) 乘法必须用符号 * 明确指出,不能省略。

(3) 为了指定运算的次序可以利用圆括号,圆括号必须成对出现,可以嵌套出现。

(4) 表达式按运算符优先级和结合性计算。这是解决表达式中不同运算符谁先计算、谁后计算的规则,就好比同时处理多件事情需要分清轻重缓急,合理安排优先解决最紧迫的,同时也要处理好重要事情和紧急事情的关系。C 语言运算符的优先级共分为 15 级,1 级最高,15 级最低,优先级较高的先于优先级较低的进行计算。运算符的结合性指同一优先级的运算符在表达式中操作的组织方向,即当一个运算对象两侧运算符的优先级别相同时,运算对象与运算符的结合顺序。所有运算符的优先级和结合性,请查阅附录 A。

2.5　增量和减量运算符

形如 x++ 的增量和 x-- 的减量运算符用于将变量的值加 1 或减 1,它们都有前置写法和后置写法,可以看成 4 个不同的运算符(前置增量、后置增量、前置减量、后置减量)。前置增量和后置增量的作用是将运算数的值加 1,而前置减量和后置减量的作用是将运算数的值减 1,例如:

```
int x = 5;
x++;        //后置增量,变量 x 的值会变成 6
++x;        //前置增量,变量 x 的值会变成 7
x-- ;       //后置减量,变量 x 的值会变成 6
-- x;       //前置减量,变量 x 的值会变成 5
```

++与--前置和后置的区别在于表达式的值不同,对于前置增量(减量),表达式的值是加 1(减 1)之后的值;对于后置增量(减量),表达式的值是加 1(减 1)之前的值。

程序 2.11　前置增量与后置增量。

```
# include < stdio. h>
int main(void)
{
    int x = 10, y, a = 20, b;
    y = x++;
    b = ++a;
    printf("x = % d, y = % d\n", x, y);
    printf("a = % d, b = % d\n", a, b);
    return 0;
}
```

程序运行结果如下。

```
x = 11, y = 10
a = 21, b = 21
```

对增量(减量)运算符的使用,需要注意不要在同一个表达式中对同一个变量使用 1 次以上的增量(减量)运算。

程序 2.12　错误地使用增量运算符。

```
# include < stdio. h>
int main(void)
{
    int x = 10, y;
    y = (x++) + (x++);
    printf("x = % d, y = % d\n", x, y);
    return 0;
}
```

程序运行结果如下。

```
x = 12, y = 20
```

读者可以尝试在自己的计算机上运行这个程序。它可以得到一个值,但 C 语言标准没有定义这种情况下的求值顺序,所以,不同编译器会得到不同的结果。读者需要记住,不要像程序 2.12 的语句"y=(x++)+(x++);"一样,在同一个表达式中对同一个变量使用 1 次以上的增量(减量)运算。

2.6　混合类型计算和类型转换

像加、减、乘、除这样需要两个操作数的运算符,称为二元运算符。如果一个二元运算符两个操作数的类型相同,整个表达式的类型就是操作数的类型。例如,一个 int 型数加上一个 int 型数,这个表达式的类型就是 int 型。如果一个二元运算符两个操作数的类型不同,则称为混合类型计算。例如:

```
2.95 + 304
```

这里一个操作数是 double 型而另一个操作数是 int 型。此时,表达式的类型将发生自动类型转换。转换的原则是把表示范围小的类型的值转换为表示范围大的类型的值。常用数据类型的表示范围从小到大依次为

```
int→long→float→double
```

因此,转换原则通常如图 2.3 所示。

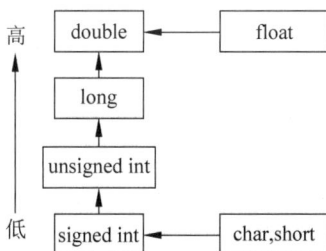

图 2.3　混合运算时的默认类型转换

图 2.3 表达的意思是,char 类型和 short 类型的混合运算,会转换为 int 类型;而 int 类型和 float 类型的混合运算,会转换为 double 类型;int 类型和 double 类型的混合运算,会转换为 double 类型。

如果默认的类型转换不符合程序设计的要求,则可以使用强制类型转换。强制类型转换的语法如下。

```
(所需数据类型) 表达式
```

例如,(int)(3.6 * 16.7)+4 要求把 3.6 * 16.7 的计算结果(double 类型)转换为 int 型,然后用这个 int 值参与随后的加法运算。需要注意的是,类型转换是值的转换,从一个值产生另一个不同类型的值。类型转换并不改变原来的值,而是产生一个新值。

程序 2.13 强制类型转换。

```
#include <stdio.h>
int main(void)
{
    int x = 5, y = 2;
    double a, b;
    a = (double)x / y;
    b = (int)a;
    printf("x = %d, y = %d\n", x, y);
    printf("a = %lf, b = %lf\n", a, b);
    return 0;
}
```

程序运行结果如下。

```
x = 5, y = 2
a = 2.500000, b = 2.000000
```

2.7　复合赋值运算符

利用变量的原有值计算出新值并重新赋值给这个变量,这种运算在 C 语言程序中是非常普遍的。例如,下面这条语句就是将变量 i 的值加上 5 后再赋值给自己:

```
i = i + 5;
```

C 语言提供了复合赋值运算符来缩短这个表达式以及类似的表达式。使用＋＝运算符,可以将上面这个式子简写为

```
i += 5;
```

＋＝运算符把右操作数的值加到左侧变量中去。还有另外几种复合赋值运算符,包括－＝、＊＝、/＝、％＝。所有复合赋值运算符的含义大致相同。

a＋＝b 等价于 a＝a＋b

a－＝b 等价于 a＝a－b

a＊＝b 等价于 a＝a＊b

a/＝b 等价于 a＝a/b

a％＝b 等价于 a＝a％b

a＊＝b＋c 等价于 a＝a＊(b＋c)

a/＝b＋c 等价于 a＝a/(b＋c)

a％＝b＋c 等价于 a＝a％(b＋c)

2.8　综合应用实例——求三角形的面积

【例 2.1】　输入三角形的三边长,求三角形的面积。

设三角形的三边是 a、b、c,面积为 s。设 $p = \frac{1}{2}(a+b+c)$,根据海伦公式可知:

$$s = \sqrt{p(p-a)(p-b)(p-c)}$$

变量 a、b、c、s 和 p 都应该定义为浮点型变量,下面给出它的算法。

一级算法:

第 1 步 输入 a、b、c 的值。

第 2 步 计算 s。

第 3 步 输出 s。

二级求精:

第 2 步 计算 s。

2.1 求 p,$p = \dfrac{1}{2}(a+b+c)$。

2.2 求出 s,$s = \sqrt{p(p-a)(p-b)(p-c)}$。

程序 2.14 输入三角形的三边长,求三角形的面积。

```c
# include < stdio. h >
# include < math. h >
int main(void)
{
    double a, b, c, p, s;
    printf("Please input a, b, c: ");
    scanf("%lf %lf %lf", &a, &b, &c);
    p = (a + b + c) / 2;
    s = sqrt(p * (p - a) * (p - b) * (p - c));
    printf("The area is %lf\n", s);
    return 0;
}
```

程序运行结果如下。

```
Please input a, b, c: 3 4 5
The area is 6.000000
```

程序 2.14 第 9 行的 sqrt 是一个数学函数,它的作用是求参数的平方根,函数类型是 double 型。该函数的函数原型包含在数学头文件 math. h 中,所以在程序的第二行有一个头文件包含:# include < math. h >。

2.9 工程案例分析——发动机排气背压计算

下面是一个计算排气背压的小程序。排气背压是指气体被排出气缸后的压力,该压力可以影响发动机的输出动力以及排气后处理的颗粒捕捉器的工作,作为控制来说需要得到对应工况下较为准确的排气背压才能够准确控制系统运行。这部分的公式主要是气体方程式和伯努利方程式,计算过程中用到了加减乘除以及平方根等赋值运算。

```
/* air_inf_exhbp_struct    推测排气背压的结构体
air_inf_exhbp_func_core    推测排气背压的函数
exh_mass_flow_tmp    排气质量流量
```

```
dsp_tmp 发动机负荷
exh_gas_temp_tmp 排气气体温度
air_exhbp_coeff[[i] 推测排气背压的常数组 * /
struct air_inf_exhbp_struct air_inf_exhbp_func_core( F32 exh_mass_flow_tmp, F32 dsp_tmp, F32
exh_gas_temp_tmp )
{
    / * 程序开始的初始赋值 * /
    auto struct air_inf_exhbp_struct out;
    auto F32 deltap_tmp = 0.0F;

    / * 温度补偿,由于排气压力与体积流量相关,而体积流量都会采用定义的标准工况进行测量,
所以基于气体方程在实际的工况中需要进行温度补偿,由于气体方程式温度原点是绝对零度,所以
使用常用的摄氏度时要加上 273 度。 * /
    out.exh_mass_flow = exh_mass_flow_tmp * f32sqrt( (exh_gas_temp_tmp + 273) /
                                                    (air_exh_ref_temp + 273 );

    / * 根据车辆所处的环境压力得到压差修正系数,可以理解为伯努利方程式压力项的偏差带来
的影响 * /
    out.dsp_mul = lookup_2d(&fnair_exhbp_dsp, dsp_tmp);

    / * 一般采用变形的伯努利方程式来计算流体的压力、速度的关系(排气系统的长度有限,势能
变化可以忽略),工程上为了避免复杂的运算,把不同流量下的转换系数直接实验测出,使用时直接
查表得出结果。 * /
    deltap_tmp = ( ( air_exhbp_coeff[2] * out.exh_mass_flow + air_exhbp_coeff[1] ) * out.
exh_mass_flow + air_exhbp_coeff[0] ) * out.dsp_mul;

    / * 排气口压力为环境压力(dsp_tmp)加上压力差 * /
    out.inf_exhbp = f32max( deltap_tmp, 0.0F ) + dsp_tmp;

    return out;
}
```

2.10 小结

C 语言有多种数据类型。基本的数据类型包含两大类：整数类型和浮点类型。整数类型的两个重要特征是其类型的大小及它是有符号还是无符号的。最小的整数类型是 char 类型,其他的整数类型包括 short、int 和 long。整数可以表达为十进制、八进制和十六进制形式。字符常量表示为放在单引号中的一个字符,如‘A’‘5’和‘＄’。两种浮点数类型是 float 和 double,它们的精度和表示范围不同。

C 语言中有多种运算符,本章讨论了赋值运算符、算术运算符和复合赋值运算符。同时讨论了混合运算发生时的默认数据类型转换和强制类型转换。

最后给出了一个顺序程序设计的例子。尽管顺序程序设计较简单,但是读者从一开始就应该注意培养良好的程序设计习惯和风格。另外,本章基础语法规则较多,建议读者通过上机编程练习加深对运算符运算规则的理解,注意遵循标准规范,为后面能够快速准确写出符合语法规范的代码打好基础。

本章习题

知识点强化训练

解答题

在线测试

1. 下列哪些数据是整数？哪些是浮点数？哪些是非法的数？

$$256, \quad 2.50, \quad 1e+06, \quad 2.2e5, \quad e10, \quad -785, \quad e-5,$$
$$.5, \quad 15., \quad 15.0, \quad 0.12, \quad 0, \quad 0.0, \quad 25e$$

2. 将下列数学表达式表示成 C 语言表达式。

(1) $-(a^2+b^2)\times y^3$

(2) $\dfrac{5+b}{\dfrac{a+6}{b+5}-c\times d}$

(3) $\dfrac{\dfrac{a}{x}}{\dfrac{a}{a+y}+\dfrac{b}{a+\dfrac{b}{a+\dfrac{b}{z}}}}$

(4) $\sqrt{1+\sqrt{2\times\dfrac{3+8}{5}}}$

3. 以下程序的输出结果是什么？

```
# include < stdio. h>
int main(void)
{
    int x = 3, y = 7;
    printf(" % d\n", x++);
    printf(" % d\n", ++x);
    y += x;
    printf(" % d\n", y-- );
    printf(" % d\n", -- y);
    return 0;
}
```

4. 以下程序的输出结果是什么？

```
# include < stdio. h>
int main(void)
{
    int x = 2, y = 5;
    double z = 0;
    z += 1 / x;
    z += 1 / (double)y;
    printf("z =  % lf\n", z);
```

```
    return 0;
}
```

编程训练

1. 编写一个程序,输入一个小写字母,输出对应的大写字母。例如,输入"h",输出"H"。

2. 输入一个三位数,将它反向输出。例如,输入 127,输出 721。

3. 已知铁的密度是 7.86 千克/立方米,金的密度是 19.3 千克/立方米。试编写一个简单的程序,计算直径 100 毫米和 150 毫米的铁球与金球的质量。

第3章

分 支 结 构

CHAPTER 3

学习目标

- 掌握关系运算符和关系表达式的表示方法。
- 掌握逻辑运算符和逻辑表达式的表示方法。
- 掌握 if 语句和 switch 语句的基本用法。
- 掌握分支结构程序设计的方法。

　　结构化程序设计思想认为：所有计算机程序都可以用顺序结构、选择结构、循环结构这三种基本结构表示。顺序结构是一组按前后顺序执行的语句；选择结构能根据运行时的情况选择要执行的语句组；循环结构允许多次重复执行一组语句。用这三种基本结构组合而成的程序结构清晰,可读性好,也便于调试和修改。

　　前面章节的程序都是顺序结构的,各语句是按自上而下的顺序执行的,执行完上一个语句就自动执行下一个语句,是无条件的,不必作任何判断。实际上,在很多情况下需要根据某个条件是否满足来决定是否执行指定的操作任务,这就是分支结构要解决的问题。例如,在教务系统中规定停开选课人数不足 20 的课程,那么是否停开某个课程就要根据其选课人数是否大于或等于 20 这个条件来决定。

　　分支结构的执行是依据一定的条件选择执行路径,而不是严格按照语句出现的物理顺序。分支结构的程序设计方法的关键在于构造合适的分支条件和分析程序流程,根据不同的程序流程选择适当的分支语句。本章介绍如何利用关系表达式或逻辑表达式在 C 语言中表示条件,以及如何用 if 语句或 switch 语句实现分支结构。

🔑 3.1　关系运算符和关系表达式

　　在 C 语言中,比较运算符也称关系运算符。所谓"关系运算"就是"比较运算",将两个数值进行比较,判断其比较的结果是否符合给定的条件。例如,s < 60 就是一个关系表达式,"<"是关系运算符,如果 s 的值小于 60,即满足"s < 60"条件,则关系表达式"s < 60"的值为"真"(true)；否则,关系表达式"s < 60"的值为"假"(false)。

3.1.1　关系运算符

　　C 语言中提供了 6 种关系运算符,且均为二元运算符(即两个运算对象),其结合性均为左结合。其具体含义见表 3.1。

表 3.1　关系运算符及其含义

关系运算符	含　义	关系运算符	含　义
<	小于	<=	小于或等于
>	大于	>=	大于或等于
==	等于	!=	不等于

　　注意：关系运算符"=="由两个等于号组成,而赋值运算符是一个"="。关系运算符"!="中感叹号是英文感叹号。

　　关系运算符的优先级如下。

　　(1) 前 4 种关系运算符(<,<=,>,>=)的优先级相同,后两种关系运算符(==,!=)的优先级也相同,但前 4 种运算符的优先级高于后两种。例如,"<="优先于"==","<="与">"优先级相同。

　　(2) 关系运算符的优先级高于赋值运算符。

　　(3) 关系运算符的优先级低于算术运算符。

例如：

x＞y＜1 等价于 (x＞y)＜1　　x＝＝y＞1 等价于 x＝＝(y＞1)
x＝y＞1 等价于 x＝(y＞1)　　x＞y＋1 等价于 x＞(y＋1)

3.1.2 关系表达式

用关系运算符将两个数值或数值表达式连接起来的式子称为关系表达式。例如：x＞y，x＋10＜y，'A'＜'a'，(x＝10)＞6,5＞＝2,1＜0 等均为合法的关系表达式。在 C99 标准之前，C 语言中没有逻辑型类型，true 用 1 表示，false 用 0 表示；反之，0 代表 false，非 0 代表 true。若 x＝1,y＝2,z＝3,则：

关系表达式"x＋y＜z"的值为"假"，其值实际为 0。

关系表达式"x＋y＞＝z"的值为"真"，其值实际为 1。

赋值表达式"x＝y＜＝z"的作用是：由于 y＜＝z 的值为"真"，所以赋值后 x 的值为 1。

🔑 3.2 逻辑运算符和逻辑表达式

有些情况下，判断的条件不是一个单一条件，而涉及多个方面，可以分解为多个简单条件组成的复合条件。例如，要统计年龄不超过 30,月薪超过 8000 的人数。这就需要检查两个条件：①年龄 age＜＝30；②月薪 salary＞8000。这个组合条件不能用一个关系表达式来表示，要用两个表达式的组合来表示，即 age＜＝30 AND salary＞8000，AND 的含义是"与"，即"二者同时满足"的意思。这个复合的关系表达式就是一个逻辑表达式。

3.2.1 逻辑运算符

C 语言提供了三种逻辑运算符,见表 3.2。

表 3.2 逻辑运算符及其含义

逻辑运算符	含 义	运算对象个数	结 合 性
&&	逻辑与	2(二元运算符)	左结合
||	逻辑或	2(二元运算符)	左结合
!	逻辑非	1(一元运算符)	右结合

如果 a 和 b 均为逻辑量,则可以用来表示逻辑运算符的运算规则的"真值表"如表 3.3 所示。

表 3.3 逻辑运算符的真值表

a	b	a&&b	a||b	!a
真	真	真	真	假
真	假	假	真	假
假	真	假	真	真
假	假	假	假	真

一个逻辑表达式如果包含多个逻辑运算符,其优先次序为：逻辑非(!)最高,逻辑与

(&&)次之,逻辑或(||)最低。其中逻辑非(!)比算术运算符优先级高,而逻辑与(&&)和逻辑或(||)比关系运算符优先级低。例如,设 x,y,z 为逻辑量,则

> x||y&&z 等价于 x||(y&&z)　　　x&&!y 等价于 x&&(!y)
> x&&y<1 等价于 x&&(y<1)　　　x&&0+2 等价于 x&&(0+2)

3.2.2　逻辑表达式

用逻辑运算符将关系表达式或逻辑量连接起来的式子就是逻辑表达式。逻辑表达式的值同关系表达式的值一样,即"真"或"假"。

如前所述,逻辑表达式的值应该是一个逻辑量"真"或"假"。C 语言编译系统在表示逻辑运算结果时,通常以数值 1 代表"真",以数值 0 代表"假",但在判断一个量是否为"真"时,以 0 代表"假",以非 0 代表"真"。即将一个非零的数值认作为"真"。例如:

(1) 若 x=5,则!x 的值为 0。因为 x 的值为非 0,当成"真",进行逻辑非运算后得"假",即为 0。

(2) 若 x=3,y=4,则 x&&y 的值为 1。因为 x 和 y 的值均为非 0,当成"真",所以 x&&y 的值也为"真",即为 1。

(3) 5||3&&7-7 的值为 1。

由此可知,逻辑表达式的值不是 0 就是 1,不可能是其他数值。而参加逻辑运算的运算对象可以是 0 也可以是 1 或其他任何数值。这时就应该区分表达式中不同位置上出现的数值,哪些作为数值运算或关系运算的对象,哪些作为逻辑运算的对象。例如:

> 2<1 || 8>8-!0

自左向右扫描该表达式并进行计算。首先处理"2<1"(因为关系运算符优先于逻辑运算符)得 0(代表假)。再对式子"0||8>8-!0"进行计算,同理根据优先规则应先计算"8>8-!0"。现在,第二个"8"左边是">",右边是"-","-"优先级高,所以应先计算"8-!0",又由于"!"比"-"优先级高,故先求"!0"的值,得 1。然后,对式子"0||8>8-1"依次进行"-"">""||"三个运算得 1。即表达式"2<1||8>8-!0"的值为 1(代表真)。

在逻辑表达式的求解过程中,并不是所有的逻辑运算符都被执行,只是在必须执行下一个逻辑运算符才能计算出表达式的值时,才执行该逻辑运算符。假如 x、y、z 均为逻辑量,则有:

(1) x||y&&z。如果 x 为真,则不需要判别 y 和 z,因为此时已经可以确定表达式的值为真;只有当 x 为假时,才需要求解 y&&z 的值。求解过程如图 3.1 所示。

(2) x&&y||z。如果 x 和 y 都为真,则不需要判别 z,因为此时已经可以确定表达式的值为真;当 x 和 y 不同时为真时,需要判别 z 的值。求解过程如图 3.2 所示。

换句话说,在(1)中,对运算符||来说,只有 x=0(x 为假)时,才继续右边 y&&z 的运算。在(2)中,对运算符 && 来说,只有 x≠0(x 为真)时,才继续右边 y 的运算。因此,如果有下面的逻辑表达式:

> (x=a>b)||(y=c>d)

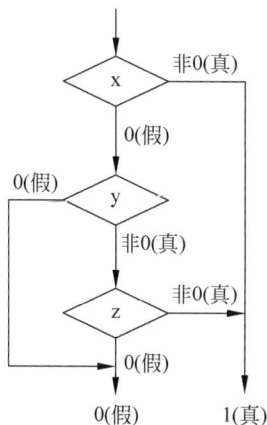

图 3.1　x‖y&&z 的求解过程　　　　图 3.2　x&&y‖z 的求解过程

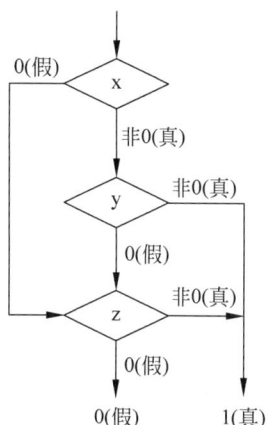

当 a=1,b=0,c=3,d=2,x 和 y 的原值为 0 时,由于"a>b"的值为 1,因此 x=1,此时已经能够确定表达式的值为 1,不必进行"(y=c>d)"的运算,因而 y 的值保持不变,仍为 0。

掌握了 C 语言的关系运算符和逻辑运算符后,就可以很方便地用一个逻辑表达式来表示复杂的条件。例如,判别某年是否是闰年的问题就可以用一个逻辑表达式来表示条件。闰年的条件是必须满足下列两个条件之一:①能被 4 整除,但不能被 100 整除,如 2020;②能被 400 整除,如 2000。假设 year 代表年份(整数),可以写出闰年满足的逻辑表达式为

```
(year % 4 == 0 && year % 100 != 0) || (year % 400 == 0)
```

🔑 3.3　if 语句

用 if 语句可以构成分支结构,每次运行程序时它根据给定的条件进行判断,决定执行某个分支程序。C 语言提供了三种形式的 if 语句。

3.3.1　单分支 if 语句

单分支 if 语句是最简单的 if 语句形式,可以用来设计简单的分支结构程序。

单分支 if 语句的一般形式:

```
if(表达式)
    语句
```

其语义是:如果表达式的值为真(非 0),则执行其后的语句,否则不执行该语句。其执行过程如图 3.3 所示。表达式可以是关系表达式、逻辑表达式或数值表达式,其中最直观、最容易理解的是关系表达式和逻辑表达式。

【例 3.1】　编程实现:输入两个整数,输出其中较大者。

分析:用两个 int 型变量 x 和 y 存放输入的两个整数,先假定 x 是较大者并存放到 int 型变量 max 中,如果 x<y,则将 max 的值修改为 y,最后 max 中存放的值一定是它们中的较大者,输出 max 即可。算法流程如图 3.4 所示。

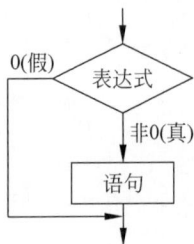

图 3.3 单分支 if 语句执行过程

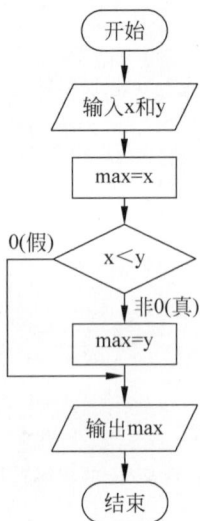

图 3.4 例 3.1 流程图

程序 3.1 输入两个整数,输出其中较大者。

```
#include <stdio.h>
int main(void)
{
    int x,y,max;
    printf("Input two numbers:");
    scanf("%d%d",&x,&y);
    max = x;
    if(x < y) max = y;
    printf("Max = %d\n",max);
    return 0;
}
```

程序运行结果如下。

```
Input two numbers:3 4
Max = 4
```

【例 3.2】 编程实现:输入一个数,输出其绝对值。

分析:已知负数的绝对值是它的相反数,非负数的绝对值是它自己。可以用一个 double 型变量 x 存放输入的数,用另一个 double 型变量 y 存放 x 的绝对值。可先假定 x 不是负数,y 赋值为 x,然后判断 x 是否小于 0,如果 x<0,则修改 y 为一x。最后输出 y。算法流程如图 3.5 所示。

程序 3.2 输入一个数,输出其绝对值。

```
#include <stdio.h>
int main(void)
{
    double x,y;
    printf("Input x = ");
    scanf("%lf",&x);
    y = x;
    if(x < 0)
```

```
    y = - x;
    printf("|%g| = %g\n",x,y);
    return 0;
}
```

程序运行结果如下。

```
Input x = - 3.14
|- 3.14| = 3.14
```

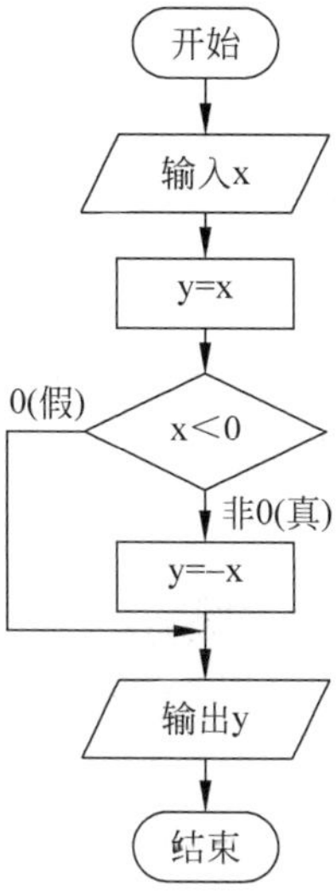

图 3.5　例 3.2 流程图

输出格式类型%g 用来输出实数,它根据数值的大小,自动选%f 格式或%e 格式,选择输出时占宽度较小的一种,且不输出无意义的 0。

【例 3.3】　编程实现:输入两个整数,按其值由大到小的顺序输出。

分析:两个数的大小顺序只有两种情况。可以用一个 int 型变量 x 存放输入的第一个整数,用另一个 int 型变量 y 存放输入的第二个整数,然后判断 x 与 y 的大小,如果 x<y,则将 x 与 y 的值进行互换,最后依次输出 x 和 y。互换两个变量的值则需要第三个变量 t,这个与下述问题类似:甲同学与乙同学想互换各自杯中的饮料,而又不想换杯子,则必然需要第三个杯子来中转一下。

程序 3.3　输入两个整数,按其值由大到小的顺序输出。

```
# include < stdio. h >
int main(void)
{
    int x,y,t;
    printf("Input two numbers: ");
    scanf("%d%d",&x,&y);
    if(x<y)
    {
        t = x; x = y; y = t;
    }
    printf("%d %d\n",x,y);
```

```
    return 0;
}
```

程序运行结果如下。

```
Input two numbers: 3 4
4 3
```

上述程序代码中,交换 x 和 y 的值也可以写成"t＝y；y＝x；x＝t；"。请思考这是为什么呢?

3.3.2　双分支 if 语句

单分支 if 语句实际上也可以认为是双分支结构的特例,即其中一个分支的操作为空。从这个意义上讲,双分支 if 语句更具有一般性。

双分支 if 语句一般形式:

```
if(表达式)
    语句 1;
else
    语句 2;
```

其语义是:如果表达式的值为真(非 0),则执行其后的语句 1,否则执行语句 2。其执行过程如图 3.6 所示。

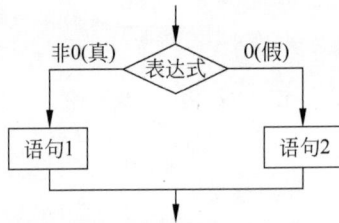

图 3.6　双分支 if 语句执行过程

【例 3.4】　编程实现:输入两个整数,按其值由大到小的顺序输出。(用双分支 if 语句)

分析:两个数的大小顺序只有两种情况。可以用一个 int 型变量 x 存放输入的第一个整数,用另一个 int 型变量 y 存放输入的第二个整数,然后判断 x 与 y 的大小。如果 x＞y,则依次输出 x 和 y;否则依次输出 y 和 x。算法流程如图 3.7 所示。

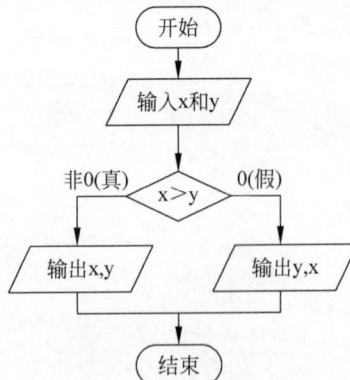

图 3.7　例 3.4 流程图

程序 3.4　输入两个整数,按其值由大到小的顺序输出。

```
# include < stdio.h>
int main(void)
{
    int x,y,t;
    printf("Input two numbers: ");
    scanf("%d%d",&x,&y);
    if(x > y)
        printf("%d %d\n",x,y);
    else
        printf("%d %d\n",y,x);
    return 0;
}
```

该程序运行结果与程序 3.3 相同。

【例 3.5】　编程实现:输入代表年份的 4 位数,判断其是否是闰年。

分析:可以用一个 int 型变量 year 存放输入的 4 位数。根据 3.2.2 节中关于判断闰年的逻辑表达式编写分支结构程序。

程序 3.5　输入代表年份的 4 位数,判断其是否为闰年。

```
# include < stdio.h>
int main(void)
{
    int year;
    printf("input year = ");
    scanf("%d",&year);
    if((year % 4 == 0 && year % 100 != 0) || (year % 400 == 0))
        printf("%d 年是闰年。",year);
    else
        printf("%d 年不是闰年。",year);
    return 0;
}
```

程序运行结果如下。

```
该程序运行结果 1:    Input year = 2000
                    2000 年是闰年。
该程序运行结果 2:    Input year = 2016
                    2016 年是闰年。
该程序运行结果 3:    Input year = 1900
                    1900 年不是闰年。
```

3.3.3　多分支 if 语句

if 语句的前两种形式一般都用于两个分支的情况。当有多个分支选择时,可以采用 if-else-if 语句,其一般形式如下。

```
if(表达式 1)
    语句 1;
else if(表达式 2)
```

```
    语句 2;
    …
else if(表达式 n-1)
    语句 n-1;
else
    语句 n;
```

其语义是:依次判别表达式的值,当出现某个真时,则执行其对应的语句,然后跳转到整个 if 语句之后继续执行后续程序代码。如果所有的表达式均为假,则执行语句 n。其执行过程如图 3.8 所示。

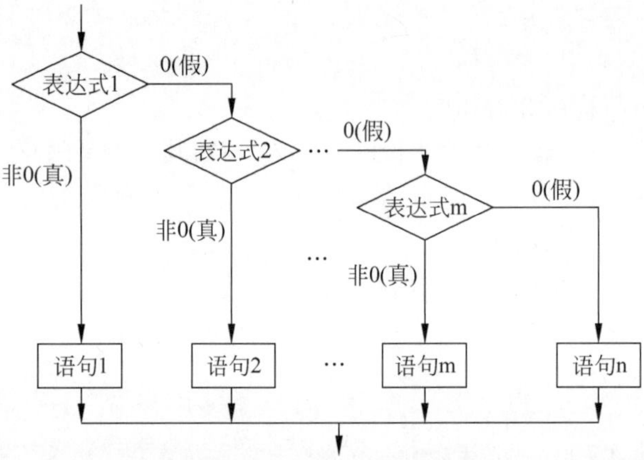

图 3.8   多分支 if 语句的执行过程

【例 3.6】   编程实现:从键盘输入一个英文字符,判断该字符是数字、字母或其他字符等三种类别中的哪一类别。

分析:10 个数字为'0'~'9',大写字母为'A'~'Z',小写字母为'a'~'z',如果既不是数字也不是字母,那该字符就属于"其他字符"类别。容易看出分三种情况来分别处理。

程序 3.6   从键盘输入一个英文字符,判断该字符是数字、字母或其他字符等三种类别中的哪一类别。

```c
#include <stdio.h>
int main(void)
{
    char ch;
    printf("Input a character: ");
    scanf("%c",&ch);
    if('0'<= ch && ch<= '9')
        printf("%c是数字。\n",ch);
    else if(('A'<= ch && ch<= 'Z') ||('a'<= ch && ch<= 'z'))
        printf("%c是字母。\n",ch);
    else
        printf("%c是其他字符。\n",ch);
    return 0;
}
```

程序运行结果如下。

该程序运行结果 1:	Input a character: c c 是字母。
该程序运行结果 2:	Input a character: 8 8 是数字。
该程序运行结果 3:	Input a character: @ @是其他字符。

本例是一个多分支选择的问题,综合利用关系表达式和逻辑表达式的知识实现判断输入字符的类别。

【例 3.7】 编程实现:从键盘输入一个百分制的成绩(整数),将其转换为相应的五级计分制的成绩。转换规则:90~100 为 A,80~89 为 B,70~79 为 C,60~69 为 D,0~59 为 E。

分析:可以用一个 int 型变量 score 存放输入的百分制分数,用一个 char 型变量 grade 存放五级计分制成绩。显然,可以用多分支 if 语句分五种情况来处理。

程序 3.7 从键盘输入一个百分制的成绩(整数),将其转换为相应的五级计分制的成绩。

```
#include <stdio.h>
int main(void)
{
    int score;
    char grade;
    printf("Input score(0-100):");
    scanf("%d",&score);
    if(score >= 90)
        grade = 'A';
    else if(score >= 80)
        grade = 'B';
    else if(score >= 70)
        grade = 'C';
    else if(score >= 60)
        grade = 'D';
    else
        grade = 'E';
    printf("Grade = %c\n",grade);
    return 0;
}
```

程序运行结果如下。

```
Input score(0-100):78
Grade = C
```

本例程序中,在执行"if(score>=80)"时,实际上隐含了条件"score<90",后面两次比较时也是类似情况。当然,"if(score>=80)"也可以换成"if(score>=80 && score<90)",只是没这个必要。

3.3.4 嵌套的 if 语句

在 if 语句中又包含一个或多个 if 语句称为 if 语句的嵌套。嵌套 if 语句的形式是多样

化的,没有固定形式。当语句中同时存在多个 if 语句时,else 总是与它前面最近的未配对的 if 配对。例如:

```
if(表达式)
    if(表达式1)    /* 内嵌 if 语句 */
        语句1;
    else
        if(表达式2) 语句2;
        else 语句3;
else
    语句4;
```

【例 3.8】   编程实现:从键盘输入两个数,代表直角坐标系某点的坐标,试问该点在第几象限(不考虑在坐标轴上的情况)?

分析:可以用两个 double 型变量 x、y 存放输入的横坐标和纵坐标,可以分四种情况来处理,也可以先根据 x 与 0 的大小关系分两种情况:第 1、4 象限和第 2、3 象限,然后将 y 与 0 比较,确定在哪一个象限。程序代码如下。

程序 3.8   从键盘输入两个数,代表直角坐标系某点的坐标,试问该点在第几象限?

```
# include < stdio. h >
int main(void)
{
    double x,y;
    int n;
    printf("Input x,y:");
    scanf("%lf,%lf",&x,&y);           /* x!= 0,y!= 0 */
    if(x > 0)
        if(y > 0)    n = 1;
        else         n = 4;
    else
        if(y > 0)    n = 2;
        else         n = 3;
    printf("点(%g,%g)位于第%d象限。\n",x,y,n);
    return 0;
}
```

程序运行结果如下。

```
Input x,y: 4.5, -2.3
点(4.5, -2.3)位于第 4 象限。
```

例 3.5 中判断是否是闰年也可以换一个思路:如果不能被 4 整除,则不是闰年;否则,如果不能被 100 整除,则是闰年,否则,如果能被 400 整除则也是闰年,否则也不是闰年。这就可以用嵌套 if 语句完成程序设计,为了少写输出信息的语句,定义一个 int 型变量 leap 作为标志来表示是否为闰年。算法流程如图 3.9 所示。

程序 3.9   输入代表年份的四位数,判断其是否为闰年。

```
# include < stdio. h >
int main(void)
{
```

```
int year,leap;
printf("Input year = ");
scanf("%d",&year);
if(year % 4 != 0)
    leap = 0;
else
    if(year % 100!=0)      leap = 1;
    else
        if(year % 400 == 0) leap = 1;
        else leap = 0;
if(leap!=0)  printf("%d 年是闰年。",year);
else      printf("%d 年不是闰年。",year);
return 0;
}
```

该程序运行结果与程序 3.5 相同。

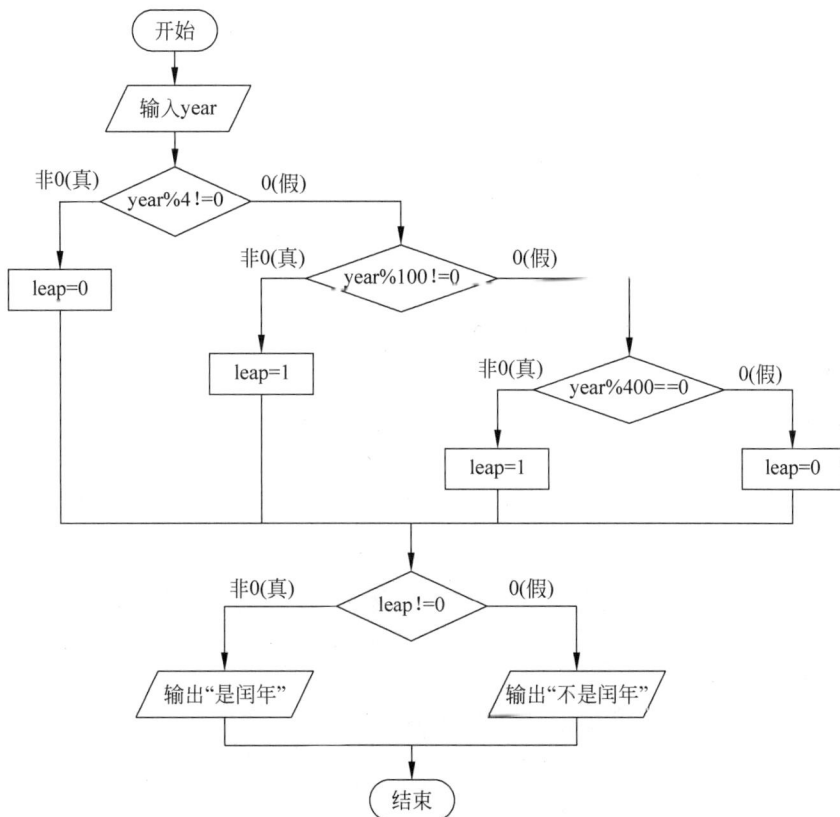

图 3.9　判断是否为闰年的流程图

3.3.5　在 if 语句中使用复合语句

在前面各种形式的 if 语句中,"语句 1"、"语句 2"或"语句 n"既可以是一条语句,也可以是多条语句组成的复合语句。使用复合语句时,需要将组成复合语句的多条语句放在花括号{}中,提供多个要执行的语句,其一般形式如下。

```
{
    第 1 条语句;
    第 2 条语句;
    …
    第 n 条语句;
}
```

【例 3.9】 编程实现: 从键盘输入一个百分制的分数,如果小于 60,则输出"绩点为 0,需要补考。",否则输出绩点(保留 1 位小数)。绩点计算公式:(分数-60)/10.0+1.0。

分析: 容易看出此题需要根据分数与 60 的大小关系分两种情况来处理,可以采用双分支 if 语句。当分数小于 60 时,绩点直接为 0,不需要使用公式计算绩点;否则,需要利用公式计算绩点并输出。注意绩点可能有小数,应采用双精度或单精度型变量,这里采用双精度型变量存放绩点。

程序 3.10 从键盘输入一个百分制的分数,输出绩点或补考信息。

```
# include < stdio. h >
int main(void)
{
    int score;
    double merit;
    printf("Input Score(0~100): ");
    scanf("%d",&score);
    if(score<60)
    {
        printf("绩点为 0,需要补考。");
    }
    else
    {
        merit = (score-60)/10.0+1.0;
        printf("绩点为%0.1f。",merit);
    }
    return 0;
}
```

程序运行结果如下。

该程序运行结果 1:	Input Score(0~100): _50_
	绩点为 0,需要补考。
该程序运行结果 2:	Input Score(0~100): _73_
	绩点为 2.3。

注意:当 score<60 不成立时(score≥60),需要执行两个语句,这两个语句必须放入{}中形成一个复合语句;将语句"printf("绩点为 0,需要补考。");"放入{}中也是可以的,而且在这里提倡这样做,以使得程序结构更清晰。

其实,只要可以使用单个语句的地方,都可以使用放在花括号{}中的复合语句。这也说明,复合语句中也可以嵌套另一个复合语句。

3.4 条件运算符和条件表达式

若有代码：

```
if(x > y)  max = x;  else  max = y;
```

该代码的功能是使得 max 存放 x 和 y 中的较大者的值。C 语言中提供的条件运算符也可以实现相同的功能。上述代码用条件运算符可写为

```
max = (x > y)?x:y;
```

1. 条件运算符

条件运算符为"?:""?"和":"必须一起使用，它是 C 语言中唯一的三元运算符，即需要三个运算对象。适当使用条件运算符可以使程序更简洁和高效。

2. 条件表达式

条件表达式的一般形式：

```
表达式 1? 表达式 2：表达式 3
```

其求值规则：如果表达式 1 的值为真(非 0)，则以表达式 2 的值作为条件表达式的值，否则以表达式 3 的值作为条件表达式的值，它的执行过程如图 3.10 所示。

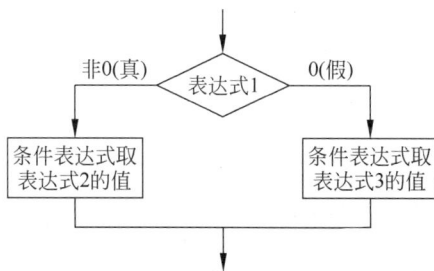

图 3.10　条件表达式的执行过程

3. 条件表达式的使用说明

(1) 条件运算符的优先级比逻辑运算符、关系运算符和算术运算符都低，但高于赋值运算符。

例如，条件表达式 max＝(x＞y)?x:y; 等价于 max＝x＞y?x:y; 因为，条件运算符比关系运算符">"优先级低。

(2) 条件表达式中，表达式 2 和表达式 3 可以是数值表达式，也可以是赋值表达式或函数表达式。

例如，条件表达式 x＞y?(x＝1):(y＝1)或 x＞y?printf("%d",x):printf("%d",y)都是合法的。

（3）条件表达式中,表达式1的类型可以与表达式2和表达式3的类型不同。

例如,假若 x＝1,y＝2,则条件表达式 x＞y?'A':'B'是合法的,其值为'B'。

【例 3.10】　编程实现:从键盘输入一个字母,如果是小写字母则输出相应的大写字母,否则输出相应的小写字母。

分析:对同一个字母来说,大写字母的 ASCII 值比其小写字母的 ASCII 值小 32。可以利用条件表达式来实现大小字母的转换。

程序 3.11　从键盘输入一个字母,如果是小写字母则输出相应的大写字母,否则输出相应的小写字母。

```c
#include <stdio.h>
int main(void)
{
    char ch;
    printf("Input a letter: ");
    scanf("%c",&ch);
    ch = (ch >= 'A' && ch <= 'Z')?ch + 32:ch - 32;
    printf("%c\n",ch);
    return 0;
}
```

程序运行结果如下。

```
该程序运行结果1:    Input a letter: d
                    D
该程序运行结果2:    Input a letter: A
                    a
```

3.5　switch 语句

非嵌套的 if 语句只能提供两个分支进行选择,如果分支较多,使用嵌套的 if 语句则会语句层数多,程序冗长,可读性差。C语言提供 switch 语句直接处理多分支结构。

3.5.1　switch 语句的一般形式

switch 语句的一般形式:

```
switch(表达式)
{
    case 常量表达式1 :  语句段1;   break;
    case 常量表达式2 :  语句段2;   break;
        ...
    case 常量表达式n :  语句段n;   break;
    default :          语句段n+1;  break;
}
```

执行过程如下。

（1）计算 switch 后圆括号中表达式的值,记为 v。

（2）计算"常量表达式 1"的值并与 v 比较，如果相等则执行"语句段 1"，否则计算"常量表达式 2"的值并与 v 比较，如果相等则执行"语句段 2"，否则计算常量表达式 3 并与 v 比较……逐个计算并判断。

（3）如果所有的"常量表达式"的值都不等于 v，则执行 default 后的"语句段 n+1"。

break 语句的作用是结束 switch 语句，执行后面的其他语句。如果执行完"语句段 1"后没有 break 语句，则接下来执行"语句段 2"。所以，通常情况下，case 子句后面会加上 break 语句。

【例 3.11】 编程实现：从键盘依次输入一个数、一个算术运算符、另一个数，如果将其看成一个算术运算式，试输出其值。运算符是"+""-""*""/"四者之一。

分析：依题意可知需要分 4 种情况计算所输入表达式的值。应该采用多分支结构，为了程序直观采用 switch 语句。

程序 3.12　编程实现四则运算。

```
#include <stdio.h>
int main(void)
{
    char op;
    double x,y,z;
    printf("Input:");
    scanf("%lf%c%lf",&x,&op,&y); /* 中间不能有空格 */
    switch(op)
    {
        case '+':z=x+y;break;
        case '-':z=x-y;break;
        case '*':z=x*y;break;
        default: z=x/y;break;
    }
    printf("%g%c%g=%g\n",x,op,y,z);
    return 0;
}
```

程序运行结果如下。

该程序运行结果 1:	Input: 5.4 * 2.1
	5.4 * 2.1 = 11.34
该程序运行结果 2:	Input: 12/5
	12/5 = 2.4

运行上述程序，如果输入"9♯4"，会输出什么结果？按照 switch 语句的执行过程，在 case 子句中没有"♯"常量表达式，所以执行 default 后的语句，输出的是 9♯4=2.25。

3.5.2　switch 语句的使用说明

（1）switch 后面括号中的"表达式"，其值的类型只能是整数类型（包括字符型和枚举型）。

（2）可以没有 default 子句。此时，如果"表达式"的值与"常量表达式 1""常量表达式 2"……"常量表达式 n"都不相等，则不执行任何语句，流程转到 switch 语句后面的语句。

（3）default 子句不一定出现在最后，case 子句和 default 子句的出现次序不影响执行结果。

(4)"常量表达式 1""常量表达式 2"……"常量表达式 n"的值必须互不相同,否则会出现编译错误。

(5) case 子句中的语句段包含多个语句时,不必用花括号括起来,当然,加上花括号也可以。

(6) 多个 case 可以共用一个语句段。

(7) switch 语句实现的分支结构程序,往往容易用 if 语句或嵌套 if 语句来实现。switch 语句中也允许出现多种语句,也包括嵌套的 switch 语句。

【例 3.12】 编程实现:从键盘输入年号和月份,输出该月的天数。

分析:一年 12 个月中,2 月的天数与是否是闰年有关,因此需要先判断是否是闰年,其他月份的天数只有 30 和 31 两种情况,所以共有三种情况,可以采用 switch 语句实现多分支结构程序设计。

程序 3.13 从键盘输入年号和月份,输出该月的天数。

```c
# include < stdio. h >
int main(void)
{
    int year,month,days,leap;
    printf("Input year and month:");
    scanf(" % d % d",&year,&month);
    if((year % 4 == 0&&year % 100!= 0)||(year % 400 == 0))      leap = 1;
    else   leap = 0;
    switch(month)
    {
        case 1: case 3: case 5:
        case 7: case 8:
        case 10: case 12: days = 31;break;
        case 2:              days = 28 + leap; break;
        case 4: case 6:
        case 9: case 11:   days = 30;break;
        default: printf("Month input error.\n");
    }
    printf(" % d 年 % d 月有 % d 天。\n",year,month,days);
    return 0;
}
```

程序运行结果如下。

该程序运行结果 1:	Input year and month:2016 2
	2016 年 2 月有 29 天
该程序运行结果 2:	Input year and month:2018 7
	2018 年 7 月有 31 天。

【例 3.13】 用 switch 语句编程实现:从键盘输入一个百分制的成绩(整数),将其转换为相应的五级计分制的成绩。转换规则:90~100 为 A,80~89 为 B,70~79 为 C,60~69 为 D,0~59 为 E。

分析:可以用一个 int 型变量 score 存放输入的百分制分数,用一个 char 型变量 grade 存放五级计分制成绩。根据成绩转换规则按分数处在不同区间对应不同等级,如果只考虑分数的十位数字,就容易联想到使用 switch 语句完成多分支程序设计。

程序 3.14 用 switch 语句编程实现成绩由百分制转换为五级计分值。

```c
#include<stdio.h>
int main(void)
{
    int score;
    char grade;
    printf("Input score(0 - 100):");
    scanf("%d",&score);
    switch(score/10)
    {
        case 10:
        case 9:  grade = 'A'; break;
        case 8:  grade = 'B'; break;
        case 7:  grade = 'C'; break;
        case 6:  grade = 'D'; break;
        default: grade = 'E';
    }
    printf("Grade = %c\n",grade);
    return 0;
}
```

程序运行结果如下。

该程序运行结果 1:	Input score(0 - 100):100
	Grade = A
该程序运行结果 2:	Input score(0 - 100):55
	Grade = E

🔑 3.6 综合应用实例——猜数小游戏

"猜数小游戏"是一个能和计算机互动的小游戏,虽然目前暂未学习循环程序设计,但是可以先体会如何通过程序与计算机实现交互,程序根据玩家输入的信息执行不同的流程和输出。程序随机产生一个 1 到 100 之间的数,用户有 7 次机会猜测这是一个什么数,对于每次输入的数程序经过判断给出提示信息:"You are smart!""Too big"或"Too small"。如果 7 次都没有猜对,游戏结束。

程序 3.15 猜数小游戏。

```c
#include<stdio.h>
#include<stdlib.h>
#include<time.h>
int main(void)
{
    int count = 0, flag = 0, target, number;
    srand(time(0));
    target = rand()%100+1;
    while(count<7){
```

```
        printf("Enter the number you guess: ");
        scanf(" % d", &number);
        count++;
        if(number == target) {
            printf("You are smart!\n");
            flag = 1;
            break;
        }
        else
            if(number > target )
                printf("Too big\n");
            else
                printf("Too small\n");
    }
    if (flag == 0)
        printf("Game Over!\n");
    return 0;
}
```

程序运行结果 1 如下。

```
Enter the number you guess: 50
Too big
Enter the number you guess: 25
Too big
Enter the number you guess: 15
Too small
Enter the number you guess: 20
Too small
Enter the number you guess: 23
Too big
Enter the number you guess: 22
You are smart!
```

程序运行结果 2 如下。

```
Enter the number you guess: 50
Too samll
Enter the number you guess: 80
Too big
Enter the number you guess: 68
Too big
Enter the number you guess: 60
Too big
Enter the number you guess: 55
Too small
Enter the number you guess: 56
Too small
Enter the number you guess: 57
Too small
Game Over!
```

🔑 3.7　工程案例分析——空调离合器状态仲裁

下面的代码是判断变排量空调的工作状态,当前汽车都有很高的油耗指标,变排量空调一是可以为节油作出贡献同时客户感觉更为舒适。变排量空调工作总体来说有两层逻辑,一是空调离合器结合,压缩机开始工作;二是离合器结合状态下压缩机的排量进行变化,得到设定的温度。离合器结合与否、该迅速还是缓慢结合或者反之离合器脱开,关系到动力系统运行是否平顺等问题,读者可以从下面的状态仲裁代码进行初步了解。

```
switch( acc_evdc_clth_mode )
  {
    case 1U:                                    /* 离合器断开 */
    {
      if (accflg != FALSE)                      /* 如果发现有空调运行请求信号 */
      {
        acc_evdc_clth_mode = 2U;                /* 离合器状态切换为缓冲结合模式 */
      }
      else
      {
        acc_evdc_clth_mode = 1U;                /* 离合器状态保持为断开模式 */
      }
      break;
    }
    case 2U:                                    /* 离合器缓冲结合 */
    {
      if (acc_instant_off_flg != FALSE)         /* 收到立即切断空调的请求 */
      {
        acc_evdc_clth_mode = 1U;                /* 回到离合器断开模式 */
      }
      else if (acrqst == FALSE)                 /* 驾驶员请求空调关闭 */
      {
        acc_evdc_clth_mode = 4U;                /* 离合器状态切换为缓冲切断模式 */
      }
      else if (acc_evdc_rmp_pct >= (1.0F - p_epsilon_p))  /* 空调排量开始增加 */
      {
        acc_evdc_clth_mode = 3U;                /* 离合器已结合状态 */
      }
      else
      {
        acc_evdc_clth_mode = 2U;                /* 离合器状态切换为缓冲结合模式 */
      }
      break;
    }
    case 3U:                                    /* 离合器已结合状态 */
    {
      if (acc_instant_off_flg != FALSE)         /* 收到立即切断空调的请求 */
      {
        acc_evdc_clth_mode = 1U;                /* 离合器状态切换为断开模式 */
      }
      else if (acrqst == FALSE)                 /* 驾驶员请求关闭空调 */
```

```
        {
            acc_evdc_clth_mode = 4U;              /* 离合器状态切换为缓冲断开模式 */
        }
        else
        {
            acc_evdc_clth_mode = 3U;              /* 保持离合器已结合状态 */
        }
        break;
    }
    case 4U:                                      /* 离合器状态为缓冲断开 */
    {
        if (acc_instant_off_flg != FALSE)         /* 收到立即切断空调信号 */
        {
            acc_evdc_clth_mode = 1U;              /* 回到离合器断开模式 */
        }
        else if (acrqst != FALSE)                 /* 驾驶员请求打开空调 */
        {
            acc_evdc_clth_mode = 2U;              /* 离合器状态切换为缓冲结合模式 */
        }
        /* 在缓冲切断模式中停留的时间超过标定值 acc_evdc_clutch_off_tm */
        else if (acc_evdc_clutch_off_tmr >= acc_evdc_clutch_off_tm)
        {
            acc_evdc_clth_mode = 1U;              /* 回到离合器切断状态 */
        }
        else
        {
            acc_evdc_clth_mode = 4U;              /* 保持在离合器缓冲切断模式 */
        }
        break;
    }
}
/* 变排量的空调可以线性地改变输出,从而让整个系统受力平顺地过渡,不会造成车辆振动,而如
果遇到需要保护硬件等紧急情况时,需要立即切断空调 */
```

🔑 3.8   小结

    本章对关系表达式、逻辑表达式和条件表达式做了详细的介绍,每种表达式都有常见用法的举例,以加深读者对上述表达式的认识和理解,掌握使用适当的表达式描述实际问题的方法。本章还详细介绍了 C 语言中 if 语句和 switch 语句的常见形式和基本用法,通过实例讲解了使用 if 语句和 switch 语句进行分支结构程序设计的基本思路。

    人生之路就像分支结构,在很多路口都延伸了不同分支,每个分支对应着不一样的未来,走向哪个分支需要人们做出选择,选择不同,结果迥异。"鱼和熊掌不可兼得",选择是人这一生都需要面对的问题,树立正确的人生观和价值观,学会取舍,"博学之,审问之,慎思之,明辨之,笃行之",成就更好的自己。

🔑 本章习题

知识点强化训练

在线测试

单选题

1. 逻辑运算符两侧的运算对象( )。

    A. 只能是 0 或 1   B. 只能是整型或字符型数据

    C. 只能是 0 或非 0 正数   D. 可以是任何类型的数值

2. 为了避免嵌套 if 语句的二义性,C 语言规定 else 总是与( )配对。

    A. 缩排位置相同的 if   B. 在其之前未配对的 if

    C. 在其之前未配对的最近的 if   D. 同一行上的 if

3. 设 x=3,y=4,z=5,则表达式"x+y>z && y==z"的值为( )。

    A. 0   B. 1   C. −1   D. 非 0

4. 设 x=3,y=4,z=5,则表达式"!x || y>z−3 && 2"的值为( )。

    A. 0   B. 1   C. −1   D. 非 0

5. 能正确表示逻辑关系"10≤x≤99"的 C 语言表达式是( )。

    A. 10 <= x <= 99   B. 10 <= x && x <= 99

    C. 10 <= x || x <= 99   D. x <= 99 || x >= 10

6. 如果 int a=7,b=9;则条件表达式"a>b?a:b"的值是( )。

    A. 7   B. 9   C. 0   D. 1

填空题

1. 执行以下程序的输出结果是_____。

```c
#include<stdio.h>
int main(void)
{
    int x = 3, y = 2, z = 4;
    if(x > y)
    {
        if(x > z)  printf("%d\n", x);
        else  printf("%d\n", y);
    }
    return 0;
}
```

2. 执行以下程序的输出结果是_____。

```c
#include<stdio.h>
int main(void)
{
    int x = 3, y = 2, z = 0, u = 10;
    if(!x)  u = u - 5;
    else    if(y)
```

```
            if(!z)    u = u + 10;
            else    u = u + 20;
    printf("u = % d\n",u);
    return 0;
}
```

3. 执行以下程序,输入为 2 时的输出结果是_____。

```
# include < stdio. h >
int main(void)
{
    int k;
    scanf(" % d",&k);
    switch(k)
    {
        case 1: printf(" % d",k + 1);
        case 2: printf(" % d",k + 2);
        case 3: printf(" % d",k + 3);    break;
        default: printf(" % d\n",k);
    }
    return 0;
}
```

4. 执行以下程序的输出结果是_____。

```
# include < stdio. h >
int main(void)
{
    int a = 1,b = 1,c = 5,d = 6;
    if(c > 0)
    {
        if(c > d)    b = a + b;
        else    if(c == d)    b = a;
             else    b = 2 + a;
    }
    else    b = 2 * a;
    printf("b = % d\n",b);
    return 0;
}
```

5. 执行以下程序的输出结果是_____。

```
# include < stdio. h >
int main(void)
{
    int a = 1, b = 1;
    switch(a)
    {
        case 1:
            switch(b)
            {
                case 0: printf("A");break;
                case 1: printf("B");
```

```
        }
    case 2: printf("C");
    }
    return 0;
}
```

编程训练

1. 从键盘输入 3 个同学的成绩,输出其中最高分。

2. 从键盘输入 3 个同学的成绩,按从最高分到最低分的顺序输出。

3. 从键盘依次输入一元二次方程的二次项系数、一次项系数和常数项,输出其实根。

4. 从键盘输入 3 个数,问这 3 个数能否作为三角形的边长。若能构成三角形,则输出周长,否则输出"不可能"。

5. 某城市为了鼓励节约用电,对居民用电作如下规定:若一户居民每月用电量不超过 200 度,则按每度 0.5 元收费;若超过 200 度但不超过 350 度,则其中 200 度按每度 0.5 元收费,剩余部分按每度 0.7 元收费;若超过 350 度,则其中 350 度按前述价格收费,剩余部分按每度 0.9 元收费。编程实现:输入某户居民的月用电量,输出应缴纳的电费(保留 2 位小数)。

6. 某市的出租车计价规则如下:行程不超过 3 千米,收起步价 8 元;超过 3 千米而没超过 15 千米部分每千米收费 1.8 元;超过 15 千米部分每千米 2.2 元;不足 0.5 千米按 0.5 千米收费。编程实现:输入千米数,输出应付车费(保留 2 位小数)。

第 **4** 章

循 环 结 构

CHAPTER **4**

学习目标

- 理解循环结构程序设计的基本概念,知道在什么情况下需要使用循环语句。
- 熟练掌握常见的三种循环控制语句 for、while 和 do-while 的使用方法,理解循环的嵌套。
- 掌握两种循环的流程控制语句 break 和 continue 的使用方法。

一千多年前的中国有一本数学古书《孙子算经》,书中有这样一道算术题:"今有物不知其数,三三数之剩二,五五数之剩三,七七数之剩二,问物几何?"按照今天的话来说:一个数除以 3 余 2,除以 5 余 3,除以 7 余 2,求符合条件的最小数。

还有一个"韩信点兵"的故事。汉高祖刘邦手下大将韩信才智过人,从不直接清点自己军队的人数。一日,带 1500 名兵士打仗,战死约四五百人,需统计准确士兵人数。传令士兵站好队形,发令:"每三人站成一排。"将士报告:"最后一排只有二人。"又传令:"每五人站成一排。"将士报告:"最后一排只有四人。"再传令:"每七人站成一排。"将士报告:"最后一排只有六人。"韩信用了一个巧妙的算法马上说出了答案:1049。

这两个问题该如何作答呢?最简单的方法是用枚举法一个数一个数地试,但是如果是由人来完成这样的任务,耗时耗力还容易出错,恰好计算机特别擅长做重复计算的工作。

生活中人们也常常会遇到诸如"将这个曲子反复练习 20 遍""在游泳池里游 10 个来回"的问题,在计算机科学中也需要解决"统计全班 88 个学生的总成绩和平均成绩""检查 67 个学生的 C 语言成绩是否及格"等问题。这些话本身就包含了循环的概念。例如,可以把统计全班 88 个学生的总成绩转换成"当你统计的人数不够 88 人时,就一直统计学生的总成绩"或者转换为"一直统计学生的总成绩直到统计够 88 人为止"。

计算机最强大的功能之一就是高速进行重复的计算。如果想重复执行一项任务,那就学习采用循环程序设计来重复执行一段程序或代码,让计算机来完成单调耗时的任务吧!

C 语言提供的最为常用的实现循环程序设计的三种语句是 for 语句、while 语句和 do-while 语句,接下来将分析如何用这三种语句实现循环。

🔑 4.1 基于计数的循环——for 语句

循环可以做什么事呢? 第一个问题:请在屏幕上打印 5 行星号。

```
*************
*************
*************
*************
*************
```

这个问题很简单,可以写五个 printf 语句来输出 5 行星号,但是如果要输出 100 行或 1000 行星号,是否要写 100 行或 1000 行 printf 语句? 如果一个任务需要成千上万次的重复,那么是否需要写成千上万条代码? 答案是否定的。

C 语言中的循环程序设计可以帮助人们精确实现重复程序代码的效果。

4.1.1 for 语句

首先来学习 for 语句,for 语句在形式上最简洁易懂,是应用最广泛的循环语句。
for 语句的一般形式:

```
for(初始化表达式; 循环条件; 循环表达式)
    循环体语句
```

【例 4.1】 求 $1+2+\cdots+100$ 的值。

程序 4.1 求 $1+2+\cdots+100$ 的值。

```c
#include<stdio.h>
int main(void)
{
    int i,sum = 0;
    for(i = 1;i <= 100;i++)
        sum += i;
    printf("%d\n",sum);
    return 0;
}
```

程序运行结果如下。

```
5050
```

不管是累加到 100,还是累加到 1000 或 10000,都不需要程序员依次写出 1 到最后一个数。for 语句可以控制程序自动从 1 累加到最后一个数。

圆括号中有初始化表达式、循环条件和循环表达式三个表达式,建立了程序循环的环境。三个表达式用两个分号分隔,圆括号中有且仅有两个分号。

循环体语句可以是任何有效的 C 程序语句,构成循环的主体。此语句执行的次数与 for 中设置的循环条件为真的次数相同。

for 语句的第一个表达式为初始化表达式,用于设置循环开始前某些变量的初始值,这部分只执行一次。在程序 4.1 中,i=1 这一赋值语句完成了循环变量 i 初始化的工作。

for 语句的第二个表达式为循环条件,用于判断当前这次循环的执行条件是否满足或成立,只要该条件满足就会执行循环体语句。程序 4.1 的循环条件是一个关系表达式:

```
i <= 100
```

如果该关系表达式的值为"真",则循环条件满足;如果关系表达式的值为"假",则循环条件不满足。程序 4.1 的循环体语句是:

```
sum += i;
```

只要关系表达式的值为"真",也就是 i 的值小于或等于 100,变量 sum 的值就会加上 i 的值并存到 sum 中。当 i 大于 100 也就是 101,101 <= 100 为假,循环条件不再满足,循环终止。

for 语句的第三个表达式为循环表达式,它包含了每次循环体执行之后需要进行的计算。程序 4.1 的循环表达式是循环变量自增 1 的运算。循环表达式执行之后开启下一次循环条件的判断,以确定循环是否要继续,不断往复直到循环条件不成立为止,从而退出循环并执行 for 循环之后的句子。由此,变量 sum 在 for 语句的控制下,其值从 1 自动累加到 100。

for 语句的执行过程如图 4.1 所示。

第 1 步:计算初始化表达式。这个表达式通常设置一个将在循环中使用的变量,通常是循环变量,赋予某个初始值,如 0 或 1。

第 2 步:评估循环条件。如果条件不满足(表达式值为"假"),循环立即终止,并继续执行循环语句之后的其他语句。

第 3 步:如果条件满足,则执行构成循环体的程序语句。

第 4 步:循环表达式求值。这个表达式通常用于更改循环变量的值,如加 1 或减 1。

第 5 步:返回第 2 步循环执行。

一些典型的循环 N 次的语句是:

从 0 递增到 n−1:for(i=0;i<n;i++)…

从 1 递增到 n:for(i=1;i<=n;i++)…

从 n−1 递减到 0:for(i=n−1;i>=0;i−−)…

从 n 递减到 1:for(i=n;i>0;i−−)…

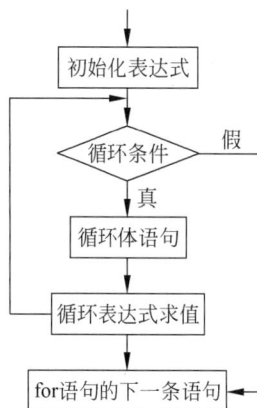

图 4.1　for 语句的执行过程

注意:如果循环体只有一条语句,可以用{ }括起来,也可以不用{ }括起来,如果循环体包含两条以上语句,就必须用{ }括起来。记住不要在 for 循环的圆括号后面随意加上分号,这会导致循环体变成一个空语句,而无法执行希望执行的循环体。

循环结构四要素:

- 循环变量初始化;
- 循环条件;
- 循环体;
- 循环变量的修改。

即循环开始之前的状态;何时循环;循环执行哪些工作;怎么控制循环结束。

【例 4.2】 求区间[1,100]上的奇数和。

提示:判断是否为奇数需要加入分支结构中的条件语句。

程序 4.2 求 1+3+5+…+99 的值。

```c
#include<stdio.h>
int main(void)
{
    int i,sum = 0;
    for(i = 1;i <= 100;i++)
        if(i % 2!= 0)
            sum += i;
    printf("% d\n",sum);
    return 0;
}
```

程序运行结果如下。

```
2500
```

现在是否可以解决本节开头提出的在屏幕上打印 5 行星号的问题呢?通过循环可以控

制输出多行星号。

【例 4.3】 打印由星号组成的图形。

```
*************
*************
*************
*************
*************
```

程序 4.3 打印 5 行星号。

```
# include < stdio. h >
int main(void)
{
    int i;
    for(i = 1;i <= 5;i++){
        printf(" ************* ");
        printf("\n");
    }
    return 0;
}
```

程序运行结果如下。

```
*************
*************
*************
*************
*************
```

如果希望输出 100 行星号,则需要将循环条件 i<=5 修改为 i<=100,但是这样还无法控制输出由星号组成的不同图形(如等腰三角形)。如果想要实现这个任务,则需要用到嵌套的 for 循环。

4.1.2 双重 for 循环

双重循环的应用实例很多,如输出由星号组成的各种图形、杨辉三角形、九九乘法表、冒泡排序、选择排序等。

【例 4.4】 打印由星号组成的不同图形,如图 4.2 所示。

这类问题的关键是设置两层 for 循环即嵌套的 for 循环,意思是一个 for 循环的循环体包含另一个 for 循环。外层 for 循环控制行的输出,内层 for 循环控制列的输出。外层和内层的 for 循环必须要使用不同的循环变量。另外完成每一行的星号的输出后还需要换行,这样循环体应该包含两句代码,因此外层 for 循环体需要加上花括号。

```
*              *              *
***            **             ***
*****          ***            *****
*******        ****           *******
*********      *****          *********
(a) 图形1      (b) 图形2       (c) 图形3
                                  *
                                 ***
               *                *****
*****          ***                *
****           *****              ***
***            *******          *****
**             *****            *******
*              ***            *********
(d) 图形4        *                ***
             (e) 图形5            ***
                               (f) 图形6
```

图 4.2 各种由星号组成的图形

程序 **4.4A**　打印由星号组成的直角三角形(图 4.2(a))。

```
# include < stdio.h >
int main(void)
{
    int i,j;
    for(i = 1;i < = 5;i++){
        for(j = 1;j < = 2 * i−1;j++)
            printf(" * ");
        printf("\n");
    }
    return 0;
}
```

程序运行结果如下。

```
*
***
*****
*******
*********
```

对双重循环进行控制时,关键是要寻找外层循环变量和内层循环变量的关系,如表 4.1 所示。

表 4.1　双重循环变量 i 和 j 的关系

i	j	i	j
1	1…1	4	1…7
2	1…3	5	1…9
3	1…5		

找出 i 和 j 的关系,得出内层循环条件:j<=2 * i−1。

图 4.2(c)又该怎么实现呢?仔细观察,每一行星号的前面输出的是一定个数的空格,因此,在控制每一行输出时,先输出空格,再输出星号,内层就会有先后两个 for 循环,当然最关键的是找出里外层循环变量 i 和 j、i 和 k 之间的关系,如表 4.2 所示。

表 4.2　双重循环变量 i 和 j、i 和 k 之间的关系

i	j	k
1	4	1
2	3	3
3	2	5
4	1	7
5	0	9

程序 **4.4B**　打印由星号组成的三角形,如图 4.2(c)所示。

```
# include < stdio.h >
int main(void)
{
```

```
    int i,j,k;
    for(i = 1;i < = 5;i++){
        for(j = 1;j < = 5 − i;j++)
            printf(" ");
        for(k = 1;k < = 2 * i−1;k++)
            printf(" * ");
        printf("\n");
    }
    return 0;
}
```

程序运行结果如下。

```
    *
   ***
  *****
 *******
*********
```

注意：程序采用缩进格式很重要。格式的缩进有助于程序员对程序的阅读和理解。双重循环程序的缩进格式可以帮助我们清楚分辨各个循环语句之间的关系。

只要掌握了双重循环控制内外层循环执行的关键,万变不离其宗,就能创新输出更多由星号组成的图形。

4.1.3　for 循环的变形

for 循环语句的变形是指可以省略部分表达式或全部表达式。C 语言允许省略控制 for 语句的所有表达式。

如果省略初始化表达式,则可以将初始化的工作放到 for 语句之前执行。例 4.4 的 for 变形如下。

```
i = 1;
for(;i < = 100;i++)
```

也可以将初始化的工作放入 for 语句初始化表达式部分。如果有两个初始化表达式,则需用逗号而不能用分号分隔。例如：

```
for(i = 1,sum = 0;i < = 100;i++)
```

这个逗号是 C 语言中的逗号表达式,在初始化表达式和循环表达式(第三个表达式)中均可出现,它表示用逗号分隔的多个表达式依次顺序执行。

如果省略第三个表达式,则可以将循环变量自增 1 的运算放入循环体中。由于循环体有两个语句,因此必须加上花括号。

```
for(i = 1,sum = 0;i < = 100;){
    sum += i;
    i++ ;
}
```

相反,也可以将循环体放入第三个表达式,现在循环表达式就有两个部分,这两个部分只能用逗号运算符分隔,而不能用分号分隔,因为 for 语句的圆括号中只允许有两个分号来分隔三部分表达式。

```
for(i = 1;i < = 100; sum += i, i++){
}
```

现在 for 循环的循环体就只要一个花括号而没有任何的语句,这种情况下是否可以直接省略花括号呢?如果直接去掉花括号,有可能会引起副作用,会让编译器误以为 for 循环后面接着的句子是循环体,从而产生错误。如果一定要省略花括号,则应该在圆括号后面加上一个分号:

```
for(i = 1;i < = 100; sum += i, i++);
```

或

```
for(i = 1;i < = 100; sum += i, i++)
;
```

后一种写法更清楚地强调了该 for 循环的循环体是一条空语句。

当第一和第三个表达式同时省略的时候,for 语句就和马上要讨论的 while 语句非常相似了。

如果省略第二个表达式,就等价于循环条件永远为真,除非遇到了其他能跳出循环的语句,否则循环体将一直执行。有些程序员会用下面的 for 语句来实现无限循环:

```
for(; ;)…
```

🔑 4.2 基于条件的循环——while 语句和 do-while 语句

如果知道循环次数,使用 for 语句可以很容易实现循环的控制;但如果不知道循环次数,只知道循环条件,则可以选择另外两种语句:while 和 do-while。

4.2.1 while 语句

while 语句的一般形式:

```
while(表达式)
    循环体语句
```

先计算表达式的值,如果表达式为真,则执行循环体语句,然后计算表达式的值,如果为真,继续循环;如果为假,则接着执行 while 循环语句之后的下一条语句。while 语句的执行流程如图 4.3 所示。

需要注意的是,循环体可能包含多个语句,两个以上的语句需要用{ }括起来。通常还需要将修改循环变量的语句也放在循环体中。

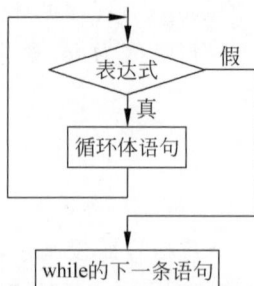

图 4.3　while 语句的执行流程

【例 4.5】　计算阶乘。

程序 4.5　求 n 的阶乘 n!。

```
# include < stdio. h >
int main(void)
{
    int n, i, fact = 1;
    scanf(" % d",&n);
    i = 1;
    while(i < = n){
        fact * = i;
        i++;
    }
    printf("fact = % d\n",fact);
    return 0;
}
```

程序运行结果如下。

```
5
fact = 120
```

while 语句与 for 语句是可以相互转换的。

for 语句的一般形式如下。

```
for(初始化表达式; 循环条件; 循环表达式)
    循环体语句
```

可以转换为等价的 while 语句的形式:

```
初始化表达式;
while(循环条件){
    循环体语句
    循环表达式;
}
```

while 语句和 for 语句有什么异同呢? 当熟悉了两个语句的用法之后,可以有更深的体会。什么时候用 while 语句比较好,什么时候用 for 语句比较好? 一般来说,如果预先知道循环次数,或者初始化表达式、循环表达式和循环条件包含了相同的变量,则使用 for 语句是个不错的选择。

接下来要解决的问题是用程序反转一个整数的各位数字,如整数 13579 反转之后的输出为 97531。

解题要点:利用"%"和"/"两个运算符逐个分离整数中的各位数字。"逐个"就意味着循环。由于整数由用户输入,无法事先知道数字的个数来确定循环次数,因此选择 while 语句。

【例 4.6】 反转整数。

程序 4.6 反转一个整数的各位数字。

```c
#include <stdio.h>
int main(void)
{
    int number, digit;
    scanf("%d",&number);
    while(number!=0){
        digit = number%10;
        printf("%d", digit);
        number = number/10;
    }
    printf("\n");
    return 0;
}
```

程序运行结果如下。

```
13579
97531
```

首先由用户输入一个整数 13579,while 语句进行条件判断 number!=0 为真,接着依次执行循环体语句,number%10 分离出最后一个数字 9,输出到屏幕,执行 number/10 得到变小的整数 1357;接着回到循环条件的判断,number!=0 依然为真,再继续执行循环体语句,直到最后整数变小为 1 时,number/10 得到 0,再进行循环条件判断时得到 number!=0 为假的结果而退出循环。

4.2.2 do-while 语句

while 语句和 for 语句两者相同的地方在于:都是在循环前先判断循环条件是否成立再执行循环体,但是在开发程序的过程中,有时需要将这种测试放在循环结束时。C 语言就提供了这样一种特殊的循环结构——do-while 语句,其语法结构如下。

do-while 语句的一般形式:

```
do {
    循环体语句
} while (循环表达式);
```

先进入循环体执行循环体语句,然后计算循环表达式的值,如果为真,就继续执行循环体语句;如果为假,就跳出循环,接着执行 do-while 语句之后的语句。do-while 语句的执行流程如图 4.4 所示。

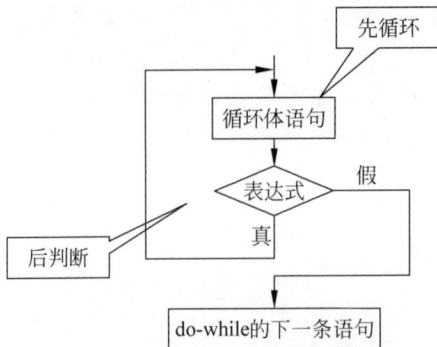

图 4.4　do-while 语句的执行流程

注意：do-while 语句的最后有分号，可以用它来改写例 4.6。

【例 4.7】　用 do-while 语句反转整数。

程序 4.7　用 do-while 语句改写反转整数各位数字的问题。

```
# include < stdio. h>
int main (void)
{
    int number, right_digit;
    printf ("Enter your number:\n");
    scanf (" % i", &number);
    do {
        right_digit = number % 10;
        printf (" % i", right_digit);
        number = number / 10;
    }while ( number != 0 );
    printf ("\n");
    return 0;
}
```

程序运行结果如下。

```
Enter your number:
13579
97531
```

do-while 语句是将循环条件的判断放到最后，而 while 语句是将其放到开头。显然，do-while 语句的循环体至少要执行一次。

下面再用一个例子进一步说明 while 和 do-while 的区别。

【例 4.8】　分别用 while 语句和 do-while 语句计算 $1+2+\cdots+10$ 的值。

程序 4.8A　用 while 语句计算 $1+2+\cdots+10$ 的值。

```
# include< stdio. h>
int main(void)
{
    int i, sum = 0;
    scanf(" % d",&i);
    while(i < = 10){
```

```
        sum += i;
        i++;
    }
    printf("sum = % d\n",sum);
    return 0;
}
```

程序运行结果 1 如下。

```
1
sum = 55
```

程序运行结果 2 如下。

```
11
sum = 0
```

程序 4.8B　用 do-while 语句计算 $1+2+\cdots+10$ 的值。

```
# include < stdio. h >
int main(void)
{
    int i, sum = 0;
    scanf(" % d",&i);
    do{
        sum += i;
        i++;
    }while(i < = 10);
    printf("sum = % d\n",sum);
    return 0;
}
```

程序运行结果 1 如下。

```
1
sum = 55
```

程序运行结果 2 如下。

```
11
sum = 11
```

从运行结果可以看出,当输入 i 值都为 0 时,两种循环语句输出结果 sum 均为 55;但是当输入 i 值为 11 时,两种循环语句输出的结果有差异,使用 while 语句的程序计算结果为 0,而使用 do-while 语句的程序计算结果为 11。原因就在于 while 语句先判断循环条件,当输入 11 时,显然 11<=10 为假,立刻退出循环,接着执行循环语句后面的语句;而 do-while 至少执行一次循环体,如图 4.5 所示。

```
sum += i;
i++;
```

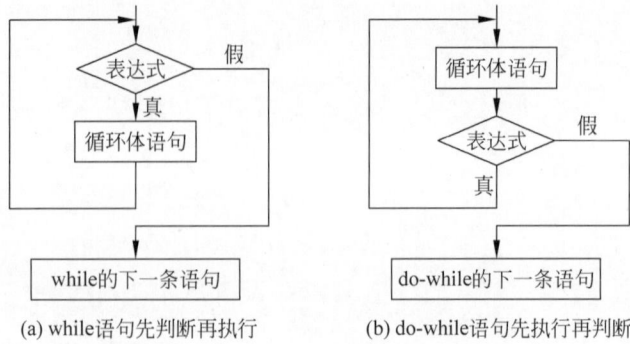

(a) while 语句先判断再执行   (b) do-while 语句先执行再判断

图 4.5 对比 while 语句和 do-while 语句

sum 的值变为 11,i 的值变为 12,然后再判断循环条件 i<=10 的值为假,从而退出循环。

学习完这三种基本语句之后,我们就可以将重复的事情交给循环结构程序来完成了。那么选择哪种语句更好呢？应该具体问题具体分析,一般来说,如果事先确定了循环次数,则应优先考虑 for 循环；如果通过其他条件语句控制循环,则应使用 while 或 do-while 语句。

4.2.3 循环的嵌套

当在一个循环语句中嵌入另一个循环语句时,称为循环的嵌套,最常使用的是双重嵌套。三种不同的循环语句 for、while、do-while 语句可以相互嵌套,如图 4.6 所示。

for语句中嵌入for语句：
for( )
{
    for( )
    {
       …
    }
}
	for语句中嵌入while语句：
	for( )
	{
	    while( )
	    {
	       …
	    }
	}
		for语句中嵌入do-while语句：
		for( )
		{
		    do( )
		    {
		       …
		    }while( );
		}

while语句中嵌入for语句：
while( )
{
    for( )
    {
       …
    }
}
	while语句中嵌入while语句：
	while( )
	{
	    while( )
	    {
	       …
	    }
	}
		while语句中嵌入do-while语句：
		while( )
		{
		    do( )
		    {
		       …
		    }while( );
		}

do-while语句中嵌入for语句：
do( )
{
    for( )
    {
       …
    }
}while( );
	do-while语句中嵌入while语句：
	do( )
	{
	    while( )
	    {
	       …
	    }
	}while( );
		do-while语句中嵌入do-while语句：
		do( )
		{
		    do( )
		    {
		       …
		    }while( );
		}while( );

图 4.6 三种不同的循环语句的相互嵌套

嵌套的循环结构可以实现更为复杂的任务,除 4.1.2 节分析的如何通过双重 for 循环控制打印由星号组成的各种图形(图 4.2)外,还可以在二维平面中输出有规律的图形或数字、文字、符号的表格(图 4.7),其中图 4.7(c)是九九乘法表。

```
1                    1                1*1=1
22                  121               1*2=2 2*2=4
333                12321             1*3=3 2*3=6 3*3=9
...               1234321            ...
999999999      12345678987654321     1*9=9 2*9=18 ... 8*9=72 9*9=81
(a) 数字组成的三角形   (b) 数字宝塔           (c) 九九乘法表
```

图 4.7　双重循环应用示例

　　要实现双重循环,关键是用外层循环控制行,用内层循环控制列。具体来说,内外层必须定义不同的循环变量,找出内外层循环变量之间的关系。如何找这种关系? 列出如表 4.1 和表 4.2 所示的关系表就可以了。

　　【例 4.9】　找出所有的水仙花数。水仙花数也被称为超完全数字不变数、自恋数、自幂数、阿姆斯壮数或阿姆斯特朗数,是指一个三位数,它的各个位上的数字的 3 次幂之和等于它本身(如 $1^3+5^3+3^3=153$)。

　　程序 4.9　找出所有的水仙花数。

```c
#include<stdio.h>
int main(void)
{
    int n,i,t,sum;
    for(n=100;n<1000;n++)
    {
        i=n; sum=0;
        while(i)
        {
            t=i%10;
            sum+=t*t*t;
            i=i/10;
        }
        if(n==sum)
            printf("%d\n",n);
    }
    return 0;
}
```

程序运行结果如下。

```
153
370
371
407
```

　　该程序是由一个 for 语句嵌套一个 while 语句实现的。外层 for 循环控制依次扫描所有的三位数;内存的 while 循环利用"%"和"/"运算符分离三位数每个位上的数字,再累加立方和。特别注意:多重循环执行的规则是"外走一,内走遍"。即外层循环执行一次,而内层循环要全部执行一遍,因而多重循环的执行次数一般是外层循环次数 * 内层循环次数。

　　【例 4.10】　输出乘法表。

　　程序 4.10　输出从 $1*1$ 到 $12*10$ 的乘法表。

```
# include < stdio. h >
# define COLMAX 10
# define ROWMAX 12
int main(void){
    int row,column,y;
    row = 1;
    printf("                          乘法表\n");
    printf(" ------------------------------------------ \n");
    do{
        column = 1;
        do{
            y = row * column;
            printf(" % 4d",y);
            column = column + 1;
        }while(column <= COLMAX);
        printf("\n");
        row = row + 1;
    }while(row <= ROWMAX);
    printf(" ------------------------------------------ \n");
    return 0;
}
```

程序运行结果如下。

```
                         乘法表
 ------------------------------------------------------------
 1    2    3    4    5    6    7    8    9   10
 2    4    6    8   10   12   14   16   18   20
 3    6    9   12   15   18   21   24   27   30
 4    8   12   16   20   24   28   32   36   40
 5   10   15   20   25   30   35   40   45   50
 6   12   18   24   30   36   42   48   54   60
 7   14   21   28   35   42   49   56   63   70
 8   16   24   32   40   48   56   64   72   80
 9   18   27   36   45   54   63   72   81   90
10   20   30   40   50   60   70   80   90  100
11   22   33   44   55   66   77   88   99  110
12   24   36   48   60   72   84   96  108  120
 ------------------------------------------------------------
```

　　这个例子是典型的双重循环问题,通过仔细观察不难发现每个输出的数字是行号和列号的乘积,需要通过外层循环控制输出 12 行,通过内层循环控制输出 10 列即可。程序 4.10 选择的是两个嵌套的 do-while 语句。

　　能用 for 或 while 语句改写该程序吗? 循环的嵌套除了双重循环外,还可以有三层循环、四层循环……但是单层循环和双重循环是使用最广泛的循环,也是学习的重点。

🔑 4.3　跳出循环——break 语句和 continue 语句

　　一般来说,退出循环的语句位置不是在循环开始的地方就是在循环结束的地方。while 语句和 for 语句会在循环开始之前测试循环条件是否满足,do-while 语句是在循环结束时测试循环条件以决定循环是否继续。如果在循环的中途因为某种条件或原因需要退出循环,C 语言提供了两种语句——break 语句和 continue 语句。

4.3.1 break 语句

在分支结构程序设计中已学习过 break 语句,它可以用来跳出 switch 语句,实现只执行 switch 语句中某个分支的目的。break 语句也可以用来中途跳出 for、while 和 do-while 循环,break 语句跳出循环的执行流程如图 4.8 所示。

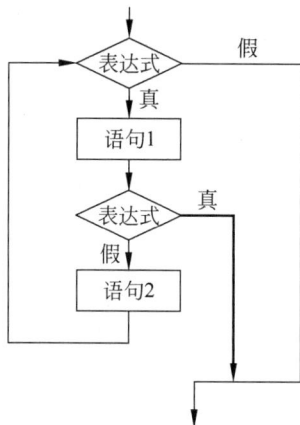

图 4.8 break 语句跳出循环的执行流程

break 语句的一般形式很简单,在 break 关键字之后加上分号。
break 语句的一般形式:

```
break;
```

下面这个例子说明了 break 语句的典型使用方法。输入整数求其立方数,直到输入 0 为止。这个 for 循环没有循环条件,或是循环条件不能用通常的方式来描述,但是一个程序必须要有一个出口,这个出口就是 break 语句,只要输入 0,程序就执行到 break 跳出 for 循环。

```
for (;;) {
    printf("Enter a number (enter 0 to stop): ");
    scanf("% d", &n);
    if (n == 0)
        break;
    printf("% d cubed is % d\n", n, n * n * n);
}
```

再看一个求素数的例子。素数也称质数,即除了 1 和自身外,不能被其他数整除的大于 1 的自然数。

【例 4.11】 判断一个正整数是否为素数。

程序 4.11 输入一个正整数 m,判断它是否为素数。

```
# include < stdio. h>
int main(void){
    int num,i;
    printf("请输入一个整数:");
    scanf(" % d",&num);
    i = 2;
    while(i <= num - 1){
        if(num % i == 0){
            printf("这不是一个素数\n");
            break;
        }
        i++;
    }
    if(i == num)
        printf("这是一个素数\n");
    return 0;
}
```

程序运行结果 1 如下。

```
请输入一个整数:43
这是一个素数
```

程序运行结果 2 如下。

```
请输入一个整数:132
这不是一个素数
```

由于素数除了 1 和自身不能被其他数整除,因此通过循环条件 num%i==0 依次测试该数是否能被 2 到 num-1 之间的整数整除。只要遇到一次能整除的情况,就判定该数不是素数,既然已经得到判定结果,后续的循环判断已经没有必要,于是通过 break 语句即刻退出循环,接着执行 while 循环之后的语句。

如果有循环嵌套的情况,则需要注意 break 语句只能往外跳出一层循环。例如:

```
while ( … ) {
    for (;;) {
        …
        break;
        …
    }
}
```

break 语句只能跳出 for 循环,不能跳出 while 循环。

【例 4.12】　这是一个简单的猜数游戏,程序随机生成一个 1~100 的数,玩家来猜这是一个什么数,每次玩家猜数后程序告知这个数是大了还是小了,最多可以猜 7 次。

游戏允许可以猜多次,但只要猜到,循环就应该被终止了,因此可以用 break 结束循环。为了尽快猜到正确的数字,通常会采用"折半查找算法",以快速找到正确答案。折半查找也称"二分查找"。它的基本思想是:从 0~100 的中间位置元素 50 开始猜,如果中间元素正好是要查找的元素,则运气不错已经找到,猜数过程结束;如果程序提示"Too big",则应到数较小的区域去查找,下一步就可以猜 0~49 的一个数;如果程序提示"Too small",则应到数较大的区域去查找,下一步就可以猜 51~100 的一个数。每猜一次数都可以从剩余的数里面排除掉一半的数据,因此 7 次就猜到的概率是很大的。

程序 4.12　简单的猜数游戏,最多允许猜 7 次。

```c
#include<stdio.h>
#include<stdlib.h>
#include<time.h>
int main(void)
{
    int count = 0, flag = 0, mynumber, yournumber;
    srand(time(0));
    mynumber = rand()%100+1;
    while(count < 7){
        printf("Enter your number: ");
        scanf("%d", &yournumber);
        count++;
        if(yournumber == mynumber) {
            printf("You win!\n");
            flag = 1;
            break;
        }
        else
            if(yournumber > mynumber ) printf("Too big\n");
            else printf("Too small\n");
    }
    if (flag == 0)  printf("Game Over!\n");
    return 0;
}
```

程序运行结果如下。

```
Enter your number: 50
Too small
Enter your number: 70
Too small
Enter your number: 80
Too big
Enter your number: 75
Too small
Enter your number: 78
You win!
```

运行程序 4.12 的一次运行结果显示,只猜了 5 次就猜到了正确的数字,既然已经猜到,就无须再使用剩余的 2 次机会,即刻通过 break 语句跳出循环。

4.3.2　continue 语句

continue 语句和 break 语句非常相似,作用都是用来跳出循环。如果需要完全跳出整个循环,就使用 break 语句,需要注意的是,break 只能用于结束 break 所在的那一层循环。如果只是需要在某些情况发生或某种条件满足时马上结束本次循环,接着继续下一次循环,就使用 continue 语句,continue 语句跳出循环的执行流程如图 4.9 所示。

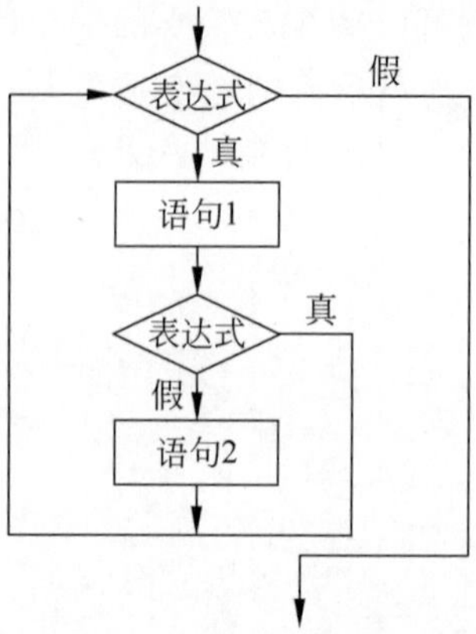

图 4.9　continue 语句跳出循环的执行流程

continue 语句的一般形式很简单,在 continue 关键字之后加上分号。

continue 语句的一般形式:

```
continue;
```

continue 语句一般与循环语句结合使用。例如,while 语句中出现了 continue 语句,如果循环条件满足,则执行 while 循环体,当执行到 continue 时,就会跳出这一次 while 循环,接着再次判断循环条件而决定是否继续执行循环体。而程序这样执行的效果就是越过了 continue 语句后面的循环语句段 2。

```
while ( … ) {
    循环语句段 1;
    continue;
    循环语句段 2;
}
```

【例 4.13】　输入一个整数 n,输出两个不相等的 1~n 的数的所有组合,即在遇到相等的两个数时不输出。

程序 4.13　输入一个整数 n,输出两个不相等的 1~n 的数的所有组合。例如,输入 3,输出 12,13,21,23,31,32。

```
#include<stdio.h>
int main(void){
    int i,j,n;
    scanf("%d",&n);
    for(i=1;i<=n;i++){
        for(j=1;j<=n;j++){
            if(i==j)
                continue;
            printf("%d%d\n",i,j);
        }
    }
    return 0;
}
```

程序运行结果如下。

```
3
12
13
21
23
31
32
```

用双重 for 循环分别控制两个整数 i 和 j 的自增变化,循环体中通过条件语句 if(i==j) 判断两个整数是否相等,如果相等就执行 continue 语句,跳出本次循环而继续下一次循环,实际的效果就是略过了 continue 后面的循环体语句 printf("%d%d\n",i,j);。如果 continue 后面有多条语句,将全部被略过。请再通过例 4.14 体会 continue 的作用,程序 4.14A 和 4.14B 分别是使用 continue 语句和不使用 continue 语句完成相同任务。

【例 4.14】　输入 10 个非零的数,计算它们的和。如果输入值为 0,则重新输入。

程序 4.14A　输入 10 个非零的数,计算它们的和,要求使用 continue 语句。

```c
#include <stdio.h>
int main(void)
{
    int n, sum, i;
    n = 0;
    sum = 0;
    while (n < 10) {
        scanf("%d", &i);
        if (i == 0)
            continue;
        sum += i;
        n++;
        /* continue 语句跳到这里 */
    }
    printf("sum = %d\n", sum);
    return 0;
}
```

程序运行结果如下。

```
1
2
3
0
4
0
5
6
7
8
9
10
sum = 55
```

程序 4.14B　输入 10 个非零的数,计算它们的和,要求不使用 continue 语句。

```c
#include <stdio.h>
int main(void)
{
    int n,sum,i;
    n = 0;
    sum = 0;
    while (n < 10) {
     scanf("%d", &i);
     if (i != 0){
        sum += i;
        n++;
     }
    }
    printf("sum = %d\n",sum);
    return 0;
}
```

程序运行结果如下。

```
1
2
3
0
4
0
5
6
7
8
9
10
sum = 55
```

两种方式运行结果一样,但实现方法不同。程序 4.14A 使用了 continue 语句,continue 语句在 i == 0 的条件下执行,从而越过后面两条语句:

```c
sum += i;
n++;
```

程序 4.14B 做的是相反的判断 i!=0,如果条件为真则执行:

```c
sum += i;
n++;
```

这两种方式本质上是等价的,因此取得了相同的结果。

4.3.3　break 语句和 continue 语句的区别

break 语句用来跳出整个循环使循环终止,而 continue 语句用来跳出本次循环,接着继续下一次循环。从图 4.10 中可以清楚地看出两者的区别。

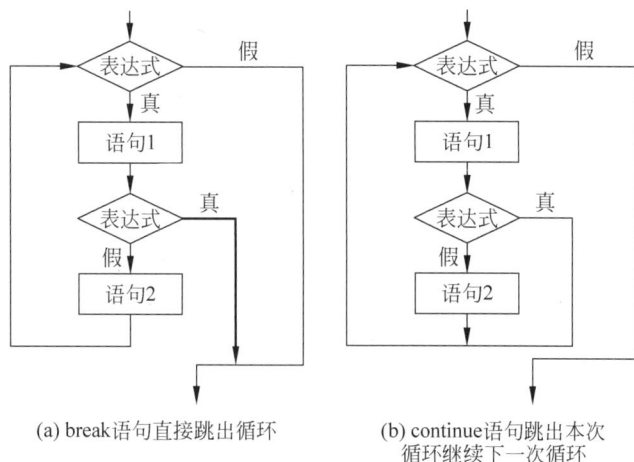

(a) break语句直接跳出循环　　　　(b) continue语句跳出本次
循环继续下一次循环

图 4.10　对比 break 语句和 continue 语句

break 语句和 continue 语句还有一个区别：break 语句可以既用于循环又用于 switch
语句；而 continue 语句只能用于循环。下面通过例 4.15 学习体会 break 语句和 continue
语句的区别。

【例 4.15】　输入一批考试分数，计算最高分、最低分和平均值。

程序 4.15　输入一批考试分数，用 −1 作为结束标志，若输入大于 100，则提示重新输
入。然后计算最高分、最低分和平均值。

```c
#include <stdio.h>
int main(void)
{
    int mark, n = 0, sum = 0, max = 0, min = 100;
    float average;
    for(;;)
    {
        scanf("%d", &mark);
        if(mark > 100)
        {
            printf("分数不能大于 100 分，请重新输入：\n");
            continue;                    //结束本次循环，返回 for 循环
        }
        if(mark == -1)
            break;                       //终止整个循环，跳出循环体
        n++;
        sum = sum + mark;
        if(mark > max)   max = mark;
        if(mark < min)   min = mark;
    }
    average = (float)sum/n;
    printf("最高分 = %d，最低分 = %d，平均分 = %f\n", max, min, average);
    return 0;
}
```

程序运行结果如下。

```
85
64
129
分数不能大于 100 分,请重新输入:
45
76
91
 - 1
最高分 = 91,最低分 = 45,平均分 = 72.200000
```

程序 4.15 中同时使用了 break 语句和 continue 语句,但分别用来实现不同的功能。例 4.15 要求输入一批分数,循环框架如下。

```
for(;;){

}
```

等价于

```
while(1){

}
```

即为死循环,一般要在循环体中遇到某种条件才能终止循环。分数通常为 0～100,于是用一个特殊的数−1 来作为结束标志。因此,只要探测到输入的数据是−1,就可以跳出整个循环。

```
if(mark == - 1)
    break;
```

循环输入分数的过程中,有可能遇到输入错误的情况,就提示用户重新输入,并通过 continue 语句越过循环体后面的操作代码,进入下一次循环,接收用户再次的输入。

```
if(mark > 100)
{
    printf("分数不能大于 100 分,请重新输入:\n");
    continue;
}
```

🔑 4.4　综合应用实例——记账本小程序

现在可以实现一个有交互功能的记账本小程序了,支持用户管理个人的财务信息,可以记录收入、支出信息,可以查询余额。这个小程序需要结合分支结构程序设计和循环程序设计来实现,多次操作通过循环结构进行控制,每次操作的选择通过分支结构来控制。每输入一个操作请求,就执行相应操作,直到用户选择退出为止。

程序的核心部分是循环:

```
for(;;){
    提示用户输入操作请求;
    接受用户的操作请求;
    switch(操作请求){
        case 操作编号: 执行操作; break;
        case 操作编号: 执行操作; break;
        ...
        case 操作编号: 执行操作; break;
        default: 打印提示信息; break;
    }
}
```

程序 4.16 记账本小程序。

```c
#include <stdio.h>
int main(void)
{
    int cmd;
    float balance = 0.0f, credit, debit;
    printf("*************** 记账本小程序 ***************\n");
    printf("操作: 0 = 清零, 1 = 收入, 2 = 支出, ");
    printf("3 = 余额, 4 = 退出\n\n");
    for (;;) {
        printf("选择操作: ");
        scanf("%d", &cmd);
        switch (cmd) {
            case 0:
                balance = 0.0f;
                break;
            case 1:
                printf("输入收入: ");
                scanf("%f", &credit);
                balance += credit;
                break;
            case 2:
                printf("输入支出: ");
                scanf("%f", &debit);
                balance -= debit;
                break;
            case 3:
                printf("当前余额: $ %.2f\n", balance);
                break;
            case 4:
                return 0;
            default:
                printf("操作: 0 = 清零, 1 = 收入, 2 = 支出, ");
                printf("3 = 余额, 4 = 退出\n\n");
                break;
        }
    }
    return 0;
}
```

程序运行结果如下。

```
*************** 记账本小程序 ***************
操作: 0 = 清零, 1 = 收入, 2 = 支出, 3 = 余额, 4 = 退出

选择操作:1
输入收入:1000
选择操作:2
输入支出:200
选择操作:1
输入收入:500
选择操作:2
输入支出:750
选择操作:3
当前余额: $ 550.00
选择操作:4
```

4.5　工程案例分析——汽车发动机判断失火程序

汽车发动机的控制程序需要密切监控是否有"失火"的情况发生。汽车发动机依靠多气缸做功来运行,各个气缸是轮流做功的。通过计算两个数据:曲轴位置传感器信号计算的某个缸做功时的速度和当前平均转速算出来的背景速度,来判断是否"失火"。如果一个气缸没做功也就是失火,两个值就有不正常的区别。例如,本来该做功时比平均值高,结果测量出来比平均值低。

在用 C 语言程序实现时,由于是各个气缸轮流做功,需要轮流对各气缸的相关数据进行计算和判断,由此应采取循环结构来控制。

汽车发动机判断失火程序(部分):

```
void mis_monitor_rates(void)
{
    …
    xnumcyl = (U32) numcyl_0;

    for (i = 0; i < xnumcyl; i = i + 1)
    {
        misbgtobg[i] = v_cyl_mis[i];
        cylbgtobg[i] = v_cyl_tot[i];
        v_cyl_mis[i] = 0;    /* v_cyl_mis 是曲轴位置传感器信号计算的某个缸做功时的速度 */
        v_cyl_tot[i] = 0;    /* v_cyl_tot 是根据当前平均转速算出来的背景速度 */
    }
    …
}
```

4.6　小结

本章开头讲了一个"韩信点兵"的故事,韩信当时采用了"中国剩余定理"的方法立刻给出了答案。我国古代学者早就研究过这个问题。例如,我国明朝数学家程大位在他所著的

《算法统宗》(1593 年)中就用四句很通俗的口诀暗示了此题的解法:

三人同行七十稀,

五树梅花廿一枝,

七子团圆正半月,

除百零五便得知。

而今天,除了应该知晓这段历史和中国剩余定理对近代抽象数学史的贡献,了解中国古人的智慧,人们还应该懂得如何利用计算机程序来帮助我们用最容易理解的枚举法解决这个问题。

学习完循环程序设计,读者可以控制程序逐个数据地测试是否满足条件 $i\%3==2\&\&i\%5==4\&\&i\%7==6$,由于 1500 人战死四五百人,因此循环变量的初始值可以设置为 1000。一旦找到一个可行的答案,就输出结果跳出循环。这个结果代表了韩信至少拥有的士兵人数。

程序 4.17　韩信点兵问题 C 语言求解。

```
#include <stdio.h>
int main(void)
{
    int i;
    for(i = 1000; ;i++)
    {
        if(i%3 == 2&&i%5 == 4&&i%7 == 6)
        {
            printf(" %d\n",i);
            break;
        }
    }
    return 0;
}
```

程序运行结果如下。

```
1049
```

学习完本章,就已经学完 C 语言控制流程的三种基本结构:顺序、分支和循环。组合使用这三种结构,可以实现对复杂程序的流程控制。

🔑 本章习题

知识点强化训练

单选题

1. 从循环体内某一层跳出,继续执行循环外的语句是(　　)。

　　A. break 语句　　　　　　　　　　　B. return 语句

　　C. continue 语句　　　　　　　　　　D. 空语句

在线测试

2. 设 j 和 k 都是 int 类型,则下面的 for 循环语句(　　　)。

```
for(j = 0,k = 0;j < = 9&&k!= 876;j++)
    scanf(" % d",&k);
```

  A. 最多执行 10 次   B. 最多执行 9 次

  C. 是无限循环   D. 循环体一次也不执行

3. 在以下给出的表达式中,与 do--while(E)语句中的(E)不等价的表达式是(　　　)。

  A. (!E==0)   B. (E>0||E<0)

  C. (E==0)   D. (E!=0)

4. 以下说法正确的是(　　　)。

  A. do-while 语句构成的循环不能用其他语句构成的循环来代替

  B. do-while 语句构成的循环只能用 break 语句退出

  C. 用 do-while 语句构成的循环,在 while 后的表达式为非零时结束循环

  D. 用 do-while 语句构成的循环,在 while 后的表达式为零时结束循环

5. 以下程序的运行结果是(　　　)。

```
int main(void)
{
    int n;
    for(n = 1;n < = 10;n++)
    {
        if(n % 3 == 0) continue;
        printf(" % d",n);
    }
    return 0;
}
```

  A. 12457810   B. 369

  C. 12   D. 1234567890

6. 以下程序的运行结果是(　　　)。

```
int main(void)
 {
    int y = 10;
    while(y-- );
    printf("y = % d\n",y);
    return 0;
 }
```

  A. y=0   B. while 构成无限循环

  C. y=1   D. y=-1

编程训练

1. 猴子吃桃问题

猴子第一天摘下若干桃子,当即吃了一半,还不过瘾,又多吃了一个。第二天早上又将

剩下的桃子吃掉一半,又多吃了一个。以后每天早上都吃了前一天剩下的一半零一个。到第 10 天早上想再吃时,见只剩下一个桃子了。求第一天共摘多少桃子。

2. 一个数除以 3 余 2,除以 5 余 3,除以 7 余 2,求符合条件的最小数。

3. "门前大桥下,游过一群鸭,快来快来数一数,二四六七八"小朋友总也数不清一共有多少只鸭子,我们来帮他数一数吧。如果是 3 只 3 只地数,结果剩 2 只;如果 5 只 5 只地数,结果剩 4 只;如果 7 只 7 只地数,结果剩 6 只。请帮小朋友算一下,河里到底有多少只鸭子?

4. 打印 9 * 9 乘法表:

```
1 * 1 = 1
1 * 2 = 2   2 * 2 = 4
1 * 3 = 3   2 * 3 = 6   3 * 3 = 9
```

5. 求 1 的阶乘到 n 的阶乘的累加和:$1!+2!+3!+\cdots+n!$。

6. 我国古代数学家张丘建在《算经》一书中曾提出过著名的"百钱买百鸡"问题:鸡翁一,值钱五;鸡母一,值钱三;鸡雏三,值钱一;百钱买百鸡,则翁、母、雏各几何? 意思是公鸡一只五块钱,母鸡一只三块钱,小鸡三只一块钱,现在要用一百块钱买一百只鸡,问公鸡、母鸡、小鸡各多少只?

第**5**章

函　数

CHAPTER **5**

学习目标
- 了解结构化程序设计的基本思想。
- 理解什么是函数、为什么要使用函数。
- 会熟练使用函数的声明、定义与调用。
- 会运用调用函数时参数传递的规则。
- 了解函数的递归调用。
- 理解变量的作用范围与生存期和变量的存储类别。

　　为了保证有效地解决大型程序的设计问题,人们在软件工程学的指导下,采用自顶向下、逐步求精的模块化和结构化设计方法,即将一个大而复杂的设计任务按其主要功能分解为若干相对独立的模块,并确定好各模块之间的调用关系和参数传递方式,其中的公共部分还可以提取出来作为独立的公用模块供团队在设计和实现其他模块时调用,这样就可以将整个设计任务分解成小模块,进而分配给小组或个人,通过团队协作来共同完成复杂任务。每个小组或个人在设计自己这部分模块时,还可以采用自顶向下、逐步求精的方法进一步细化,分解成一些更小的模块,并将各模块的功能逐步细化为一系列的处理步骤或某种程序设计语言的语句,分别编写、调试,最后再将它们的目标模块连接装配成一个完整的整体。我们在学习工作中也应有团结协作意识,同伴之间互相帮助,各取所长,共同获得更大成功。

5.1　什么是函数

　　在 C 语言的第一节课,我们就已经知道一个完整的 C 语言程序有且只能有一个 main() 函数,C 语言程序的基本构成单位就是函数。从程序设计的角度看,函数就是一个自带变量声明和程序语句的程序模块。

　　C 语言程序设计中使用的函数通常有两大类。第一类为标准库函数。不同的 C 语言编译器厂商根据 C 语言标准设计了为数众多的库函数,其具体实现细节和执行效率不尽相同,常见的有进行数学运算的函数(如 fabs()\sin()\cos()\log() 等)、完成输入输出功能的函数(如 printf()\scanf()\puts()\gets() 等)、字符串处理函数等(详情见附录 C)。第二类为自定义函数,即程序设计者根据问题分析和模块划分,自主设计完成的函数。

　　函数的运用使得 C 语言程序的开发效率大幅度提高。把某个功能处理模块对应的程序代码封装成一个函数,后续的程序设计中如果用到了这个功能,直接调用这个封装好的函数就可以了,不需要重新进行这个功能的设计和编程实现。如果在后续开发维护中发现某个先前封装好的函数可以有更好的实现,则只需要在调用该函数的地方做极少的修改或不用做修改,把修改后的新函数和源代码的其他部分一起重新编译就可以完成程序的升级。

5.2　函数的声明、定义与调用

　　【例 5.1】　编写程序判别给定的正整数是否为素数,将素数判别的功能封装成一个函数。

　　程序 5.1A　编写程序判别给定的正整数是否为素数。

```
#include <stdio.h>
int main(void)
{
    int n=17,m;
    int result=1;
    for(m=2;m<n;m++)
    {
        if(n%m==0)
```

```
        {
            result = 0;
            break;
        }
    }
    if(result == 1)
        printf("% d is a prime number.\n",n);
    else
        printf("% d is not a prime number.\n",n);
    return 0;
}
```

程序 5.1A 是运用之前学过的知识完成的程序,现在使用函数重新编写这个程序。

程序 5.1B　编写程序判别给定的正整数是否为素数(使用函数)。

```
# include < stdio. h >
int isPrime( int n);                        /* 函数 isPrime()的原型或声明 */
int main(void)
{
    int m2 = 17, result;
    result = isPrime(m2);                   //函数的调用
    if(result == 1)
        printf("% d is a prime number.\n",m2);
    else
        printf("% d is not a prime number.\n",m2);
    return 0;
}
/* 以下是函数 isPrime()的定义 */
int isPrime( int n)
{
    int m;                                  //函数内部声明的变量
    for(m = 2;m < n;m++)
    {
        if(n % m == 0)
            return 0;                       //函数中的返回值语句
    }
    return 1;                               //函数中的返回值语句
}
```

程序 5.1B 中,可将第 2 行函数的声明移到 main()函数内部,这就形成了函数声明的嵌套。但是不可以把 isPrime()函数的定义移到 main()函数内部,因为函数的定义不可以嵌套。

5.2.1　函数的声明(或原型)与定义

函数声明的一般形式如下。

函数返回值的类型 函数名(函数的形式参数列表);

函数声明使得编译器可以先对函数进行概要性预览,以了解调用该函数时需要传递几个参数和这些参数的类型。函数的完整定义(又称函数的实现或函数体)则在后续程序中再给出。函数的声明类似于函数定义中的第一行,不同之处是需要在其结尾处添加分号。

程序 5.1B 中的第 2 行"int isPrime(int n);"就是一个函数声明的范例。

同样,如果程序 5.1B 中的第 2 行修改为"int isPrime(int);"也是一个函数原型的范例。函数定义的知识要点如图 5.1 所示。

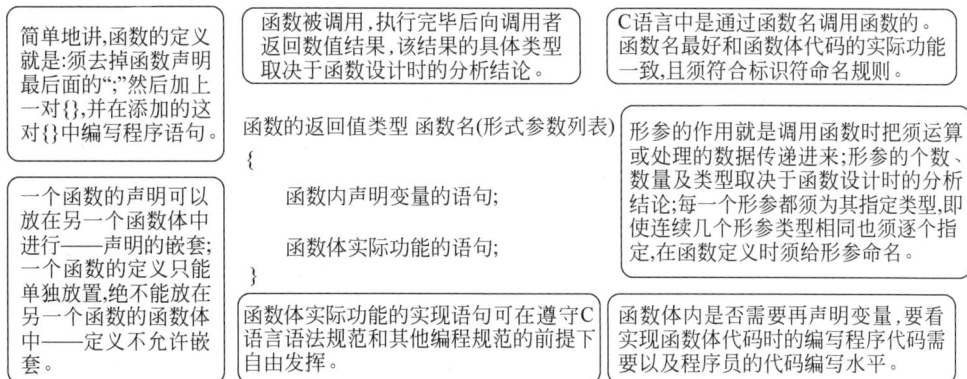

图 5.1 函数定义的知识要点

5.2.2 形式参数与实际参数

函数的形式参数(简称"形参")是指在函数声明和函数定义时设定的参数,主要有两方面的作用:第一,形参是联系函数外部和内部的必要桥梁,形参的使用使得函数定义体能止常完成;第二,当调用函数时,形参起着重要的指示作用,让函数调用者知道调用该函数时需要传递的参数的个数、顺序和类型问题。程序 5.1B 的函数 isPrime 有一个形参,该形参的类型为 int,该形参的名字为 n,则说明调用该函数只能传递进 1 个形参且类型须为 int,此外 n 代表的是待判断的正整数,如果没有参数则该函数无法正确完成。如果设计的某个函数确实不需要从外部传递参数给它,则该函数就是一个无形式参数的函数。无形式参数的函数,可以在函数名后的括号里放上"void"关键字,也可以为空。

函数的实际参数(简称"实参")是指在函数调用时传递给该函数的参数,可以是一个变量、一个常量或一个表达式。函数调用时,只需要给出实参就可以了,不可以在实参的前面再加上数据类型的说明。

程序 5.1B 中第 2 行和第 14 行中的声明的变量 n 就是形式参数,相应的第 6 行中的变量 m2 就是实际参数。形参变量只有在其所属的函数被调用时,系统才为它们分配内存空间,当其所属的函数调用结束后,系统分配给形参变量的空间就会被收回。讨论了函数的形参和实参后,接下来讨论函数的创建。

【例 5.2】 设计一个函数进行最小值求解运算。

程序 5.2 设计一个函数求三个数中的最小值并返回该最小值。

```c
#include <stdio.h>
int min_between3ints(int a, int b, int c)
{
    int min = a;
    if(b < min)
        min = b;
```

```
        if(c < min)
            min = c;
        return min;
}
int main(void)
{
        int a,b,c;
        printf("请按顺序输入 3 个整数: \n");
        printf("数 a:");scanf("%d",&a);
        printf("数 b:");scanf("%d",&b);
        printf("数 c:");scanf("%d",&c);
        printf("最小的数是: %d\n",min_between3ints(a,b,c));
        return 0;
}
```

程序运行结果如下。

```
请按顺序输入 3 个整数:
数 a:10
数 b:20
数 c: - 9
最小的数是: - 9
```

根据问题的描述,设计的函数需要有 3 个参数用于接收实际调用时要比较的 3 个数,这里假定这 3 个数都是整数,故函数形参的类型应选取"int",三个形参分别用变量 a,b 和 c 来命名,函数内部有一个用于存放临时最小值的变量 min,因此 min_between3ints 函数的形参变量 a,b 和 c 和内部使用的变量 min 都是属于函数 min_between3ints 的。函数执行完毕后,得到的最小值存放在变量 min 中,因此只需要通过语句"return min;"就可将最终执行的结果返回给该函数的调用者。

函数 min_between3ints 的形参和 main 函数内声明的变量 a,b 和 c 虽然名称是相同的,但分别是不同的变量,它们各有自己独立的内存空间。main 函数中调用了函数 min_between3ints,因此 main 函数中声明的变量 a,b 和 c 就是实际参数。

函数 min_between3ints 在 main 中被调用时,系统为它的 3 个形参和内部使用的变量 min 分配空间,用来接收从实参传递过来的数值和函数内部的运算处理,当函数 min_between3ints 的调用结束以后,系统会将调用函数时分配的空间全部收回,因此 main 中声明的 a,b 和 c 这 3 个变量本身并没有参与该函数的实际执行过程。

【例 5.3】 设计一个函数进行正整数次幂求解运算。

程序 5.3 设计一个函数计算并返回一个数的正整数次幂。

```
# include < stdio.h >
double powofx(double x,unsigned n)
{
        double y = 1;
        unsigned i;
        for(i = 1;i < = n;i++)
            y * = x;
        return y;
```

```
    }
int main(void)
{
    double a;
    unsigned n;
    printf("输入数字: ");scanf("%lf",&a);
    printf("输入指数: ");scanf("%u",&n);
    printf("%lf 的 %u 次幂的值为: %lf\n",a,n,powofx(a,n));
    return 0;
}
```

程序运行结果如下。

```
输入数字: 1.05
输入指数: 10
1.050000 的 10 次幂的值为: 1.628895
```

根据问题的描述,设计的函数需要有 2 个参数分别用于接收实际调用时要计算的数和正整数指数的值。这里设定要计算的数的数据类型为"double",用"unsigned"型的变量来存储正整数次幂。函数体内部声明了 2 个变量,分别用于存放最终的结果值和计算过程中的幂次计数。

程序 5.3 的 main()函数中的第 5 行代码输出最终的计算结果,第 3 组输出格式"%lf"对应的表达式为"powofx(a,n)",说明如果一个函数有返回值,则该函数的调用可以作为函数参数出现。

5.2.3　参数传值的规则

C 语言函数调用时遵循的参数传递规则是: 实参的参数值单向地传递给形参变量,隐含地说明,实际参数和形式参数有它们各自独立的内存空间,实参变量的数值被取出来赋值给形参变量,实参变量本身并没有参与函数内部代码的执行过程。

【例 5.4】　编写函数实现变量的值的交换。

程序 5.4　编写函数交换 2 个变量的值。

```
#include <stdio.h>
void swap(int m,int n);
int main(void)
{
    int a = 20,b = 10;
    printf("a = %d,b = %d\n",a,b);
    swap(a,b);
    printf("a = %d,b = %d\n",a,b);
    return 0;
}
void swap(int m,int n)
{
    printf("m = %d,n = %d\n",m,n);
    int t = m;m = n;n = t;
    printf("m = %d,n = %d\n",m,n);
}
```

程序运行结果如下。

```
a = 20,b = 10
m = 20,n = 10
m = 10,n = 20
a = 20,b = 10
```

这里出现一个问题：为什么调用函数后，main()函数中变量 a 和 b 的值没有改变呢？这是因为 main()函数中调用函数 swap()时，变量 a 和变量 b 是实际参数，变量 m 和变量 n 是形式参数；调用函数 swap()时，系统会把第 1 个实参变量 a 的值 20 传递给对应的第 1 个形参变量 m，把第 2 个实参变量 b 的值 10 传递给对应的第 2 个形参变量 n，然后进入函数 swap()内部执行相应的语句，但变量 a 和变量 b 并没有参与函数 swap()的执行过程。具体过程可如图 5.2 所示。

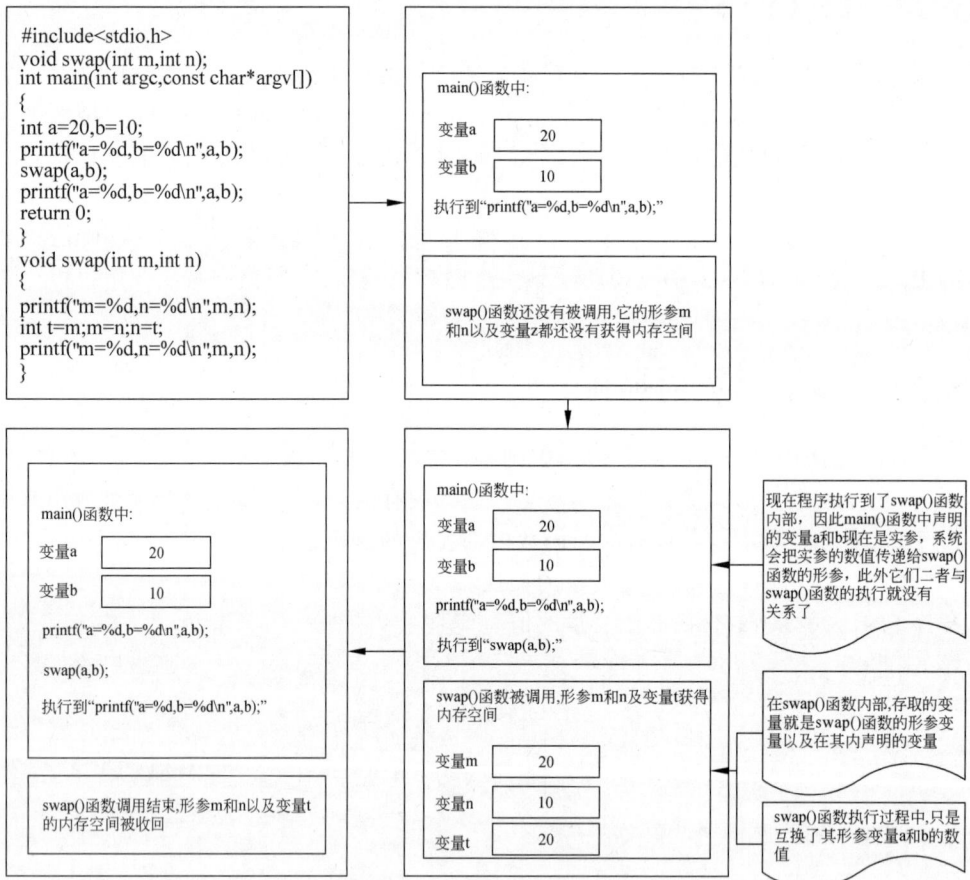

图 5.2　程序 5.4 的执行过程

5.2.4　函数中的返回值语句与函数的返回值

函数返回值是一个函数在执行完毕后向调用它的函数或者系统反馈的一个值，这个值可以是各种变量类型。谁调用了这个函数，这个函数正确执行完毕后的返回值就返回给谁；在哪里调用这个函数，这个函数的返回值就返回到哪里。

【例 5.5】　编写函数将指定的正整数 n 反向拼接得到一个新的正整数并返回。

程序 5.5　编写函数将指定的正整数 n 反向拼接得到一个新的正整数并返回。例如，指定 n=98765412，则经过函数处理后应返回 21456789。

```
# include < stdio. h>
int reverse( int n)
{
    int s = 0;
    while(n > 0)
    {
        s = s * 10 + n % 10;
        n = n/10;
    }
    return s;
}
int main(void)
{
    int m = 98765412;
    int result = reverse(m);
    printf("result = % d\n",result);
    return 0;
}
```

程序运行结果如下。

```
result = 21456789
```

程序 5.5 中，reverse()函数的作用就是把由形式参数 n 接收进来的正整数反向拼接得到一个新的正整数并返回。在 main()函数中的第 2 行调用了 reverse()函数，那么 reverse()函数就应在正确执行完毕后，向第 2 行的调用位置处返回它执行的结果 21456789，这里 n 是形式参数，m 是实际参数，调用 reverse()函数时将 m 的数值传递(或赋值)到变量 n 的内存中。

设计封装一个函数时或调用一个函数时，返回值要与其函数类型一致。C 语言(C99 以前的标准)中规定如果没有明确指定一个函数的返回值类型，则该函数的返回值类型被缺省地设定为 int；如果明确地知道一个函数执行完毕就结束了，没有或不需要返回值，则该函数的返回值类型须被明确设定为 void。同时 C 语言也要求 return 语句中表达式的类型必须与指定的函数返回值的类型一致，否则要么编译出错，要么得到的返回值结果出错。

【例 5.6】　编程输出菱形图案。

```
        *
       ***
      *****
     *******
    *********
     *******
      *****
       ***
        *
```

程序 5.6　编写函数输出由字符构成的大小可变的菱形图案。

```c
# include < stdio. h>
void PrintDiamond(int n, char ch);
void PrintChar(int n, char ch);
int main(void)
{
    PrintDiamond(5, '*');
    return 0;
}
void PrintChar(int n, char ch)
{
    for(int i = 1; i <= n; i++)
        putchar(ch);
}
void PrintDiamond(int n, char ch)
{
    //菱形上半部分的输出,使用封装的函数 PrintChar()
    for(int i = 1; i <= n; i++)
    {
        PrintChar(n - i, ' ');
        PrintChar(2 * i - 1, ch);
        PrintChar(1, '\n');
    }
    //菱形下半部分的输出,使用 for 结合字符输出函数 putchar()
    for(int i = 1; i < n; i++)
    {
        for(int k = 1; k <= i; k++)
            putchar(' ');
        for(int j = 1; j <= 2 * (n - i) - 1; j++)
        {
            putchar(ch);
        }
        printf("\n");
    }
}
```

程序 5.6 中,封装了 2 个函数 PrintDiamond()和 PrintChar(),这 2 个函数的作用就是用于输出字符构成的图案或多个字符。因只用于进行显示,因此没有必要返回结果,对于这种没有返回值的函数,我们把该函数的返回值类型声明为 void。

如果去掉了 PrintChar()前的声明和定义之前的"void",C 语言编译器会认为这个自定义函数的返回值类型为"int",又由于该函数内部并没有返回一个 int 类型数值的返回值语句,故一些新标准的编译器会报告该函数有语法错误。

在 PrintDiamond()函数中,输出菱形图案上半部分的代码里调用了函数 PrintChar(),输出菱形图案下半部分的代码里采用了循环结合 putchar()函数的方法,相较之下,上半部分的代码要简洁一些。

main()函数中调用了函数 PrintDiamond(),而在函数 PrintDiamond()中又调用了函数 PrintChar()和 putchar(),这种调用关系称为函数的嵌套调用。由此可见,实际参数与形式参数间的关系是变化的,在 main()函数中实参值分别为 5 和'*',此时形参为 n 和 ch;然而在函数 PrintDiamond()的 PrintChar(n−i, ' ');语句中,n 则成了实参表达式的一部分。

  C 语言的函数返回值语句只能返回 1 个数值,另外如果函数中有多个 return 语句,则也只能执行其中的某 1 个 return 语句,具体执行哪一个取决于函数代码中的实际逻辑流程,程序 5.1B 的 isPrime() 函数中有 2 个 return 语句,不论该函数被调用多少次,这 2 个 return 语句也只能执行其中的一个。后续学习中会讨论间接的办法"返回"多个数值。

【例 5.7】 设计一个图形面积计算器,通过输入 1、2、3、4 的数字选项,分别计算圆形、三角形、矩形和梯形的面积,要求把计算 4 类图形面积的方法封装成 4 个函数,并在 main() 中测试这些函数。

程序 5.7 图形面积计算器。

```
# include < stdio.h>
const double pi = 3.1415926;
/ * 计算圆的面积,r 表示圆的半径 * /
double circle(double r)
{    return pi * r * r;
}
/ * 计算三角形的面积,e 和 h 分别表示三角形的底和高 * /
double triangle(double e,double h)
{    return e * h/2;
}
/ * 计算矩形的面积,w 和 h 分别表示矩形的宽和高 * /
double rectangle(double w,double h)
{    return w * h;
}
/ * 计算梯形的面积,e1 和 e2 分别表示梯形的上底和下底,h 表示高 * /
double trapezium(double e1,double e2,double h)
{    return (e1 + e2) * h/2;
}
int main(void)
{
    int choice;
    double r,e,w,e1,e2,h;
    while(1)
    {
        scanf(" % d",&choice);
        if(choice < 1||choice > 4)
            break;
        switch(choice)
        {
            case 1:
                printf("请输入圆的半径");
                scanf(" % lf",&r);
                printf("半径为 % lf 的圆面积为: % lf\n",r,circle(r));
                break;
            case 2:
                printf("请输入三角形的底和高");
                scanf(" % lf % lf",&e,&h);
                printf("底为 % lf、高为 % lf 的三角形面积为: % lf\n",e,h,triangle(e,h));
                break;
            case 3:
                printf("请输入矩形的宽和高");
                scanf(" % lf % lf",&w,&h);
```

```
                    printf("宽为 %lf、高为 %lf 的矩形面积为：%lf\n",w,h,rectangle(w,h));
                    break;
              case 4:
                    printf("请输入梯形的上底、下底和高");
                    scanf("%lf%lf%lf",&e1,&e2,&h);
                    printf("上底为 %lf、下底为 %lf、高为 %lf 的梯形面积为：%lf\n",e1,e2,h,
    trapezium(e1,e2,h));
                    break;
          }
      }
      return 0;
}
```

程序 5.7 设计封装了 4 个函数，每个函数的功能不一样，各自设定的形式参数数量也不相同，代码中可以看到函数返回值语句是由 return 和 1 个表达式构成的。C 语言中的任何一个表达式都可以放在 return 语句当中，只要能够保证 return 后表达式的最终取值的类型和函数声明(定义)时设定的函数返回值类型保持一致(或在赋值上是兼容的)即可。

5.2.5 函数的递归调用

所谓"递归"，从程序代码的角度看就是"函数直接或间接调用函数自己"的现象。确切地说，递归实质是一种状态求解方法之间有规律的转移，程序员设计或定制函数来求解特定问题时的状态，递归调用就成了从一些状态求解函数到另一个状态求解函数间的转移过程，这个过程中体现出来的是函数自己直接或间接调用自己的现象。需要注意，使用递归必须封装函数。

函数的递归调用过程是在系统的控制下自动一层一层深入进行的(或展开的)，直到满足递归调用结束的条件，然后再逐层返回，或者由于进程的栈空间被使用完毕，整个进程都被操作系统终止。递归每深入一层，则属于这个递归函数的局部变量就会由系统产生一份全新的副本(彼此有不同的内存空间)，尽管这些变量的名字是相同的。

递归的使用使得很多算法在编程实现时变得容易，绝大多数情况下递归的函数调用都可借助栈结构改写成非递归的形式。递归方便程序员编写程序代码，但给计算机增加了负担。多数递归可以很方便地转换为程序，其优点就是易于理解和编程。函数的递归调用实际是通过栈机制实现的，每深入一层，都要占去一块栈数据区域。对嵌套层数比较多的一些算法，递归会力不从心，可能会因可用内存空间耗尽而使得程序运行以崩溃告终。此外，递归也可能造成大量的额外的 CPU 时间开销，但是合理地使用递归能给实际编程带来方便。

C 程序设计语言中函数递归调用分为直接递归和间接递归。使用递归方法来解决问题，必须符合以下 3 个条件。

(1) 可以将要解决的问题转换为一个新问题，而这个新问题的解决方法仍与原来的解决方法相同，只是所处理的对象有规律地递增或递减。这里解决问题的方法相同指的是，调用函数的参数每次不同(有规律地递增或递减)，如果没有规律也就不能适用递归调用。

(2) 使用递归的方法可以很好地解决问题，或者说使问题能够较为简单地解决，相比之下使用其他的办法比较麻烦。

(3) 必定要有一个明确的结束递归的条件，即一定要能够在适当的条件下结束递归调用,否则可能导致系统崩溃。

　　【例 5.8】　用递归的方法求解 n!。

　　程序 5.8　递归求解 n!。

```
# include < stdio. h >
long f_n(long n)
{
    if(n == 1)
        return 1;
    return n * f_n(n-1);
}
int main(void)
{
    long m = 6;
    printf(" % ld!= % ld\n",m,f_n(m));
    return 0;
}
```

程序运行结果如下。

```
6!= 720
```

　　程序 5.8 设计函数 long f_n(long n)以递归的方法求解 n!。函数 f_n()用于求解任意整数的阶乘,因此在函数 f_n(long n)内部可将求解过程等价转换成 n * f_n(n-1),原因在于 n!=n*(n-1)!,而(n-1)!可通过函数调用 f_n(n-1)来实现。

　　递归调用的过程中,只要处理好"原始问题"与"原始问题的第一层展开"之间的关系即可,程序 5.8 的函数 f_n(long n)就是处理"原始问题"即求解 n 的阶乘;语句 n * f_n(n-1)则是处理"原始问题的第一层展开",即进行"状态求解方法之间有规律地转移"。

　　程序 5.8 中,只完成了"原始问题"与"原始问题的第一层展开",请一定记得在实际的执行过程中,递归调用会在系统的控制下自动地一层一层地展开,直到满足条件 n==1 时"逐层展开"工作结束,然后一层一层地返回。程序 5.8 的执行过程如图 5.3 所示。

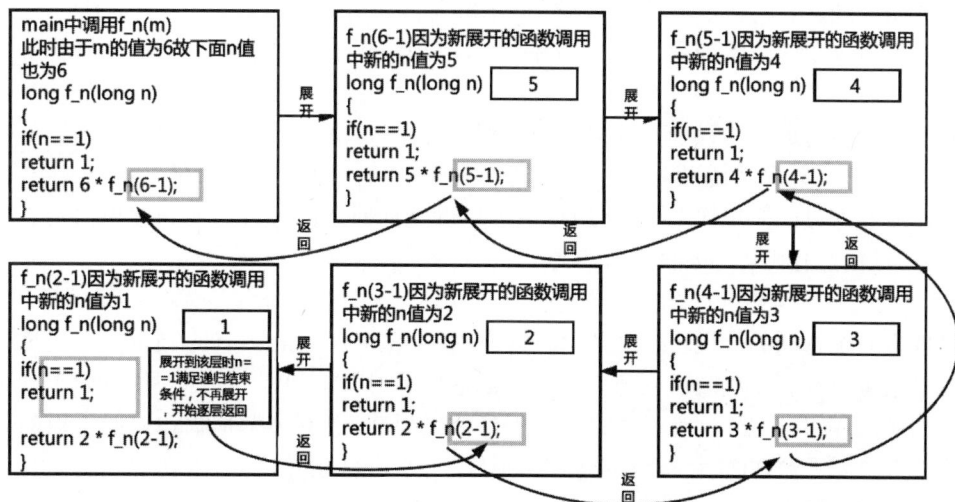

图 5.3　程序 5.8 中 f_n(6)的递归调用过程

【例 5.9】　斐波那契数列中第 n 项值的计算过程。

斐波那契数列问题：

$$\mathrm{Fib}(n)=\begin{cases}1, & n=1 \text{ 或 } 0\\ \mathrm{Fib}(n-1)+\mathrm{Fib}(n-2), & n\geqslant2\end{cases}$$

程序 5.9　求斐波那契数列中第 n 项的值。

```c
#include <stdio.h>
long Fib(long n)
{
    if(n==1)
        return 1;
    if(n==0)
        return 1;
    return Fib(n-1)+Fib(n-2);
}
int main(void)
{
    long m = 6;
    printf("斐波那契数列中第 %ld 项的值为 %ld\n",m,Fib(m));
    return 0;
}
```

程序运行结果如下。

斐波那契数列中第 6 项的值为 13

程序 5.9 设计函数 long Fib(long n)以递归的方法求解斐波那契数列中第 n 项的值,函数 Fib()用于求解斐波那契数列中的第 n 项。结合问题描述,在函数 Fib(long n)内部可将求解过程等价转换成 Fib(n-1)+Fib(n-2),而斐波那契数列中第 n-1 项和第 n-2 项可分别通过函数调用 Fib(n-1)和 Fib(n-2)来实现。

递归调用的过程中,只要处理好"原始问题"与"原始问题的第一层展开"之间的关系即可,函数 Fib(long n)就是处理"原始问题"即求解斐波那契数列中第 n 项;语句 Fib(n-1)+Fib(n-2)则是处理"原始问题的第一层展开",也即是进行"状态求解方法之间有规律地转移"。

程序 5.9 只完成了"原始问题"与"原始问题的第一层展开",请一定记得在实际的执行过程中,递归调用会在系统的控制下自动地一层一层地展开,直到满足条件"n==1"或"n==0"时"逐层展开"工作结束,然后再一层一层地返回。Fib(6)的展开过程如图 5.4 所示,最后的返回过程则可参看图 5.3 思考。

【例 5.10】　汉诺塔问题的求解。

印度有一个古老的传说:在世界中心贝拿勒斯(位于印度北部)的圣庙里,一块黄铜板上插着三根宝石针。印度教的主神大梵天在创造世界时,在其中一根针上从下到上地穿好了由大到小的 64 片圆盘,这就是汉诺塔。不论白天黑夜,总有一个僧侣在按照下面的法则移动这些圆盘:一次只移动一片,不管在哪根针上,小盘必须在大盘上面。僧侣们预言,当所有的圆盘都从梵天穿好的那根针上移到另外一根针上时,梵塔、庙宇和众生也都将在一声霹雳中灰飞烟灭,世界末日就到了。汉诺塔如图 5.5 所示。

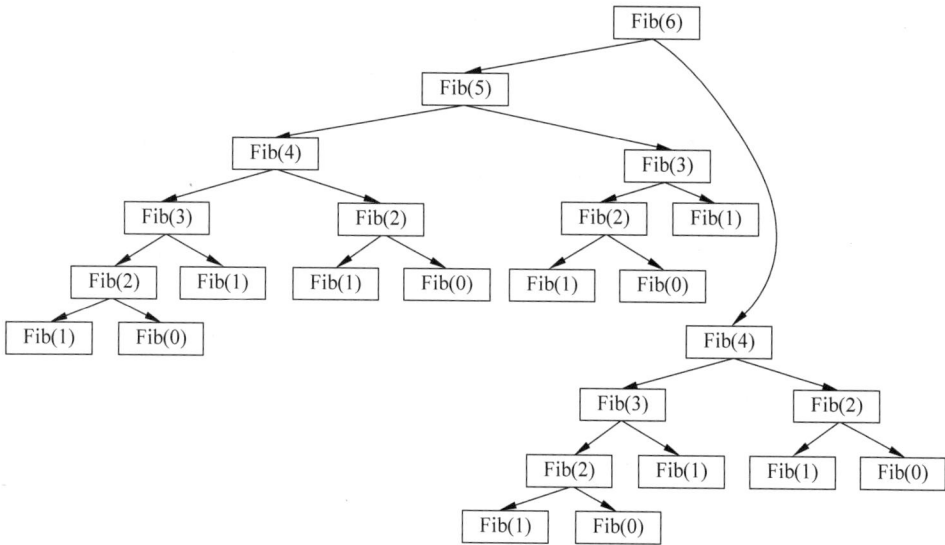

图 5.4 程序 5.9 中 Fib(6)的展开过程

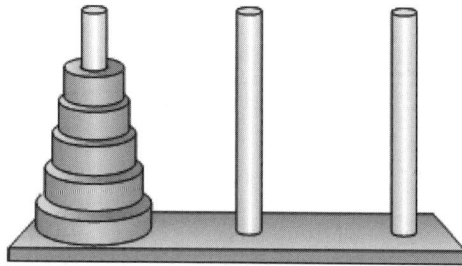

图 5.5 有 5 个圆盘的汉诺塔图示

程序 5.10 汉诺塔问题。

```
#include <stdio.h>
void MovePlate(char M,char N)                //表示把M针上的圆盘移动到N针上
{
    printf("Move a plate from pillar %c to pillar %c\n",M,N);
}
void hanoi(int n,char A,char B,char C)        /*将n个圆盘从A针借助B针,移到C针*/
{
    if(n==1)
        MovePlate(A,C);                       //把A针上的圆盘移动到C针上
    else{
        hanoi(n-1,A,C,B);
        MovePlate(A,C);
        hanoi(n-1,B,A,C);
    }
}
int main(void)
{
    hanoi(3,'1','2','3');
}
```

程序运行结果如下。

```
Move a plate from pillar 1 to pillar 3
Move a plate from pillar 1 to pillar 2
Move a plate from pillar 3 to pillar 2
Move a plate from pillar 1 to pillar 3
Move a plate from pillar 2 to pillar 1
Move a plate from pillar 2 to pillar 3
Move a plate from pillar 1 to pillar 3
```

如果考虑一下把 64 片圆盘,由一根针上移到另一根针上,并且始终保持上小下大的顺序,总共需要多少次移动呢? 这里我们用递归的方法: 假设有 n 个圆盘,移动次数为 $f(n)$,显然 $f(1)=1, f(2)=3, f(3)=7$,由此不难推得 $f(k+1)=2*f(k)+1$。当 n=64 时,$f(64)=2^{64}-1$,即为完成 64 个圆盘的移动共需的次数。

要解决汉诺塔问题,首先考虑 A 针下面的盘子而非针上最上面的圆盘,于是任务变成了: 将上面的 63 个盘子移到 B 针上;将 A 针上剩下的盘子移到 C 针上;将 B 针上的全部盘子移到 C 针上。将这个过程继续下去,就是要先完成移动 63 个盘子、62 个盘子、61 个盘子……的工作。于是 n 层汉诺塔上的 n 个盘子从 A 针上借助 C 针移动到 B 针上,整个移动工作就可以按照以下过程进行:

(1) 把 A 针上面的 n−1 个盘子借助 C 针移动到 B 针上;

(2) 把 A 针上的盘子从 A 针移动到 C 针上;

(3) 把第(1)步移到 B 针上的 n−1 个盘子借助 A 针移动到 C 针上。

重复以上过程,直到将全部的盘子移动到位时为止。

函数 void hanoi(int n,char A,char B,char C)用来完成"把放在 A 针上的 n 个盘子借助 B 针放在 C 针上",这个工作可以按上述的分析方案来完成,方案中的步骤(1)和(3)可通过调用函数 void hanoi(int n,char A,char B,char C)来进行,只不过相应的函数参数要分别改变为

```
hanoi(n-1,A,C,B);          //把 A 针上面的 n-1 个盘子借助 C 针移动到 B 针上
```

和

```
hanoi(n-1,B,A,C);          //把 B 针上面的 n-1 个盘子借助 A 针移动到 C 针上
```

其实上面两个语句就是在处理"原始问题"与"原始问题的第一层展开"之间的关系。

函数 void MovePlate(char M,char N)则是完成功能: 某针上原本有 n 个盘子,该针上面的 n−1 个被移走后,把该针上剩的那个最大的盘子移动到另外 2 根针中的那个空针上。

程序 5.10 仍然是只完成了"原始问题"与"原始问题的第一层展开",请一定记得在实际的执行过程中,递归调用会在系统的控制下自动地一层一层地展开,直到满足条件 n==1 时"逐层展开"工作结束,即调用函数 MovePlate()。

5.3 变量的作用域与生命周期

通常来说,一段程序代码所用到的变量并不总是有效的、可用的,限定这个变量可用性的代码范围就是这个变量的作用域。变量的生命周期是指变量从创建到销毁之间的一个时

间段。这两个概念,前一个是从空间的角度描述变量,后一个是从时间的角度描述变量。

5.3.1　全局变量和局部变量

C 语言变量根据起作用的范围分为全局变量与局部变量。全局变量是指在函数之外声明的变量,声明全局变量的时候如果没有给该变量赋初值,则其初值自动初始化为 0,全局变量一旦声明则在整个程序运行期间都有效,即从声明位置开始直到该变量所在的整个源文件结尾都可以使用。

局部变量就是声明在函数内部的变量。

局部变量的 3 种形式:

- 函数的形式参数;
- 函数体内部声明的变量;
- 函数体内部复合语句中声明的变量。

局部变量只有当其所属的函数或所属的复合语句被调用时,系统为它们分配内存空间,当它们所属的复合语句或者所属的函数调用结束时,系统分配给局部变量的空间就会被收回,局部变量的作用范围不能延伸到其所属的范围之外。包含局部变量的函数返回以后,局部变量的值是无法继续保留的,当再次调用该函数时,无法保证变量仍然拥有该函数前次调用结束时的值。

程序代码执行的过程中,当前范围内声明的局部变量优先,也就是说,如果有外部的变量和当前范围内的某个变量同名,则此刻当前范围内的变量起作用。

【例 5.11】　全局变量与局部变量的区别。

程序 5.11　全局变量与局部变量。

```
# include < stdio. h >
int m = 10, n = 20;
void process_data()
{
    int m = 30;
    {
        int m = 40, n = 50;
        printf("m = % d, n = % d\n", m, n);
    }
    printf("m = % d, n = % d\n", m, n);
}
int main(void)
{
    printf("m = % d, n = % d\n", m, n);
    process_data();
    return 0;
}
```

程序运行结果如下。

```
m = 10, n = 20
m = 40, n = 50
m = 30, n = 20
```

程序 5.11 中,main()函数的第 1 行语句输出变量 m 和 n 的值,但 main()没有声明变量 m 和 n,则此时使用的变量就是程序 5.11 中第 2 行里声明的全局变量 m 和 n(第一行输出语句:m=10,n=20)。

process_data()函数最后 1 行语句输出变量 m 和 n 的值,process_data()函数里第 1 行语句只声明了变量 m,没有声明变量 n,故最后 1 行的语句中使用的变量 m 就是在 process_data()函数中声明的变量 m,且其初值为 30,使用的变量 n 则是全局变量 n,其值为 20(最后一行输出语句:m=30,n=20)。

process_data()函数内部有 1 个复合语句(用"{}"括起来的语句),且在该复合语句中声明了变量 m 和 n,同时其初值分别为 40 和 50,故复合语句里的最后一条语句输出变量 m 和 n 的值时,所使用的变量就是复合语句中声明的变量 m 和 n(第二行输出语句:m=40,n=50)。如果把复合语句中声明变量 m 和 n 的语句去掉,则复合语句中使用的变量 m 就是 process_data()函数中第 1 行声明的变量 m,由于 process_data()函数内没声明,调用 process_data()函数的 main()函数中也没有声明,故此时的变量 n 就是全局变量 n。 process_data()函数内复合语句中去掉变量 m 和 n 的声明后,运行结果如下:

```
m = 10,n = 20
m = 30,n = 20
m = 30,n = 20
```

5.3.2　变量的存储类别

C 语言中声明一个变量的完整形式如下:

```
变量的存储类别　变量的数据类型　变量名 = 初始值;
```

变量的存储类别常用的有:自动、静态、外部与寄存器类型。C 语言中自动类型和静态类型变量的存储期如表 5.1 所示。

表 5.1　C 语言中自动类型和静态类型变量的存储期

存　储　期	自动(auto)	静态(static)
生成时机	程序流程执行到变量被声明时,系统分配相应的内存空间	在程序刚开始执行的时候变量的内存空间即被分配好
初始化	如果没有显式地或明确地初始化,则该变量的初始值不确定	如果没有显式地初始化,则该变量的初始值为 0
消亡(被收回)	程序执行流程离开该变量所属的语句块的结尾时,该变量即消失	在程序执行结束时消失

示例与说明	int a,b,c;
	double m=3.14;
	若变量的存储类别为自动,则自动可以缺省不写,反之亦然
		static int m=20,n;
		static double e=2.71828;
		如果设定变量的存储类别为静态,则静态绝不能缺少

【例 5.12】　静态类型变量的使用。

程序 5.12　静态类型变量。

```
# include < stdio. h>
int test1(int n)
{
    int i = 5;
    i += n;
    return i;
}
int test2(int n)
{
    static int i = 5;
    i += n;
    return i;
}
int main(void)
{
    for(int i = 1;i < 4;i++)
        printf(" % 5d",test1(5));
    printf("\n");
    for(int i = 1;i < 4;i++)
        printf(" % 5d",test2(5));
    printf("\n");
    return 0;
}
```

程序运行结果如下。

```
10   10   10
10   15   20
```

程序 5.12 中,函数 test1()和函数 test2()的调用方法相同,传给它们二者的实际参数也是相同的,唯一区别在于函数内声明的变量 i 的存储类别不同。由表 5.1 的知识点可知:函数 test1()被调用了 3 次,每次调用系统都要为它的形参 n 以及内部声明的自动类型的局部变量 i 分配空间,且 i 被 3 次赋初值为 5,3 次调用传递给形参的值都是 5,故 3 次调用的返回值也都是相同的,均为 10;函数 test2()同样被调用了 3 次,每次调用系统都要为它的形参 n 分配空间,但由于局部变量 i 的存储类别为静态,因此 i 的内存空间只被分配一次,初值赋值为 5 也只执行了 1 次,后续 2 次调用函数 test2(),语句 static int i=5;可理解为被忽略了,执行语句 i+=n;本质上在 i 已有的数值的基础上累计变化,故分别得到的返回值就是"10 15 20"。

外部(extern)变量某种意义上讲就是全局变量。全局变量是从变量作用域的角度提出的;外部变量是从变量的存储方式提出的,表示它的生存周期。因此,外部变量的定义就是全局变量的定义。若全局变量的定义在后,而使用在前;或者引用其他文件中的某些全局变量,这时都必须用 extern 对该变量进行外部说明。

外部说明形式:

```
extern  <数据类型>  <变量名表>;
```

【例 5.13】　外部变量的使用。
程序 5.13　外部变量。

```
# include < stdio.h >
int max1( int x,int y);
int max2();
int main(void)
{
    extern int a,b;
    printf("maxvalue = % d\n",max1(a,b));
    printf("maxvalue = % d\n",max2());
    return 0;
}
int max1( int x,int y)
{
    int z;
    z = x > y?x:y;
    return z;
}
extern int a,b;
int max2()
{
    int z;
    z = a > b?a:b;
    return z;
}
int a = 20,b = 40;
```

程序运行结果如下。

```
maxvalue = 40
maxvalue = 40
```

程序 5.13 最后 1 行声明了两个全局变量 a 和 b,因此它们二者的作用范围就是从声明位置开始直到整个源程序文件的结尾,如果在它们的声明位置之前使用这两个变量 a 和 b,编译器会报"使用了未声明的标识符"的错误。

解决上述编译错误的办法是——使用 extern 关键字扩展全局变量的已有适用范围到一个更大的适用范围,具体来说就是在需要扩展的新位置处增加语句:

```
extern int a,b;
```

注意上面这条语句:

(1) 只是扩展了一个全局变量的使用范围,并没有增加新的全局变量,因此此时不能再给全局变量 a 和 b 赋予新的初值。

(2) 不能扩展局部变量的使用范围。

(3) 可以扩展到该全局变量之前的某个函数中,例如程序 5.13 中,扩展到前面 main() 函数中。

(4) 可以扩展到一个更大的全局使用范围。

寄存器(register)变量是指存放在寄存器中的变量。变量的值一般是存放在内存中的,对于某些要频繁使用的变量(例如循环计数变量),为了提高变量的存取效率,可将这些变量存放在寄存器(对于寄存器中的变量,CPU 运算器可直接取用)中,将变量存储类型定义为

register 型,定义形式为:"register　<数据类型>　<变量名表>;"。使用寄存器变量需要注意:

(1)计算机中寄存器数量是有限的,因此不能有太多的寄存器变量。

(2)只有局部自动变量和形式参数可以定义为寄存器变量,全局变量和静态变量不能定义为寄存器变量。

(3)寄存器变量没有存储器地址。

(4)现在的编译技术已十分先进,哪些变量保存在寄存器中能更好地体现程序的运行性能,都是通过编译器自动判断并进行最优化处理的;即使经过编译器的最优化处理,这些保存在寄存器中的变量在程序实际执行时也可能发生存储位置的变更。因此,使用 register 进行变量声明也渐渐变得没有意义了。

例如:

```
register double mx;
scanf("%lf",&mx);            // *寄存器变量 mx 不能使用取地址("&")运算符 */
```

5.4　综合应用实例——使用格雷戈里公式求圆周率、求 100~1000 的全部素数

输入精度值 p,使用格雷戈里公式求圆周率常数的近似值,当求和序列中的最后一项的绝对值小于精度值 p 时求和结束。要求定义和调用函数计算完成圆周率常数近似值的求解。

$$\frac{\pi}{4}=1-\frac{1}{3}+\frac{1}{5}-\frac{1}{7}+\cdots+(-1)^{n+1}\frac{1}{2n-1}, n 是大于或等于 1 的正整数$$

运用循环的有关知识可以编写出如下程序。

程序 5.14A　使用格雷戈里公式求圆周率。

```
#include <stdio.h>
int main(void)
{
    double pi = 0.0;              //存放圆周率常数值
    double item;                  //存放求和序列中的通项值
    double p = 1e-8;              //序列求和过程中的精度值
    unsigned n = 1;               //序列求和中的项次序值
    int flag = 1;                 //序列求和中通项前的正负号标志
    item = 1.0/(2*n-1);
    while(item >= p)
    {
        pi += flag * item;
        flag = -flag;
        n += 1;
        item = 1.0/(2*n-1);
    }
    pi *= 4;
    printf("Value of pi is %.8lf\n",pi);
    return 0;
}
```

现在以上面的程序代码为基础,运用函数的相关知识来改写上面的程序代码。根据题目要求:要定义和调用函数来计算圆周率常数,且序列求和的过程中通项的精度值是可变的,因此设计的函数有 1 个参数用于接收实际调用该函数时传递进来的精度值,函数调用结束后的返回值即是最后的圆周率常数值。封装函数的过程主要完成了两件工作:第一,从main()函数的变量声明开始直到倒数第 3 行抽取出来作为函数 pi()的函数体,再把其中声明精度值的变量提出来作为函数的形参;第二,增加语句 return pi;返回最终计算得到的圆周率常数值。

程序 5.14B　封装函数使用格雷戈里公式计算圆周率常数值。

```
# include < stdio. h >
double pi(double p)                    //形式参数 p 存放序列求和过程中的精度值
{
    double pi = 0.0;                   //存放圆周率常数值
    double item;                       //存放求和序列中的通项值
    unsigned n = 1;                    //序列求和中的项次序值
    int flag = 1;                      //序列求和中通项前的正负号标志
    item = 1.0/(2 * n - 1);
    while(item > = p)
    {
        pi += flag * item;
        flag = - flag;
        n += 1;
        item = 1.0/(2 * n - 1);
    }
    pi * = 4;
    return pi;
}
int main(void)
{
    double p1 = 1e - 6;
    double p2 = 1e - 8;
    printf("Value of pi is % .8lf\n",pi(p1));
    printf("Value of pi is % .8lf\n",pi(p2));
    return 0;
}
```

程序运行结果如下。

```
Value of pi is 3.14159065
Value of pi is 3.14159263
```

分析以上的运行结果可知:调用封装好的函数 pi(),该函数有唯一的形式参数用于接收实际的精度值,精度越高(相应的精度数值就越小)则计算的结果就越精确,函数的返回值就是在某个特定精度值下的圆周率常数值。

下一个问题,利用函数求 100～1000 的全部素数,每输出 8 个素数换 1 行,每个素数占6 个字符宽度的位置。前面已经在例 4.11 中讨论过怎么判别素数,这里采用函数的方法求取多个素数。

程序 5.15　封装函数求 100～1000 的全部素数。

```
# include < stdio. h >
int isPrime(int n);                           / * 这行是函数 isPrime()的原型或声明 * /
int main(void)
{
    int i;
    int c = 0;                                //计数器,每产生 1 个素数该变量的值就增加 1
    for(i = 100;i < = 1000;i++)
    {
        if(isPrime(i) == 1)
        {
            c++;
            printf(" % - 6d",i);
            if(c % 8 == 0)                     //如果计数达到了 8 的整数倍,则换行
                printf("\n");
        }
    }
    return 0;
}
int isPrime(int n)
{
    int m;                                    //函数内部声明的变量
    for(m = 2;m < n;m++)
    {
        if(n % m == 0)
            return 0;                         //返回值为 0 表示数 n 不是素数
    }
    return 1;                                 //返回值为 1 表示数 n 是素数
}
```

以上程序已经能满足题目的要求了,但分析判别素数的算法发现,上面函数可以更进一步优化,本章前面关于函数的知识告诉我们,如果一个函数它的形参和返回值没有改变,在对该函数的函数体即内部实现细节进行优化升级时,只需要改动该函数体的相关代码,对该函数的调用可以完全不变,重新编译整个源程序即可。

上面封装的函数是从素数的定义出发的,将 $2 \sim n-1$ 的每一个正整数都和 n 做除法判断能否整除,即有 $n-2$ 个数待判断。优化的出发点是:通常情况下 n 如果有 $2 \sim n-1$ 的因子,则因子必然是成对出现的(如果因子恰好是 n 的平方根,则认为是有 2 个相同的因子),即因子是在以平方根为界(含平方根)的两边成对出现的,因此可以将判断的范围缩小到 $2 \sim \lfloor \sqrt[2]{n} \rfloor$(n 平方根的向下取整)。

```
int isPrime(int n)
{
    int m;                                    //函数内部声明的变量
    int gate = (int)sqrt((double)n);
    for(m = 2;m < = gate;m++)
    {
        if(n % m == 0)
            return 0;                         //返回值为 0 表示数 n 不是素数
    }
    return 1;                                 //返回值为 1 表示数 n 是素数
}
```

注意,要调用优化后的新函数须在源程序前添加语句 # include < math. h >,因为新函数中用到了 sqrt()这个库函数。

程序运行结果如下。

101	103	107	109	113	127	131	137
139	149	151	157	163	167	173	179
181	191	193	197	199	211	223	227
229	233	239	241	251	257	263	269
271	277	281	283	293	307	311	313
317	331	337	347	349	353	359	367
373	379	383	389	397	401	409	419
421	431	433	439	443	449	457	461
463	467	479	487	491	499	503	509
521	523	541	547	557	563	569	571
577	587	593	599	601	607	613	617
619	631	641	643	647	653	659	661
673	677	683	691	701	709	719	727
733	739	743	751	757	761	769	773
787	797	809	811	821	823	827	829
839	853	857	859	863	877	881	883
887	907	911	919	929	937	941	947
953	967	971	977	983	991	997	

🔑 5.5   工程案例分析——5ms 时间调度机、驾驶扭矩计算

【案例 5.1】   动力系统控制中,程序设计常常是按照时间间隔来调用的,所以在程序运行的最外层,会设计很多闹钟(如 1ms,5ms,直到 1s 以上的),不同的子功能模块根据实际情况放入对应的闹钟之下进行调用。基于时间的调度在控制上经常使用,程序按一个固定周期执行数据更新对于 PID 等功能来说是很重要的。

```
void Event_5MS(void)
{
    a_hld_task_input_5msec();                //调用下一个函数
    bcs2_fast_input_driver();
    trnsys_mgr_level05();
    hp_egr_id();
    endsv_main_fg();
    etppc_main_fg();
    trbwc_main_fg();
    a_hld_task_output_5msec();
}
void a_hld_task_input_5msec (void)
{
    /*  CKCP   */
    crankcase_pressure_input_driver_fg();        //调用下一个函数

    /*  PFP    */
    particulate_filter_pressure_input_driver();
    /*  TCWGP  */
```

```
    tcwgp_input_driver();
    /*  TP    */
    tp_input_driver_itppc();
    return;
}
void crankcase_pressure_input_driver_fg(void)
{
  if (ckcpm_fg_on != FALSE)
  {
    crankcase_pressure_input_driver(&ahld_p_raw_cds_ckcp_fg, &ckcp_raw_fg);
  }
    return;
}
```

【案例 5.2】 以下是一个发动机内部调用各种函数来对加速过程进行控制的部分程序,其中 tqdrv_16ms_exec() 是每 16ms 执行一次的函数,而 tqdrv_tipin() 被其调用,tqdrv_tipin() 又调用了 tqdrv_tipin_inhibit_calc()。因为 tqdrv_tipin_inhibit() 不仅仅被 tqdrv_16ms_exec() 调用,在 ABS 或者其他相关状态变化时也会被调用,所以 tqdrv_tipin_inhibit_calc() 不能直接写在 tqdrv_16ms_exec() 之中,而是单独写成一个函数,在有需求时被调用。

```
void tqdrv_16ms_exec(void)                           /* 驾驶扭矩 16ms 计算函数 */
{
  {
tqdv_delta_time = DeltaTimeSec(&tqdv_last_time); /* 计算实际执行间隔,以计算变化率等 */
tqdrv_oscmod();                                      /* 振动监控函数 */
tqdrv_dfso();                                         /* 减速断油函数 */
tqdrv_tipout();                                       /* 减速相关计算函数 */
tqdrv_tipin();                                        /* 加速相关计算函数 */
  }
}


void tqdrv_tipin(void)                                /* 加速相关计算函数 */
{
tqdrv_tipin_inhibit_calc();                           /* 是否禁止加速相关的参数更新 */
tqdrv_tipin_exit_calc();                              /* 退出加速计算的函数 */
tqdrv_tipin_ratio_calc_bg();                          /* 目标和实际加速度相关计算函数 */
}


void tqdrv_tipin_inhibit_calc(void)                   /* 是否禁止加速相关的参数更新 */
{
{
if ((mfmflg != FALSE)                                 /* 系统存在故障 */
|| ((TQ_TIP_NEUT != FALSE)                            /* 动力系统没有激活 */
&& (trload != 0)                                      /* 发动机负荷不为 0 */
&& (ndsflg == FALSE))                                 /* 变速箱在空挡 */
|| ((engine_speed >= TQ_TIP_NMAX)                     /* 发动机转速在监控的最高值之上 */
|| (engine_speed <= TQ_TIP_NMIN))                     /* 发动机转速在监控的最低值之下 */
|| (tr_lim_toil < 1.0F)                               /* 变速箱超温状态中 */
|| (cool_flg != FALSE)                                /* 发动机超温状态中 */
|| (discutout!= 0)                                    /* 减速断油功能在禁止使用中 */
```

```
            || (vspd < TQ_TIP_VS__A)             /* 车速小于允许加速计算的最低车速 */
            || (ect < TQ_TIP_ECT__A)             /* 发动机温度小于允许加速计算的最低温度 */
            || (trac_active != FALSE)            /* ABS 正在工作 */
            || (tip_fuel_off != FALSE))          /* 供油系统被禁止 */
        {
        tip_inhibit = TRUE;                      /* 禁止加速相关的参数更新 */
        }
        else
        {
        tip_inhibit = FALSE;                     /* 允许加速相关的参数更新 */

        }
        }
        }
```

5.6　小结

　　函数是 C 程序功能模块的最小单元；C 程序由一个主函数和若干函数构成；主函数可以调用其他函数，其他函数可以相互调用；必须有且只能有一个名为 main( )的主函数；C 程序的执行总是从 main( )函数开始，在 main( )函数中结束。注意区别函数的声明、定义和调用。

　　调用函数时实参的个数必须和形参保持一致，实参的类型必须同形参保持一致（至少是赋值兼容的）；函数调用时参数传值的规则可简单地概括为"由实参到形参的单向的值传递"，因为实参和形参各有自己独立的内存空间。

　　变量根据其适用范围可分为局部变量和全局变量，要正确区分它们，尤其注意局部变量的 3 种构成形态及其生存期问题。此外，程序设计中应尽量少地使用全局变量，因为全局变量在程序的执行过程中会一直占用存储单元，降低了函数的通用性、可靠性和可移植性，降低了程序的清晰性，容易出错。

本章习题

知识点强化训练

单选题

1. 以下关于 C 语言的说法，错误的是（　　）。
    A. 实参可以是常量、变量或表达式
    B. 形参可以是常量、变量或表达式
    C. 实参可以为任意类型
    D. 实参应与其对应的形参类型一致
2. 以下关于函数的声明，正确的是（　　）。
    A. int double func(int a,int b)

在线测试

B. void func(int a,b,c)

C. double func(void)

D. void func(int ,int ,double c,void)

3. 以下关于函数参数的说法,正确的是(　　)。

A. 实参与其对应的形参各自占用独立的内存单元

B. 实参与其对应的形参共用一个内存单元

C. 只有当实参和形参同名时才占用同一个内存单元

D. 形参是虚拟的,不占用内存单元

4. 以下关于函数使用的说法,正确的是(　　)。

A. 函数的声明可以嵌套,定义不可以嵌套

B. 函数的声明不可以嵌套,调用可以嵌套

C. 函数的声明、定义和调用均可以嵌套

D. 函数的声明可以嵌套,调用不可以嵌套

5. 以下关于函数使用 return 的说法,不正确的是(　　)。

A. 函数设计中根据设计逻辑需要可以随意使用 return

B. 函数中可使用 return 语句一次返回多个数值

C. return 语句后表达式的类型必须与函数返回类型保持一致

D. 函数中可以先后依次放置多个 return 语句,但程序只执行遇到的第 1 个

6. 一个函数的返回值由(　　)确定。

A. return 语句中的表达式　　　　　　B. 被调用的函数的类型

C. 系统默认的类型　　　　　　　　　　D. 函数调用者的类型

7. 设有以下程序:

```
# include < stdio. h >
int f( int n);
int main(void)
{
    int a = 3,s;
    s = f(a);
    s = s + f(a);
    printf(" % d\n",s);
}
int f( int n)
{
    static int a = 1;
    n += a++;
    return n;
}
```

程序运行后的输出结果是(　　)。

A. 7　　　　　　　　　　B. 8　　　　　　　　　　C. 9　　　　　　　　　　D. 10

8. 以下程序(部分细节已被略去)可能有语法性错误,有关可能的错误及其原因的正确
说法是(　　)。

```
# include < stdio. h>
int main(void)
{
    int m = 5,k;
    void pt_ch();
    …
    k = pt_ch(m);
    …
}
void pt_ch(){...}
```

  A. 语句 void pt_ch(); 有错,它是函数调用语句,不能用 void 再修饰

  B. 函数名的命名中不能使用字符"_"

  C. 函数声明和函数调用语句之间不一致,有矛盾

  D. 程序代码没有错误

9. 以下函数的定义形式正确的是( )。

  A. double func(int x,int y){z=x+y;return z;}

  B. func(int x,y){int z;return z;}

  C. func(x,y){int x,y;double z;z=x+y;return z;}

  D. double func(int x,int y){double z;z=x+y;return z;}

10. 下面程序代码的执行结果是( )。

```
# include < stdio. h>
void fun( int x, int y)
{
    printf("x = % d,y = % d\n",++x,y++);
}
int main(void)
{
    int a = 10,b = 20,c = 30,d = 40,e = 50;
    fun((a,b+5),(c,d,e));
    return 0;
}
```

  A. x=26,y=50   B. x=11,y=25

  C. x=41,y=50   D. 程序编译有错误,不能执行

编程训练

1. 编程求出四位正整数中的水仙花数,所谓水仙花数是指一个四位正整数 n,n 的千位数字的 4 次方+n 的百位数字的 4 次方+n 的十位数字的 4 次方+n 的个位数字的 4 次方与 n 相等。

2. 编程使用辗转相除法求解两个正整数 m 和 n 的最大公约数和最小公倍数。

3. 编写函数 day_of _thisyear(year,month,day),使得函数返回由这 3 个参数确定的那一天是一年中的第几天(返回值是在 1~366 的正整数)。

4. 编写函数 area_of_triangle(a,b,c),采用海伦公式 $s=\sqrt[2]{a^2+b^2+c^2}$ 使得返回由这

3 个参数(分别代表三角形的三边长)确定的三角形的面积(如果不能构成三角形则返回一个负值,另外开平方可使用包含在头文件"math.h"中的函数 double sqrt(double x))。

5. 请根据下式封装一个函数,并在 main 中测试封装的函数,注意当通项小于 1e−6 时求和运算结束。

$$e^x = 1 + x + \frac{x^2}{2!} + \frac{x^3}{3!} + \cdots + \frac{x^n}{n!}, x \in (-\infty, +\infty)$$

6. 编程输出 1000 以内的全部完数,要求把判断一个正整数是否为完数的任务封装成一个函数(该函数的形参为待判断的数,返回值表明该形参传递的数是否为完数)。所谓完数是指正整数 n 的所有小于或等于 n 的非负因子之和仍然等于该数 n 本身,则正整数 n 就是一个完数。

第**6**章

CHAPTER **6**

数　组

学习目标
- 理解并能正确选择数组数据结构。
- 会熟练定义数组、初始化数组以及引用数组中的单个元素。
- 会使用数组对一组值进行存储、排序和查找。
- 会运用数组作为参数传递。
- 会熟练定义和使用多维数组。
- 了解字符数组与字符串的关系,熟悉字符串的基本操作。

在前面的学习中,已经介绍了如何定义变量。例如,int a,b,c;表示定义三个整型变量。在批量处理数据时,如老师统计全班 45 位同学的 C 语言课程成绩,显然不能定义 45 个变量,此时该如何处理 45 个数据呢? 本章将学习如何批量处理相同类型的数据。

6.1　一维数组

本节首先给出一维数组的定义、引用和初始化的方法,然后通过求最大值、最小值和平均值的例子学习一维数组的应用,学习数组在函数中的使用方法。另外,以一维数组作为存储结构,一起讨论 3 个典型的排序算法:选择排序、冒泡排序和插入排序,以及 2 个典型的查找算法:顺序查找和折半查找。

6.1.1　一维数组的定义、引用和初始化

C 语言提供了数组这种数据结构,从而可以同时定义多个同类型变量。例如:

```
int a[100];              //定义含 100 个整型元素的数组 a
double b[30];            //定义含 30 个双精度型元素的数组 b
char c[256];             //定义含 256 个字符型元素的数组 c
```

数组是一组连续的内存空间,它们具有相同的数据类型。

数组元素的个数一般是一个常量表达式。但在 ANSI C99 标准中,允许定义数组时在方括号中写上一个整型变量。例如,下列语句实际上是符合 C99 标准的。

```
int n = 5;
int a[n];
```

要引用数组中特定位置的元素,需要指定数组的名称和数组中特定元素的位置编号。例如,定义一个含 5 个整型元素的数组 a,可写成 int a[5],该数组含 5 个元素,分别是 a[0]、a[1]、a[2]、a[3]和 a[4],该数组在内存中如图 6.1 存储。

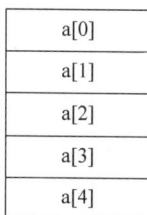

| a[0] |
| a[1] |
| a[2] |
| a[3] |
| a[4] |

图 6.1　数组在内存中的存储

定义数组的语法:

```
数组元素类型 数组名[数组元素个数];
```

在数组名称后的方括号[ ]内加入元素的位置编号,就可以引用数组中的任何一个元素。需要注意的是,第 1 个元素的编号为 0。也就是说,一个含有 n 个元素的数组,其元素编号为 0,1,2,⋯,n−1。

通常将方括号内包含的位置编号称为下标。下标必须是取值大于或等于 0 的整数或整数表达式,例如语句 a[3]+=2 表示将下标为 3 的数组元素值加 2;若整型变量 x=1,语句 a[x]=7 表示将下标为 1 的数组元素赋值为 7;若整型变量 x=1,y=2,语句 a[x+y]=9 表示将下标为 3 的数组元素赋值为 9。

数组元素和普通变量一样使用。例如 x=c[3]/2 表示将下标为 3 的数组元素的值除以 2,然后将该表达式的结果赋值给变量 x。

【例 6.1】 整型数组的应用。

定义一个含 10 个元素的整型数组,从键盘输入这 10 个元素的值,然后输出到屏幕上。

程序 6.1 整型数组的应用。

```c
#include <stdio.h>
int main(void)
{
    int a[10], i;
    for (i = 0; i < 10; ++i)
    {
        scanf("%d", &a[i]);
    }
    for (i = 0; i < 10; ++i)
    {
        printf("%d ", a[i]);
    }
    return 0;
}
```

依次输入 0 1 2 3 4 5 6 7 8 9 后按 Enter 键。

程序运行结果如下。

```
0 1 2 3 4 5 6 7 8 9
0 1 2 3 4 5 6 7 8 9
```

可以在数组的定义中初始化数组,即在定义之后加入赋值符和花括号,其中包含用逗号分开的初始化值列表。例如,语句 int a[6] = {10,20,93,7,30,60} 定义了一个含 6 个元素的整型数组,并将 a[0]初始化为 10,a[1]初始化为 20,a[2]初始化为 93,a[3]初始化为 7,a[4]初始化为 30,a[5]初始化为 60。

【例 6.2】 初始化一个含 10 个元素的双精度数组,并求该数组所有元素的和。

程序 6.2 数组的初始化。

```c
#include <stdio.h>
int main(void)
{
    double f[10] = {1.2, 3.4, 5.7, 5.23, 9.29, 9.21, 2.1, 5.9, 7.2, 101.3};
    double sum = 0;
    int i;
    for (i = 0; i <= 9; ++i)
    {
```

```
            sum += f[i];
        }
        printf("The sum is % lf\n", sum);
        return 0;
    }
```

程序运行结果如下。

```
The sum is 150.530000
```

如果初始值的个数少于数组的元素个数,则剩余元素将初始化为 0。例如,可以用下列定义将数组 n 的元素全部初始化为 0: int n[10]={0}; 而语句 int a[4]={3,9}将 a[0]初始化为 3,a[1]初始化为 9,a[2]和 a[3]被初始化为 0。如果初始值的个数多于数组的元素个数,则会在编译时被提示语法错误。例如 int a[3]={1,2,3,4}将在编译时报错。

在没有初始化列表时,必须指明数组的元素个数,如 int a[]会在编译时被提示语法错误。若在定义时给出初始化列表,则可以省略方括号中的数组的元素个数,这时编译器会自动计算初始化列表中数值的个数。例如,int a[]={1,2,3,4,5}是合法的,该语句等价于 int a[5]={1,2,3,4,5}。

需要注意的是,数组可以初始化,但是不能被整体赋值。若需要对数组赋值,只能给数组每个元素分别赋值。例如:

```
int m[5] = {1, 2, 3, 4, 5};            //可以,因为数组可以初始化
```

但是下列赋值是错误的:

```
int m[5];
m[5] = {1,2,3,4,5};
```

请读者记住一点,对数组的使用就是对每个数组元素的使用。可以把数组元素看作一个一个独立的普通变量。我们以前对变量所做的所有操作,都可用来操作数组元素。

【例 6.3】　使用数组汇总调查结果。20 名同学对食堂的饭菜质量按照 1~10(1 表示非常差,10 表示非常满意)进行了打分,这 20 个反馈结果存储在一个整型数组中,要求统计给出 1 分的人有多少,2 分的人有多少……10 分的人有多少。

这是一个典型的数组应用程序。我们希望汇总的反馈存储在含 20 个元素的数组 r 中,使用含 11 个元素的数组 frequency 来计算各种反馈出现的次数。因为把给 1 分的人数存储在 frequency[1]中比存储在 frequency[0]中容易理解,因此我们不使用 frequency[0]这个元素,这样可以直接使用分数作为 frequency 数组的下标。

程序 6.3　使用数组汇总调查结果。

```
# include < stdio. h >
int main( void)
{
    / * 存放分数的数组 * /
    int r[20] = {1, 2, 6, 8, 5, 9, 7, 8, 5, 9,
                 4, 2, 9, 7, 6, 7, 8, 9, 10, 3};
```

```
    int i;
    int frequency[11] = {0};          /*将数组 frequency 的所有元素初始化为 0*/
    /*对于每个反馈,选择数组 r 中的一个元素的值,并作为数组 frequency 的下标,以确定所要增
加的是哪种分数的个数。*/
    for (i = 0; i <= 19; ++i)
    {
        ++frequency[r[i]];
    }
    printf("分数\t人数\n");
    for (i = 1; i <= 10; ++i)
    {
        printf("%d\t%d\n", i, frequency[i]);
    }
    return 0;
}
```

程序运行结果如下。

分数	人数
1	1
2	2
3	1
4	1
5	2
6	2
7	3
8	3
9	4
10	1

　　本例中对数组的使用比较有技巧。用++frequency[r[i]]来统计分数出现的频率。对于每个反馈,选择数组 r 中的一个元素的值,并作为数组 frequency 的下标,以确定所要增加的是对应分数的个数。

6.1.2　最大值、最小值与所有数的和

　　【例 6.4】 已知一个含 10 个元素的整型数组,求该数组的最大值、最小值与所有数的和。
　　求最大值的算法:①假设第一个数是最大数,将 max 赋值为第一个数。②将 max 与下一个数比较,如果 max 小于这个数,则将 max 赋值为该数。③重复第②步,直到没有下一个数。同理,求最小值的算法:①假设第一个数是最小数,将 min 赋值为第一个数。②将 min 与下一个数比较,如果 min 大于这个数,则将 min 赋值为该数。③重复第②步,直到没有下一个数。求和的算法:①将 sum 赋值为第一个数。②将 sum 和下一个数相加,结果放到 sum 中。③重复第②步,直到没有下一个数。
　　程序流程图如图 6.2 所示。
　　程序 6.4　求数组的最大值、最小值与所有数的和。

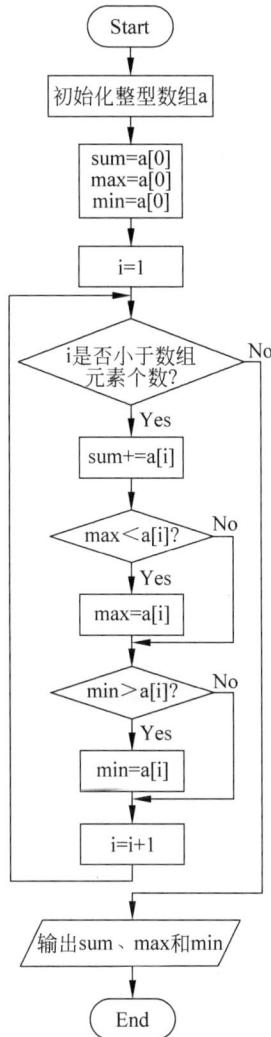

图 6.2 求数组的最大值、最小值与所有数的和的程序流程图

```c
#include < stdio. h >
#define SIZE 10
int main(void)
{
    /* 定义并初始化含各元素的数组 */
    int a[SIZE] = {9, 9, 8, 3, 7, 15, 6, 1, 3, 2};
    int max, min, sum, i;
    max = min = sum = a[0];
    for (i = 1; i <= SIZE - 1; ++i)
    {
        if (max < a[i])
            max = a[i];
        if (min > a[i])
```

```
            min = a[i];
        sum += a[i];
    }
    printf("The max is %d\n", max);
    printf("The min is %d\n", min);
    printf("The sum is %d\n", sum);
    return 0;
}
```

程序运行结果如下。

```
The max is 15
The min is 1
The sum is 63
```

6.1.3　一维数组作为函数的参数

要把一个数组作为参数传递给一个函数,那么只要指定不带方括号的数组名即可。

【例 6.5】　编程实现整型数组元素的输出。

程序 6.5　编写一个函数,输出整型数组的各个元素。

```
#include <stdio.h>
void display(int a[], int size);
int main(void)
{
    int a[5] = {10, 20, 30, 40, 50};
    display(a, 5);
    return 0;
}
void display(int a[], int size)
{
    int i;
    for (i = 0; i < size; ++i)
        printf("%d\t", a[i]);
}
```

程序运行结果如下。

```
10      20      30      40      50
```

如例 6.5 所示,函数原型中用"数组类型 数组名[]"表示数组作为形参;函数调用时只需要以函数名作为实参即可,如 display(a,5);。

当将数组传递给函数时,通常也传递数组的大小,这样函数的可重用性更好。

在 C 语言中,数组名实际上是该数组中第一个元素的地址。因此传递数组名就是传递该数组第一个元素的地址。所以,当被调函数在它的函数体中修改数组元素时,它就是修改原始数组的元素值。为了理解上述问题,请运行以下程序,仔细思考为什么运行结果会是这样。

```
# include < stdio. h >
void process1(int x, int y, int z);
void process2(int a[ ], int size);
void display(int a[ ], int size);
int main(void)
{
    int a[3] = {10, 20, 30};
    process1(a[0], a[1], a[2]);
    display(a, 3);
    process2(a, 3);
    display(a, 3);
    return 0;
}
void process1(int x, int y, int z)
{
    x++;
    y++;
    z++;
}
void process2(int a[ ], int size)
{
    int i;
    for (i = 0; i <= size - 1; i++)
        a[i]++;
}
void display(int a[ ], int size)
{
    int i;
    for (i = 0; i <= size - 1; i++)
        printf(" % d\t", a[i]);
    printf("\n");
}
```

程序运行结果如下。

```
10   20   30
11   21   31
```

对于接收数组参数的函数,函数的参数列表必须指明将收到数组。例如,函数 modifyArray()的函数头可以如下。

```
void modifyArray(int b[ ], int size)
```

上面的声明指出 modifyArray 函数希望在参数 b 中收到整型数组,在参数 size 中收到数组元素的个数。在形参的数组括号之间并不需要指定数组大小,因为这里并没有定义一个新的数组,而是表示将引用实参传递过来的数组。如果此处包含了大小,则编译器将检查是否大于 0,如果是负值则编译器将报错,否则编译器将忽略所指定的数组大小。因为数组是通过引用调用,当被调函数使用数组名称 b 时,它实际上引用了主调函数中的实际数组。在第 7 章将介绍在函数中接收数组的其他符号,这些符号的基础是 C 语言中数组和指针之间的密切关系。

6.1.4　数组排序

数据排序即按照升序或者降序这样的特定顺序来安排数据,是最重要的计算机应用之一,人们对此进行了深入的研究。冒泡排序算法在 1956 年就已经诞生,随着计算机科学的发展,新的排序算法仍在不断涌现,例如图书馆排序算法于 2004 年被公开发表。本节将介绍选择排序、冒泡排序和插入排序。

【例 6.6】　定义一个函数,用来对一个整型数组进行选择排序。

选择排序(Selection Sort)是一种简单直观的排序算法。它的工作原理是:首先在未排序序列中找到最小元素,存放到排序序列的起始位置,然后再从剩余未排序元素中继续寻找最小元素,然后放到排序序列末尾。以此类推,直到所有元素均排序完毕。

直接选择排序的基本思想:n 个记录的文件的直接选择排序可经过 n−1 趟直接选择排序得到有序结果。

(1) 初始状态:无序区为 R[0..n−1],有序区为空。

(2) 第 1 趟排序:

在无序区 R[0..n−1]中选出关键字最小的记录 R[k],将它与无序区的第 1 个记录 R[0]交换,使 R[0..0]和 R[1..n−1]分别变为记录个数增加 1 个的新有序区和记录个数减少 1 个的新无序区。

……

(3) 第 i 趟排序:

第 i 趟排序开始时,当前有序区和无序区分别为 R[0..i−1]和 R[i..n−1](1≤i≤n−1)。该趟排序从当前无序区中选出关键字最小的记录 R[k],将它与无序区的第 1 个记录 R[i−1]交换,使 R[0..i−1]和 R[i..n−1]分别变为记录个数增加 1 个的新有序区和记录个数减少 1 个的新无序区。

这样,n 个记录的文件的直接选择排序可经过 n−1 趟直接选择排序得到有序结果,程序流程图如图 6.3 所示。

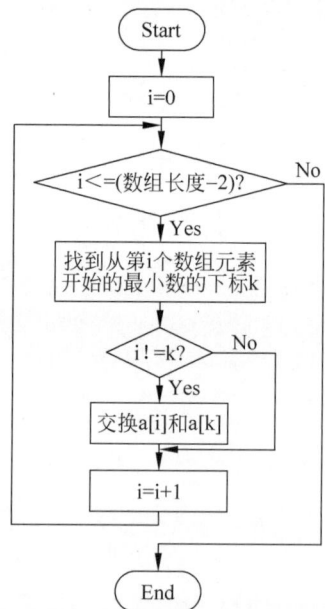

图 6.3　选择排序的程序流程图

程序 6.6　选择排序。

```
# include < stdio. h>
# include < stdlib. h>
# include < time. h>
# define LEN 10
void SelectionSort( int a[ ], int size);
void display( int a[ ], int size);
int main( void)
{
    int a[LEN], i;
    srand( time( NULL));                    /* 初始化随机数函数 */
    /* 将数组元素随机设置为 0~99 的整数 */
    for ( i = 0; i <= LEN - 1; ++i)
    {
```

```
            a[i] = rand() % 100;
        }
        display(a, LEN);
        SelectionSort(a, LEN);                    /* 调用 SelectionSort 函数对数组排序 */
        display(a, LEN);
        return 0;
    }
    void SelectionSort(int a[], int size)
    {
        int min, k, i, j, temp;
        for (i = 0; i <= size - 2; ++i)
        {
            min = a[i];
            k = i;
            for (j = i + 1; j <= size - 1; ++j)
            {
                if (min > a[j])
                {
                    min = a[j];
                    k = j;
                }
            }
            if (k != i)
            {
                temp = a[i];
                a[i] = a[k];
                a[k] = temp;
            }
        }
    }
    void display(int a[], int size)
    {
        int i;
        for (i = 0; i <= size - 1; ++i)
        {
            printf("%d\t", a[i]);
        }
        printf("\n");
    }
```

请读者上机运行程序并查看程序 6.6 的运行结果。

【例 6.7】　定义一个函数,用来对一个整型数组进行冒泡排序。

冒泡排序(Bubble Sort)的基本过程是:依次比较相邻的两个数,将小数放在前面,大数放在后面。即在第一趟排序:首先比较第 1 个和第 2 个数,将小数放前,大数放后。然后比较第 2 个数和第 3 个数,将小数放前,大数放后,如此继续,直至比较最后两个数,将小数放前,大数放后。至此第一趟排序结束,最大的数移动到了最后。在第二趟排序:仍从第一对数开始比较(因为可能由于第 2 个数和第 3 个数的交换,使得第 1 个数不再小于第 2 个数),将小数放前,大数放后,一直比较到倒数第二个数(倒数第一的位置上已经是最大的),第二趟排序结束,在倒数第二的位置上得到一个新的最大数(整个数列中第二大的数)。如此下去,重复以上过程,直至最终完成排序。

由于在排序过程中总是小数往前放,大数往后放,类似于轻的气泡往上升、重的石头往下沉,因此得名冒泡排序。冒泡排序的算法描述如下。

(1) 比较相邻的元素,如果第一个比第二个大,就交换它们的位置。

(2) 对每一对相邻元素做同样的操作,从开始第一对到结尾的最后一对。这一步完成后,最后的元素就是最大的数。

(3) 针对所有的元素重复以上的步骤,除了最后一个。

(4) 持续每次对越来越少的元素重复上面的步骤,直到没有任何一对数字需要比较。

程序流程图如图 6.4 所示。

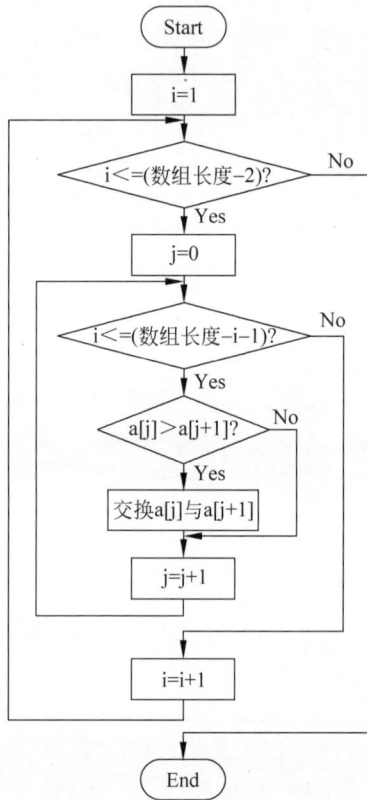

图 6.4   冒泡排序的程序流程图

程序 6.7   冒泡排序。

```c
#include <stdio.h>
#include <stdlib.h>
#include <time.h>
#define LEN 10
void BubbleSort(int a[], int size);
void display(int a[], int size);
int main(void)
{
    int a[LEN], i;
    srand(time(NULL));                    /* 初始化随机数函数 */
    /* 将数组元素随机设置为 0~99 的整数 */
```

```
    for (i = 0; i <= LEN - 1; ++i)
    {
        a[i] = rand() % 100;
    }
    display(a, LEN);
    BubbleSort(a, LEN);                      /* 调用 BubbleSort 函数对数组排序 */
    display(a, LEN);
    return 0;
}
void BubbleSort(int a[], int size)
{
    int i, j, temp;
    for (i = 1; i <= size - 1; ++i)
    {
        for (j = 0; j <= size - i - 1; ++j)
        {
            if (a[j] > a[j + 1])
            {
                temp = a[j];
                a[j] = a[j + 1];
                a[j + 1] = temp;
            }
        }
    }

}
void display(int a[], int size)
{
    int i;
    for (i = 0; i <= size - 1; ++i)
    {
        printf(" % d\t", a[i]);
    }
    printf("\n");
}
```

请读者上机运行程序并查看程序 6.7 的运行结果。

【例 6.8】 定义一个函数,用来对一个整型数组进行插入排序。

插入排序的工作原理是通过构建有序序列,对于未排序数据,在已排序序列中从后向前扫描,找到相应位置并插入。在实现上,插入排序通常在从后向前扫描过程中,需要反复把已排序元素逐步向后挪位,为最新元素提供插入空间。

插入排序的算法描述如下。

(1) 从第一个元素开始,该元素可以认为已经被排序。

(2) 取出下一个元素,在已经排序的元素序列中从后向前扫描。

(3) 如果该元素(已排序)大于新元素,将该元素移到下一位置。

(4) 重复步骤(3),直到找到已排序的元素小于或等于新元素的位置;找不到时,第一个位置即新元素位置。

(5) 将新元素插入该位置中。

(6) 重复执行 n-1 次步骤(2)~(5)(n 为数组元素个数)。

程序流程图如图 6.5 所示。

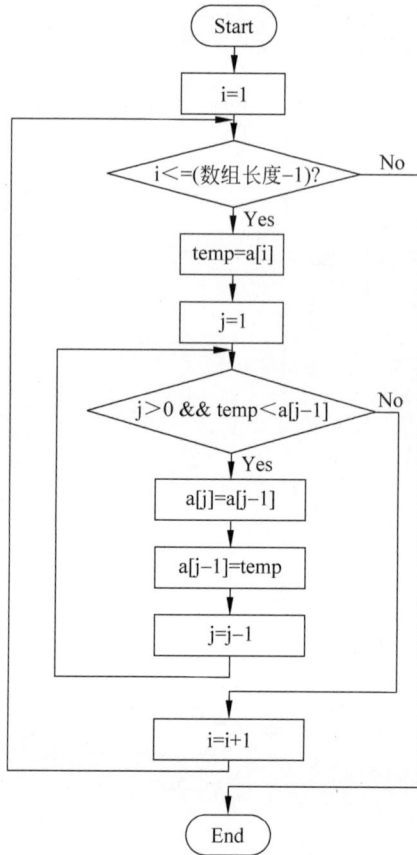

图 6.5　插入排序程序流程图

程序 6.8　插入排序。

```c
#include <stdio.h>
#include <stdlib.h>
#include <time.h>
#define LEN 10
void InsertionSort(int a[], int size);
void display(int a[], int size);
int main(void)
{
    int a[LEN], i;
    srand(time(NULL));                      /*初始化随机数函数*/
    /*将数组元素随机设置为 0~99 的整数*/
    for (i = 0; i <= LEN - 1; ++i)
    {
        a[i] = rand() % 100;
    }
    display(a, LEN);
    InsertionSort(a, LEN);                  /*调用 InsertionSort 函数对数组排序*/
    display(a, LEN);
    return 0;
```

```
}
void InsertionSort(int array[], int size)
{
    int i, j, temp;
    for(i = 1; i <= size - 1; i++)
    {
      temp = array[i];
      for(j = i; j > 0 && temp < array[j-1]; j--)
      {
          array[j] = array[j-1];
          array[j-1] = temp;
      }
    }
}
void display(int a[], int size)
{
    int i;
    for (i = 0; i <= size - 1; ++i)
    {
        printf("%d\t", a[i]);
    }
    printf("\n");
}
```

请读者上机运行程序并查看程序 6.8 的运行结果。

排序算法还有很多,选择排序、冒泡排序和插入排序常在计算机等级考试中出现,希望读者熟练掌握。

6.1.5 数组查找

在很多情况下,程序员面对的是存储了大量数据的数组,有时候需要确定数组中是否包含了匹配某个关键值的数值,搜寻数组中特定元素的过程称为查找。本节将讨论两种查找技术:简单的顺序查找技术以及更有效率的折半查找技术。

【例 6.9】 顺序查找:在一个整型数组中查找是否包含特定值。

顺序查找将数组中的每个元素和要查找的关键值进行比较。比较数组的第 1 个元素、第 2 个元素……直到最后一个元素。因为数组并没有特定的顺序,所以匹配值与第 1 个元素相同或者与最后一个元素相同的可能性是一样的。因此,在平均情况下,程序需要查找一半的数组元素。

算法描述如下:从数组中的第一个元素开始,逐个进行元素的关键字与给定值的比较,若某个元素的关键字与给定值相等,则查找成功,找到所查的元素;反之,若直到最后一个元素,其关键字与给定值比较都不相等,则表明数组中没有所查的元素,查找失败。

程序 6.9 顺序查找。

```
# include < stdio.h>
# define SIZE 100
/* 函数原型 */
```

```
int linearSearch(int a[], int key, int size);
int main(void)
{
    int a[SIZE];                          /* 创建数组 a */
    int x;                                /* 初始化数组 a 中元素的计数器 */
    int searchKey;                        /* 需要在数组 a 中查找的数值 */
    int element;                          /* 与 searchKey 相等的元素的下标或 -1 */
    /* 创建数据 */
    for (x = 0; x <= SIZE - 1; x++)
        a[x] = 2 * x;
    printf("请输入要查找的数值:\n");
    scanf("%d", &searchKey);
    /* 在数组中查找 searchKey */
    element = linearSearch(a, searchKey, SIZE);
    /* 输出结果 */
    if (element != -1)
        printf("下标为 %d 的元素匹配关键字\n", element);
    else
        printf("没有找到匹配值\n");
    return 0;
}

int linearSearch(int a[], int key, int size)
{
    int i;                                /* 计数器 */
    /* 遍历数组 */
    for (i = 0; i <= size - 1; ++i)
    {
        if (a[i] == key)
            return i;
    }
    return -1;
}
```

程序运行结果(查找成功)如下。

请输入要查找的数值:
8
下标为 4 的元素匹配关键字

程序运行结果(查找失败)如下。

请输入要查找的数值:
5
没有找到匹配值

【例 6.10】　折半查找:在一个已经按从小到大排好序的整型数组中查找是否包含特定值。

折半查找的算法思想是将数列按有序化(递增或递减)排列,查找过程中采用跳跃式方式查找,即先以有序数列的中点位置为比较对象,如果要找的元素值小于该中点元素,则将待查序列缩小为左半部分,否则为右半部分。通过一次比较,将查找区间缩小一半。折半查找是一种高效的查找方法,它可以明显减少比较次数,提高查找效率,但是,折半查找的先决条件是查找表中的数据元素必须有序。

折半查找的算法描述如下。

(1) 首先确定整个查找区间的中间位置,即 mid＝(left＋right)/2。

(2) 用待查关键字值与中间位置的关键字值进行比较;若相等,则查找成功;若大于,则在后(右)半个区域继续进行折半查找;若小于,则在前(左)半个区域继续进行折半查找。

(3) 对确定的缩小区域再按折半公式,重复上述步骤。最后,得到结果:要么查找成功,要么查找失败。程序流程图如图 6.6 所示。

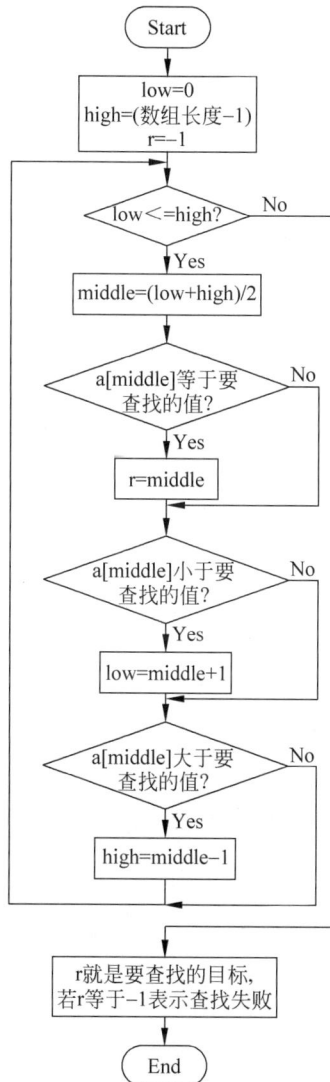

图 6.6　折半查找程序流程图

程序 6.10　折半查找。

```
#include <stdio.h>
#define SIZE 15
```

```
/* 函数原型 */
int binarySearch(int a[], int searchKey, int low, int high);
int main(void)
{
    int a[SIZE];                    /* 创建数组 a */
    int i;                          /* 初始化数组 a 中元素的计数器 */
    int key;                        /* 要在数组 a 中查找的数值 */
    int result;                     /* 已经找到的数值的下标或 -1 */
    /* 创建数据 */
    for (i = 0; i <= SIZE - 1; ++i)
        a[i] = 2 * i;
    printf("请输入需要查询的数字\n");
    scanf("%d", &key);
    /* 在数组中查找 */
    result = binarySearch(a, key, 0, SIZE - 1);
    /* 输出结果 */
    if (result != -1)
        printf("%d 在数组中的下标是 %d\n", key, result);
    else
        printf("%d 不在数组中\n", key);
    return 0;
}
/* 函数 binarySearch() 对数组进行折半查找 */
int binarySearch(int a[], int searchKey, int low, int high)
{
    int middle;                     /* 存储数组中间元素的变量 */
    while (low <= high)
    {
        middle = (high + low) / 2;
        if (a[middle] == searchKey)
            return middle;
        if (a[middle] < searchKey)
            low = middle + 1;
        if (a[middle] > searchKey)
            high = middle - 1;
    }
    return -1;
}
```

程序运行结果(查找成功)如下。

```
请输入要查询的数字
6
6 在数组中的下标是 3
```

程序运行结果(查找失败)如下。

```
请输入要查询的数字
9
9 不在数组中
```

折半查找在每次比较之后将减少一半需要进行查找的数组元素,在最糟糕的情况下,使用折半查找算法查找 1024 个元素将仅需要进行 10 次比较。将 1024 不断除以 2,得到值

512，256，65，32，16，8，4，2 和 1，只需将数字 1024(2^{10})10 次除以 2 就可以得到值 1。在折半查找算法中，除以 2 就等于进行一次比较。1048576(2^{20})个元素最多需要 20 次比较就可以找到关键值，具有 10 亿个元素的数组大约需要 30 次比较，就可以找到关键值。与在平均情况下需要查找一半数组元素的顺序查找方法比较，折半查找极大地提高了性能。

6.2 二维数组

本节首先给出二维数组的定义、引用和初始化的方法，然后通过矩阵转置的例子学习二维数组的应用。二维数组本质上是一维数组的数组，读者可以通过编程体会二维数组与一维数组的关系。

6.2.1 二维数组的定义、初始化和使用

C 数组可以有多个下标。有多个下标的数组称为多维数组。例如，语句 int a[3][4] 定义了一个 3 行 4 列的整型数组，该数组共有 12 个元素。为了标识特定的数组元素，我们必须指定两个下标：第一个标识元素的行，称为行下标；第二个标识元素的列，称为列下标。需要两个下标来标识特定元素的数组称为二维数组。注意，多维数组的下标可以多于两个，ANSI 标准声明，ANSI C 系统必须能够支持至少 12 个数组下标。

图 6.7 说明了一个二维数组 a 的结构，数组包含 3 行 4 列，也称为 3×4 数组。一般情况下，具有 m 行 n 列的数组称为 m×n 数组。

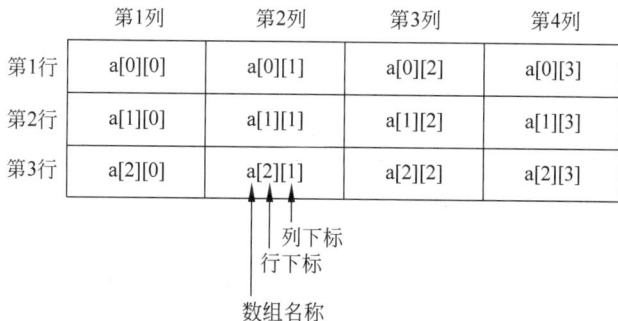

图 6.7 二维数组的逻辑模型

图 6.7 所示数组 a 的每个元素是用 a[i][j] 形式的元素名称来标识的，a 是数组名称，而 i 和 j 是标识 a 中每个元素的下标。注意，行下标从 0 开始，列下标也从 0 开始。

二维数组可以像一维数组那样在定义中进行初始化。例如，二维数组 b[2][3] 可以用下列语句来定义和初始化：

```
int b[2][3] = {{10, 20, 30}, {40, 50, 60}};
```

初始值用花括号按行进行分组。第一个花括号中的元素对第 1 行进行初始化，而第二个花括号中的元素对第 2 行进行初始化，因此 10、20 和 30 将初始化 a[0][0]、a[0][1] 和 a[0][2]，40、50 和 60 将初始化 a[1][0]、a[1][1] 和 a[1][2]。

【例 6.11】 将 3 个提供不同初始值的二维数组分别进行初始化。

程序 6.11   二维数组的初始化和引用。

```c
#include <stdio.h>
void printArray(int a[][3], int row, int col);        /* 函数原型 */
int main(void)
{
    /* 初始化数组 array1, array2, array3 */
    int array1[2][3] = {{1, 2, 3}, {4, 5, 6}};
    int array2[2][3] = {1, 2, 3, 4};
    int array3[2][3] = {{1, 2}, {4}};
    printf("array1:\n");
    printArray(array1, 2, 3);
    printf("arrar2:\n");
    printArray(array2, 2, 3);
    printf("array3:\n");
    printArray(array3, 2, 3);
    return 0;
}
/* 函数输出第二维为 3 的整型数组 */
void printArray(int a[][3], int row, int col)
{
    int i;                                      /* 行计数器 */
    int j;                                      /* 列计数器 */
    /* 按行循环 */
    for (i = 0; i <= row - 1; i++)
    {
        /* 输出每一列的值 */
        for (j = 0; j <= col - 1; j++)
        {
            printf("%d\t", a[i][j]);
        }
        printf("\n");                           /* 开始新一行的输出 */
    }
}
```

程序运行结果如下。

```
array 1:
1    2    3
4    5    6
array 2:
1    2    3
4    0    0
array 3:
1    2    0
4    0    0
```

程序 6.11 中定义了 3 个具有 2 行 3 列(共 6 个元素)的二维数组。在定义数组 array1 时,程序用两个子数列共提供了 6 个初始值,第一个子数列将第 1 行初始化为 1,2,3,第二个子数列将第 2 行初始化为 4,5,6。

在定义数组 array2 时,程序只提供了 4 个初始值。这些初始值首先赋给第 1 行的 3 个元素,然后再赋给第 2 行的前 1 个元素。没有被显式初始化的数组元素将被初始化成 0,所有元素 array2[1][1]、array2[1][2]被初始化成 0。

在定义数组 array3 时,程序用两个子数列共提供了 3 个初始值。包含两个初始值的第 1 个子数列将第 1 行的前 2 个元素初始化为 1、2,第 1 行第 3 个元素没有被显式初始化,所以被初始化为 0。第 2 个子数列有 1 个初始值,因此第 1 行的第 2 个元素被初始化为 4,后两个元素被初始化为 0。

程序中函数 printArray 用来输出数组的元素值。注意在函数的形参表中数组形参被规定为 int a[][3]。如果函数的参数是一维数组,在函数的形参列表中数组名后的方括号内是空白的。如果函数的参数是多维数组,那么可以不需要多维数组的第一个下标值,但是需要后面的所有下标值,编译器将通过这些下标来确定多维数组中元素在内存中的位置。无论数组有多少个下标,数组中的所有元素在内存中都是连续存储的,在二维数组中,第 2 行的元素存储在第 1 行之后。

在二维数组的定义时也可以省略第一维的长度,但必须有初始值列表,同时必须指明第二维的大小。例如, int a[ ][4]={1,2,3,4,5};编译器会根据初始值列表中数值的个数和第二维的大小自动计算第一维的大小。上例实际上和 int a[2][4]={1,2,3,4,5}等价。此时数组 a 在内存中的存储如图 6.8 所示。

	第1列	第2列	第3列	第4列
第1行	1	2	3	4
第2行	5	0	0	0

图 6.8　数组 a 在内存中的存储

6.2.2　矩阵转置

【例 6.12】　将一个二维数组 a 的行和列的元素互换,存到另一个二维数组 b 中。例如:

$$a=\begin{bmatrix}1 & 2 & 3\\4 & 5 & 6\end{bmatrix} \quad b=\begin{bmatrix}1 & 4\\2 & 5\\3 & 6\end{bmatrix}$$

程序 6.12　矩阵转置。

```c
#include <stdio.h>
int main(void)
{
    int a[2][3] = {{1, 2, 3}, {4, 5, 6}};
    int b[3][2], i, j;
    /* 输出 a 数组 */
    printf("array a:\n");
    for (i = 0; i <= 1; i++)
    {
        for (j = 0; j <= 2; j++)
            printf("%d\t", a[i][j]);
        printf("\n");
    }
    /* 矩阵转置 */
    for (i = 0; i <= 1; i++)
    {
```

```
            for (j = 0; j <= 2; j++)
            {
                b[j][i] = a[i][j];
            }
        }
        /* 输出 b 数组 */
        printf("array b:\n");
        for (i = 0; i <= 2; i++)
        {
            for (j = 0; j <= 1; j++)
                printf(" % d\t", b[i][j]);
            printf("\n");
        }
        return 0;
    }
```

程序运行结果如下。

```
array a:
1    2    3
4    5    6
array b:
1    4
2    5
3    6
```

6.2.3　二维数组的本质

二维数组本质上是一维数组的数组,而一维数组的名称就是数组在内存中的位置。例如,数组 int a[3][4]这个二维数组本质上是由 a[0]、a[1]和 a[2]这 3 个一维数组组成的。a[0]、a[1]和 a[2]均是含 4 个整型元素的一维数组。

【例 6.13】　有一个 3×4 的数组 studentGrades,数组的每一行代表一个学生,而每列代表学生在学期中所参加的 4 次考试成绩。写程序求学生在本学期内的最低分、最高分和平均分。

程序 6.13　成绩统计。

```
# include < stdio. h >
/* 函数原型 */
int minimum( int grades[ ][4], int pupils, int tests);
int maximum( int grades[ ][4], int pupiles, int tests);
double average( int setofGrades[ ], int tests);
void printArray( int grades[ ][4], int pupils, int tests);
int main( void)
{
    int student;                          /* 学生计数器 */
    /* 初始化 3 个学生(行)的成绩 */
    int studentGrades[3][4] = {{77, 68, 86, 73},
                               {96, 87, 89, 78},
                               {70, 90, 86, 81}};
    /* 输出数组 studentGrades */
```

```c
        printf("学生成绩数组\n");
        printArray(studentGrades, 3, 4);
        /*确定最高分与最低分*/
        printf("\n\n最低分：%d\n最高分：%d\n",
                minimum(studentGrades, 3, 4),
                maximum(studentGrades, 3, 4));
        /*计算每个学生的平均分*/
        for (student = 0; student <= 2; student++)
        {
            printf("第%d个学生的平均分是%.2f\n",
                    student, average(studentGrades[student], 4));
        }
        return 0;
}
/*求最低分*/
int minimum(int grades[][4], int pupils, int tests)
{
        int i, j, lowGrade = grades[0][0];
        for (i = 0; i <= pupils - 1; i++)
        {
            for (j = 0; j <= tests - 1; j++)
            {
                if (lowGrade >= grades[i][j])
                    lowGrade = grades[i][j];
            }
        }
        return lowGrade;
}
/*求最高分*/
int maximum(int grades[][4], int pupils, int tests)
{
        int i, j, highGrade = grades[0][0];
        for (i = 0; i <= pupils - 1; i++)
        {
            for (j = 0; j <= tests - 1; j++)
            {
                if (highGrade <= grades[i][j])
                    highGrade = grades[i][j];
            }
        }
        return highGrade;
}
/*确定某个学生的平均分*/
double average(int setofGrades[], int tests)
{
        int i;                              /*考试计数器*/
        int total = 0;                      /*考试成绩总和*/
        /*计算一个学生的总分*/
        for (i = 0; i <= tests - 1; i++)
        {
            total += setofGrades[i];
        }
        return (double)total / tests;       /*返回平均分*/
```

```
}
/* 输出数组 */
void printArray(int grades[][4], int pupiles, int tests)
{
    int i, j;
    /* 输出列头 */
    printf("                [0]  [1]  [2]  [3]");
    /* 以列表形式输出分数 */
    for (i = 0; i <= pupiles - 1; i++)
    {
        /* 输出行的标号 */
        printf("\nstudentGrades[ % d] ", i);
        /* 输出每个学生的分数 */
        for (j = 0; j <= tests - 1; j++)
        {
            printf(" % - 5d", grades[i][j]);
        }
    }
}
```

程序运行结果如下。

```
学生成绩数组
                   [0]   [1]   [2]   [3]
studentGrades[0]    77    68    86    73
studentGrades[1]    96    87    89    78
studentGrades[2]    70    90    86    81
最低分：   68
最高分：   96
第 1 个学生的平均分是 76.00
第 2 个学生的平均分是 87.50
第 3 个学生的平均分是 81.75
```

函数 minimum()、maximum() 和 printArray() 都接收 3 个参数：studentGrades 数组（在每个函数中称为 grades）、学生数量（数组的行数）和考试数量（数组的列数），每个函数使用嵌套 for 结构在数组 grades 中循环，下面的嵌套 for 结构来自函数 minimum() 定义：

```
for (i = 0; i <= pupils - 1; i++)
{
    for (j = 0; j <= tests - 1; j++)
    {
        if (lowGrade >= grades[i][j])
            lowGrade = grades[i][j];
    }
}
```

外循环从 i（也就是行下标）等于 0 开始，这样内循环就可以将第 1 行中的元素和变量 lowGrade 进行比较，内循环在第 1 行的 4 个成绩内循环，并比较每个成绩和 lowGrade，如果成绩小于 lowGrade，则将 lowGrade 设置为那个成绩。然后，外循环将行下标增加到 1，将第 2 行中的元素和变量 lowGrade 比较。最后，外循环将行下标增加到 2,将第 3 行中的元素和变量 lowGrade 比较。在执行完这个双重循环之后,lowGrade 就包含了二维数组中的最低成绩。

函数 average()有两个参数：某个学生考试成绩的一维数组 setofGrades 和数组中成绩的个数，在调用 average()时，将传递第 1 个参数 studentGrades[student]，这将二维数组中某行的地址传递给函数 average()，参数 studentGrades[1]是数组第 2 行的起始地址。请读者记住，二维数组本质上是一维数组的数组，而一维数组的名称就是数组在内存中的位置。函数 average()计算数组元素的和，并除以考试成绩个数，再返回双精度型结果。

🔑 6.3　字符串

从前面两节的学习可知，数组是可以批量处理相同类型数据的构造数据类型，也就是由基本数据类型引出的复杂数据类型。特别地，如果基本数据类型是字符型，那么这个数组就是字符数组，字符数组是用来存储字符串的典型结构。由于字符串应用广泛，字符串的处理应熟练掌握。

6.3.1　字符数组和字符串

用来存放字符数据的数组是字符数组。字符数组中的一个元素存放一个字符。字符数组的使用与本书前面介绍的整型数组或浮点型数组完全相同。例如，int a[3]表示定义一个含 3 个整型元素的整型数组，char b[5]表示定义一个含 5 个字符型元素的字符数组。

字符数组可以用与整型数组相同的方式初始化。例如，char c[5] = {'a','b','c','d','e'}表示定义一个含 5 个元素的字符型数组，它在内存中的存储如下。

c[0]	C[1]	c[2]	c[3]	c[4]
'a'	'b'	'c'	'd'	'e'

字符数组还可以用一种更简洁的方式初始化，如 char s[ ] = {"abcde"}或 char s[ ] = "abcde"。此时需要注意，在双引号(" ")之间的一串字符称为字符串常量。字符串常量拥有一个隐藏的结束符'\0'。也就是说，字符串常量"abcde"实际上由 6 个字符'a'、'b'、'c'、'd'、'e'、'\0'组成。'\0'是一个转义字符，它的 ASCII 为 0，专门用来表示一个字符串的结束，称为字符串结束符。因此，上例中的字符数组 s 在内存中实际存储如下。

s[0]	s[1]	s[2]	s[3]	s[4]	s[5]
'a'	'b'	'c'	'd'	'e'	'\0'

字符串(string)是由零个或多个字符组成的有限串行。字符串是实际应用中非常重要的一种数据类型。在某些语言(如 VB、Java 和 C++)中，有单独的字符串类型。在 C 语言中，没有单独的字符串类型，字符串常量是包含在双引号之间的一系列字符，如"abc" "a" "I am a student"等；而字符串常量则直接存储到字符数组中，如 char s[ ] = "Hello"表示定义一个含 6 个元素的字符型数组，并将字符串"Hello"存储在该字符数组中。

需要说明的是，字符数组并不要求它的最后一个元素为'\0'，甚至可以不包含'\0'，以下这种写法是完全合法的。

```
char c[5] = {'a', 'b', 'c', 'd', 'e'};
```

6.3.2　字符串的输入和输出

在 C 语言中,字符串是以'\0'结束的一串字符,它通常存储在字符数组中,因此,所有我们以前学习过的对数组的处理方式都可以用来处理字符串。相对于普通数组,字符串最大的特点就是它有结束符'\0',因此,C 语言中对字符串有一些特殊的处理。在 C 语言中,提供了字符串的格式控制符%s。通常可以利用这个格式控制符在 scanf()和 printf()函数中直接输入和输出字符串。

【例 6.14】　字符串的输入和输出。

程序 6.14　用格式控制符%s 实现字符串的输入输出。

```
# include < stdio. h >
int main(void)
{
    char s[10];
    printf("请输入一个字符串\n");
    scanf("%s", s);
    printf("字符串输出到屏幕\n");
    printf("%s\n", s);
    return 0;
}
```

程序运行时,从键盘输入:

```
Hello↙
```

系统自动在 Hello 后加一个'\0'结束符。因此,字符数组 s 在内存中存储如下。

s[0]	s[1]	s[2]	s[3]	s[4]	s[5]	s[6]	s[7]	s[8]	s[9]
'H'	'e'	'l'	'l'	'o'	'\0'				

其中 s[6]、s[7]、s[8]和 s[9]没有被使用。

注意在程序 6.14 中,scanf 语句的参数 s 前并没有加取地址符 &,这是因为数组名代表这个数组第 1 个元素的地址,所以不需要再加上取地址符 &。

printf("%s",s);实际上是这样执行的:按字符数组名 s 找到数组第 1 个元素,然后逐个输出其中的字符,直到遇到'\0'为止。

若在程序运行时,从键盘输入超过 10 个字符,则程序运行会出现错误。例如,输入 abcdefghij↙,程序运行结果如图 6.9 所示。

这是因为执行 scanf("%s",s) 这一语句时,从键盘读入的字符串会被存放到数组 s 中。在本次执行程序时,从键盘读入 10 个字符,加上字符串结束符'\0',一共有 11 个字符需要存放到字符数组 s 中,而数组 s 最多只能存储 10 个元素,于是造成了数组越界的运行时错误。

在同一个 scanf 语句中可以多次使用%s。

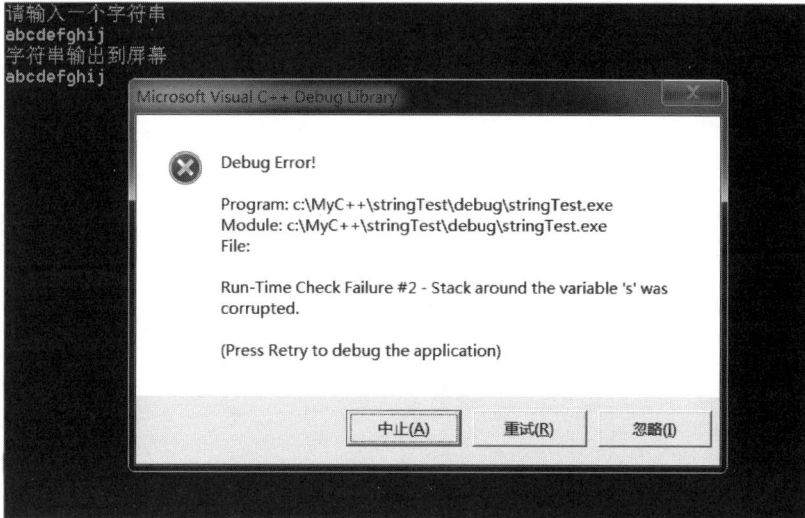

图 6.9　scanf( )函数执行出错

```
# include < stdio. h>
int main(void)
{
    char s1[10], s2[20], s3[10];
    scanf("% s% s% s", s1, s2, s3);
    printf("% s\n% s\n% s\n", s1, s2, s3);
    return 0;
}
```

若程序输入：

```
abcd
xyz
howareyou
```

则输出结果如下。

```
abcd
xyz
howareyou
```

scanf 函数将空格字符作为输入的字符串之间的分隔符，因此如果用 scanf 作字符串的输入，则不能读取空格之后的字符。下面回看第一个程序：

```
# include < stdio. h>
int main(void)
{
    char s[10];
    printf("请输入一个字符串\n");
    scanf("% s", s);
    printf("字符串输出到屏幕\n");
    printf("% s\n", s);
```

```
        return 0;
    }
```

程序运行结果如下。

```
请输入一个字符串
Hello world
字符串输出到屏幕
Hello
```

从键盘读入含空格的字符串时,可以使用另一个函数 gets()。调用方式如下。

gets(字符数组名);

```
# include < stdio. h >
int main(void)
{
    char s[15];
    printf("请输入一个字符串\n");
    gets(s);
    printf("字符串输出到屏幕\n");
    printf("% s\n", s);
    return 0;
}
```

程序运行结果如下。

```
请输入一个字符串
Hello world
字符串输出到屏幕
Hello world
```

请思考,如果将数组 s 的定义改为 char s[10],程序运行时从键盘输入 Hello world↙,那么会出现什么情况? 为什么?

6.3.3 字符串处理

【例 6.15】 从键盘输入一个字符串,求该字符串的长度。

字符串的长度是指字符串中除'\0'之外的字符个数。本程序的程序流程图如图 6.10所示。

程序 6.15 求字符串的长度。

```
# include < stdio. h >
int main(void)
{
    char s[30];
    int counter = 0;
    printf("请输入一个字符串\n");
    gets(s);
    while (s[counter] != '\0')
    {
```

```
        counter++;
    }
    printf("该字符串的长度是: \t");
    printf(" % d\n", counter);
    return 0;
}
```

程序运行结果如下。

```
请输入一个字符串
Hello, world!
该字符串的长度是:   13
```

【例 6.16】 编写一个程序,将存储在字符数组 s2 中的字符串复制到字符数组 s1 中。

只有字符数组 s1 的长度大于或等于 s2 时,该程序才能正常运行。字符串复制的程序流程图如图 6.11 所示。

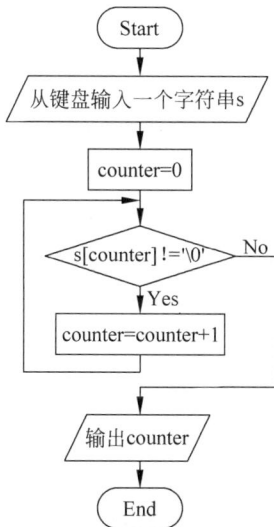

图 6.10 求字符串的长度的程序流程图

图 6.11 字符串复制的程序流程图

程序 6.16 字符串复制。

```
# include < stdio. h >
int main(void)
{
    char s1[20], s2[20] = "I am a student";
    int i = 0;
    while (s2[i] != '\0')
    {
        s1[i] = s2[i];
        i++;
    }
    s1[i] = '\0';
```

```
        printf("s1:\t%s\n", s1);
        printf("s2:\t%s\n", s2);
        return 0;
}
```

程序运行结果如下。

```
s1:     I am a student
s2:     I am a student
```

6.3.4　字符串处理的库函数

在 C 语言中,并没有定义字符串这种类型,字符串是存放在字符数组中的。为了使用方便,在 C 语言函数库中,提供了一些专门处理字符串的函数,下面介绍常用的几个函数。

1. 求字符串的长度(strlen())

函数 strlen()的作用是求字符串的长度。字符串的长度是字符串中不包含 '\0' 的字符个数,其函数原型如下。

```
size_t strlen( const char[] str);
```

其中,size_t 是 C 语言标准为了 C 语言的可移植性而定义的一种数据类型,在 C99 中定义为 typedef unsigned int size_t,它是 sizeof 运算符的返回类型。

程序 6.17　strlen 的使用。

```
# include < stdio. h >
# include < string. h >
int main( void )
{
    int len;
    char s[30] = "Hello there";
    len = strlen(s);
    printf("The length of string \"%s\" is %d\n", s, len);
    return 0;
}
```

程序运行结果如下。

```
The length of strhing "Hello there" is 11
```

2. 字符串复制(strcpy())

strcpy()的函数原型如下。

```
char[] strcpy(char[] strDestination,const char[] strSource );
```

其作用是把字符串 strSource 的所有字符(包括结束符 '\0')复制到字符数组 strDestination 中,函数的返回值是 strDestination。

程序 6.18 strcpy 的使用。

```
# include < stdio.h >
# include < string.h >
int main( void )
{
    char str1[20], str2[20];
    printf("%s :\t","请输入一个字符串");
    gets(str2);
    strcpy(str1, str2);
    printf("str1 : %s\n", str1);
    printf("str2 : %s\n\n", str2);
    strcpy(str1, "Hello world!");
    printf("str1 : %s\n", str1);
    printf("str2 : %s\n", str2);
    return 0;
}
```

程序运行结果如下。

```
请输入一个字符串:    I am a student
str1 : I am a student
str2 : I am a student

str1 : Hello world!
str2 : I am a student
```

strcpy 要求使用者保证目标数组能容纳下源字符串的所有字符(包含结束符'\0')。如果源字符串的所有字符个数(包含结束符'\0')大于目标数组所能容纳的字符个数,则将出现运行时错误。例如,如果在上个程序运行时输入字符串"I am a student. And you?",则该字符串的总字符个数大于 20,此时会出现运行时错误。

3. 字符串连接(strcat())

strcat 的函数原型如下。

```
char[] strcat(char[] strDestination, const char[] strSource );
```

其作用是将字符串 strSource 放到字符串 strDestination 的后面,函数返回 strDestination。

程序 6.19 strcat 的使用。

```
# include < stdio.h >
# include < string.h >
int main( void )
{
    char str1[15] = "abcdef";
    char str2[5] = "xyz";
    char str3[20];
    strcpy(str3, strcat(str1, str2));
    printf("str1 : %s\n", str1);
```

```
    printf("str2 : %s\n", str2);
    printf("str3 : %s\n", str3);
    return 0;
}
```

程序运行结果如下。

```
str1 : abcdefxyz
str2 : xyz
str3 : abcdefxyz
```

第一，程序第 6～8 行建立了 3 个字符数组 str1、str2 和 str3。在 str1 中存放字符串
"abcdef"，在 str2 中存放"xyz"，如图 6.12 所示。

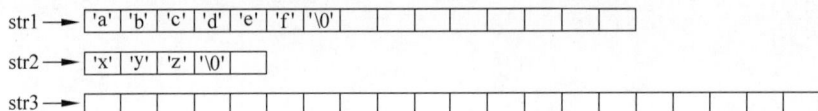

图 6.12　str1、str2 和 str3 状态 1

第二，程序第 9 行 strcpy(str3,strcat(str1,str2))是对 strcpy()函数的调用。其中第二
个参数是表达式 strcat(str1,str2)）。因此本行的执行是先调用函数 strcat(str1,str2)，然后
以 strcat(str1,str2)的返回值作为第二个参数调用函数 strcpy()。

第三，strcat(str1,str2)的作用是将字符串 str2 连接到 str1 之后，去掉 str1 的结束符
'\0'，保留 str2 的结束符，如图 6.13 所示。

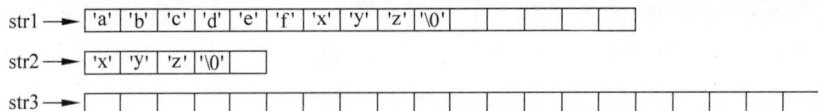

图 6.13　str1、str2 和 str3 状态 2

第四，因为 strcat()函数的返回值就是它的第一个参数，因此 strcat(str1,str2)的返回
值就是 str1。所以 strcpy(str3,strcat(str1,str2))此时相当于 strcpy(str3,str1)。执行后将
str1 的内容复制到 str3 中，如图 6.14 所示。

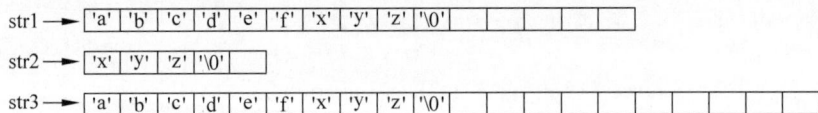

图 6.14　str1、str2 和 str3 状态 3

4. 字符串比较(strcmp())

函数 strcmp()的作用是比较两个字符串的大小，其函数原型如下：

```
int strcmp(const char[] string1, const char[] string2);
```

返回值(表 6.1)表示两个字符串比较的结果。

表 6.1 strcmp()函数的返回值

返回值	string1 与 string2 的关系
< 0	string1 小于 string2
0	string1 等于 string2
> 0	string1 大于 string2

字符串比较的规则是对两个字符串自左至右逐个字符相比较(按 ASCII 值大小比较),直到出现不同的字符或遇到'\0'为止。如全部字符相同,则认为相等;若出现不同的字符,则以第一个不相同的字符的比较结果为准,例如" A"<" B","a">" A","computer">"compare","these">"that","36+54"<"99","CHINA">"CANADA","DOG"<"cat","abc"<"ax","abcde">"abcd"。

程序 6.20 strcmp 的使用。

```c
# include < stdio.h>
# include < string.h>
int main( void )
{
    char string1[30], string2[30];
    int result;
    printf("请输入两个字符串\n");
    gets(string1);
    gets(string2);
    result = strcmp(string1, string2);
    if (result == 0)
        printf("\"%s\" 等于\"%s\"\n", string1, string2);
    if (result > 0)
        printf("\"%s\" 大于\"%s\"\n", string1, string2);
    if (result < 0)
        printf("\"%s\" 小于\"%s\"\n", string1, string2);
    return 0;
}
```

程序运行结果如下。

```
请输入两个字符串
CHINA
CANADA
"CHINA"大于"CANADA"
```

🔑 6.4 综合应用实例——筛法求素数

素数是仅仅能被它本身和 1 整除的任何整数。本实例要求写程序求出给定区间中所有的素数。

输入的第一行是一个整数 k,表示之后会有 k 次查询。后面的 k 行中,每行 2 个整数 m 和 n,输入保证 2≤m≤n≤100000。对每一行的 m 和 n,把闭区间[m,n]的所有素数输出到一行,每个数之间以空格隔开,若区间内没有素数,输出 None。

输入样例:

```
6
2 20
3 3
5 15
11 32
121 126
100 200
```

输出样例:

```
2 3 5 7 11 13 17 19
3
5 7 11 13
11 13 17 19 23 29 31
None
101 103 107 109 113 127 131 137 139 149 151 157 163 167 173 179 181 191 193 197 199
```

对于本综合应用实例,如果继续使用之前讨论过的判断素数的方法,在数值较大、较多时会花费大量的时间,在此介绍一种新的查找素数的方法——筛法求素数。

首先创建一个数组,并将所有元素初始化为 1(真),数组下标为素数的数组元素将保持为 1,而其他数组元素最终将被设置为 0。从数组下标 2 开始,在数组的剩余部分循环检测,并将值为 1 的、下标为 2 的整数倍的所有元素置 0(下标 4、6、8、10 等)。从数组下标 3 开始,数组中所有值为 1 的、下标为 3 的整数倍的所有元素都置为 0(下标 6、9、12、15 等)。当这个过程结束时,仍然为 1 的数组元素的下标就是素数,输出这些素数作为结果。

程序 6.21　筛法求素数。

```c
# include < stdio. h >
# define N 100001
int main(void)
{
    int prime[N] = {0}, i, j;
    for (i = 2; i < N; i++)
    {
        prime[i] = 1;
    }
    for (i = 2; i < N; i++)
    {
        if (prime[i] == 0)
            continue;
        for (j = 2; i * j <= N; j++)
        {
            prime[i * j] = 0;
        }
    }
    int k;
    scanf(" % d", &k);
    while (k--)
    {
        int m, n;
        scanf(" % d % d", &m, &n);
```

```
            int flag = 0;
            for (int i = m; i <= n; i++)
            {
                if (prime[i] == 1)
                {
                    printf("%d ", i);
                    flag = 1;
                }
            }
            if (flag == 0)
            {
                printf("None");
            }
            printf("\n");
        }
    return 0;
}
```

程序运行结果如输出样例所示。

6.5　工程案例分析——利用数组存储传感器特性数据

工程上会有很多地方用到传感器,这类传感器一般都是测量温度或者压力等目标量,这些目标量和输出的电阻等存在一一对应的转换关系。工程上通常会选择对于测量物理量有单调对应关系的材料来进行设计,以方便运用。工程中的处理一般采用把这个转换关系填在一个数组中,这样就可以根据输入量得出测量目标的值。

```
void inlet_air_temperature_input_driver_main(void)
{                               /* BEGIN: inlet_air_temperature_input_driver */
    act_volts = IAT_AI;         /* 对应的 PIN 脚直接得到传感器测量电路输入值 */
    if (act_volts > act_hi)     /* 如果电压高于电路设计最高值。注:工程设计时会考虑到自诊断
功能,所以会在比较靠近极限位置的正常区域设置报警,这时系统工作还是正常的,只是按照正常工
况到不了这些区域,所以系统报警提醒注意。例如,常见的 5V 的电路,工程上一般用 0.2V 到 4.8V 来
代表具体的物理量,而低于 0.2V 则认为可能断路,高于 4.8V 则认为短路 */
    {
    act_out_rng = act_out_rng | ACT_HIGH_ERROR;    /* 报出电压偏高信号 */
    }
    else
    {
    act_out_rng = act_out_rng & ~ACT_HIGH_ERROR;   /* 电压偏高检查通过 */
    }
    if (act_volts < act_lo)                        /* 如果电压低于电路设计最低值 */
    {
    act_out_rng = act_out_rng | ACT_LOW_ERROR;     /* 报出电压偏低信号 */
    }
    else
    {
    act_out_rng = act_out_rng & ~ACT_LOW_ERROR;    /* 电压偏低检查通过 */
    }
    act_eng = lookup_2d (&fnact_v2d, act_volts);   /* 通过传感器测量电压得到对应信号值 */
    /*
```

查表计算 lookup_2D/3D 甚至是更多维的是工程上常用的算法,所以一般都会编写成标准格式放入程序中,在需要的时候调用。其设计思想的依据就是工程上运用的传感器测量的数值在小范围内是非常接近线性转换关系,如果传感器没有这种特性,则该方法不适用。每个厂家会有自己的算法,但大致思想如下。

已知 a 点对应的值为 x1,b 点对应的值为 x2(a、b 是工程规范上选择的测量点,x1、x2 为对应的实测值),则 a、b 中间的 c 点对应的 y 值可为

$$y = x1 + \frac{c-a}{b-a} * (x2 - x1)$$

```
*/
return;
}
/**********************************************************/
/* 下面就是供应商提供的传感器性能的数据
CAL F32 fnact_v2d_array [2] =
{
{ 1.36820687E - 01F,     3.020000E + 02F },
{ 1.85291369E - 01F,     2.786000E + 02F },
{ 2.54277714E - 01F,     2.552000E + 02F },
{ 3.44417879E - 01F,     2.336000E + 02F },
{ 4.71012442E - 01F,     2.120000E + 02F },
{ 6.48659767E - 01F,     1.904000E + 02F },
{ 8.9642605E - 01F,      1.688000E + 02F },
{ 1.267858716E + 00F,    1.454000E + 02F },
{ 1.808258922E + 00F,    1.202000E + 02F },
{ 3.597595755E + 00F,    5.540000E + 01F },
{ 4.171994886E + 00F,    3.020000E + 01F },
{ 4.495852491E + 00F,    1.040000E + 01F },
{ 4.697210674E + 00F,   - 7.600000E + 00F},
{ 4.81716735E + 00F,    - 2.380000E + 01F},
{ 4.894182235E + 00F,   - 4.000000E + 01F}
};
TABLE_2D fnact_v2d =
{
FNACT_V2D_NUMBER_OF_PAIRS,
&fnact_v2d_array[0]
};
```

🔑 6.6　小结

数组是由同类型的元素组成的,数组元素按顺序存储于内存中,通过下标来访问。在 C 语言中,数组第 1 个元素的下标是 0,对于包含 n 个元素的数组,最后一个元素的下标是 n−1,程序员必须保证下标没有越界,因为编译器不检查下标越界问题。C 语言把数组名解释为该数组第 1 个元素的地址。如果要传递数组作为参数,通常需要传递数组名和数组元素的个数。C 语言中的字符串是以 '\0' 作为结束符的一串字符,字符串变量存储在字符数组中。

本章习题

知识点强化训练

在线测试

单选题

1. 若有以下说明语句：

```
int a[12] = {1,2,3,4,5,6,7,8,9,10,11,12};
char c = 'a',d,g;
```

则数值为 4 的表达式是（   ）。

    A. a[g－c]   B. a[4]   C. a['d'－'c']   D. a['d'－c]

2. 在 32 位微机系统中，一个 int 型变量占 4 字节的存储单元，若有定义：

```
int x[10] = {0,2,4};
```

则数组 x 在内存中所占字节数为（   ）。

    A. 3   B. 6   C. 12   D. 40

3. 下列合法的数组定义是（   ）。

    A. int a[]＝"string";   B. int a[5]＝{0,1,2,3,4,5};

    C. char a＝"string";   D. char a[]＝{0,1,2,3,4,5};

4. 若给出以下定义：

```
char x[] = "abcdefg";
char y[] = {'a','b','c','d','e','f','g'};
```

则正确的说法为（   ）。

    A. 数组 x 和数组 y 等价   B. 数组 x 和数组 y 的长度相同

    C. 数组 x 的长度大于数组 y 的长度   D. 数组 y 的长度大于数组 x 的长度

5. 下面程序段的输出结果是（   ）。

```
int  j;
int x[3][3] = {1, 2, 3, 4, 5, 6, 7, 8, 9};
for (j = 0;j < 3; j++)
  printf("%d", x[j][2－j]);
```

    A. 1 5 9   B. 1 4 7

    C. 3 5 7   D. 3 6 9

6. 以下能正确定义数组并正确赋初值的语句是（   ）。

    A. int N＝5,b[N][ ];   B. int a[1][2]＝{{1},{3}};

    C. int c[2][]＝{{1,2},{3,4}};   D. int d[3][2]＝{{1,2},{3,4}};

7. 设已定义 char s[]＝"\"Name\\Address\"\n";，则字符串 s 所占的字节数是（   ）。

    A. 19   B. 18   C. 15   D. 16

8. 设已定义 char a[10]和 int j,则下面输入函数调用中错误的是(　　)。

　A. scanf("%s",a);
　B. for(j=0;j<9;j++)
　　　　scanf("%c",a[j]);

　C. gets(a);
　D. for(j=0;j<9;j++)
　　　　scanf("%c",&a[j]);

9. 若有说明：int a[10];,则对 a 数组元素的正确引用是(　　)。

　A. a[10]　　　　　B. a[3.5]　　　　　C. a(5)　　　　　D. a[10-10]

10. 以下程序的输出结果是(　　)。

```c
#include <stdio.h>
int a[3][3];
int main(void)
{
    int i, j;
    for (i = 0; i < 3; i++)
        for (j = 0; j <= i; j++)
        a[i][j] = i * j;
    printf("%d, %d\n", a[1][2], a[2][1]);
    return 0;
}
```

　A. 2,0
　B. 不定值,2

　C. 0,2
　D. 2,2

编程训练

1. 编写一个程序,返回一个 int 数组中存储的最大数值,并在一个简单的程序中测试这个函数。

2. 编写一个函数,初始化一个二维 double 数组,并输出该数组所有元素的值。

3. 编写一个函数,把一个字符数组前后颠倒。

4. 杨辉三角形又称帕斯卡三角形、贾宪三角形、海亚姆三角形。该三角形首现于南宋杨辉于 1261 年所著的《详解九章算法》,书中杨辉说明是引自贾宪的《释锁算书》,故又名贾宪三角形。古代波斯数学家欧玛尔·海亚姆也描述过这个三角形。在欧洲,因为法国数学家布莱兹·帕斯卡在 1654 年发现这一规律,所以这个图形又称帕斯卡三角形。帕斯卡的发现比杨辉要迟 393 年,比贾宪迟 600 年。

编程打印杨辉三角形,它的排列如图 6.15 所示。

```
              1
            1   1
          1   2   1
        1   3   3   1
      1   4   6   4   1
    1   5  10  10   5   1
  1   6  15  20  15   6   1
1   7  21  35  35  21   7   1
```

图 6.15　杨辉三角形

第7章

指　针

CHAPTER 7

学习目标

- 理解指针变量的本质、指针变量数据类型的作用。
- 能分辨指针作函数参数时 3 种形式的区别和本质。
- 掌握指针的数组以及指向数组的指针相互间的区别和联系。
- 掌握指针与数组的关系，会编程实现指针的算术运算和关系运算。
- 能区分和熟练运用字符串、字符数组和字符指针。
- 会使用数组作函数参数，能正确运用字符数组和非字符数组作函数参数。
- 了解指向指针的指针，以及指向函数的指针的相关用法。
- 了解和初步掌握动态分配和释放内存的方法。

　　大多数现代计算机内存最基本的存储单位或者容量度量单位就是字节,1 字节可以存储 8 个二进制的信息。计算机程序或软件由很多的指令语句构成,每个指令又是由操作码＋地址码构成的,CPU 执行指令的时候操作码告诉 CPU 要做什么,而地址码告诉 CPU 要处理或计算的数据及代码语句放在哪里,绝大多数情况下数据都是放在计算机的内存中的。为了定位正确的数据,内存中每 1 字节都有唯一的地址,即是一种数字编码,类似现实世界中楼宇各层的不同房间,各自都有一个唯一的房间号码。这个地址用来和内存中的其他字节相区别,如果内存中两个完全不一样的字节有相同的地址,就会引发 CPU 执行的混乱。

🔑 7.1　什么是指针

　　可执行程序(Windows 操作系统中通常是扩展名为 exe 的文件)由代码和数值两个部分构成。程序中的一个变量就是一个"存放数值的盒子",每个变量占用 1 字节或多字节的内存,把第 1 字节的地址(数字编码)称为变量在内存中的地址。图 7.1 中,变量 x 占用连续地址编号为 200001,200002,200003 和 200004 的 4 字节内存空间,因此变量 x 的地址就是 200001。为了便于读者理解,地址编号以十进制的方式给出。这也就是 C 语言程序设计中的指针,虽然用数字表示地址,但地址的取值范围可能并不完全等同于整数的取值范围,所以绝对不能用普通的整型变量存储变量的地址值。

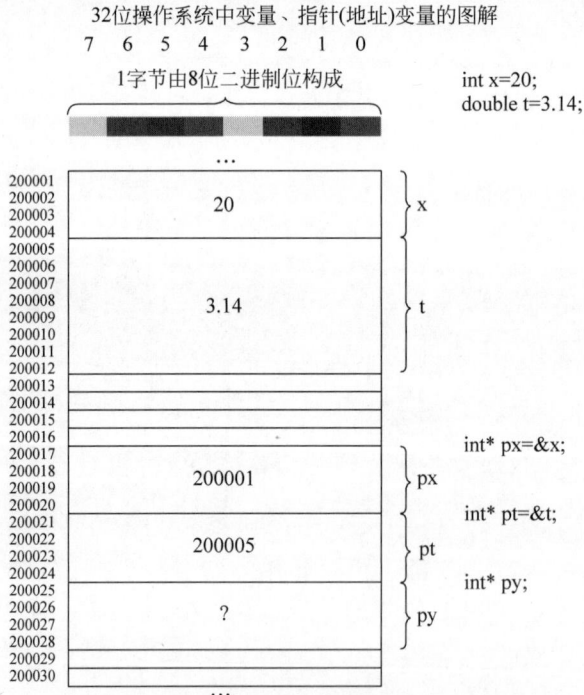

图 7.1　指针、指针值、变量与变量地址间的关系

🔑 7.2　指针变量、取地址运算符和间接访问运算符

变量具有多方面的特性,例如语句 int x＝20;中,int 隐含着 x 占用连续 4 字节的内存空间,取值范围只能是 $-2^{31}\sim(2^{31}-1)$ 的信息,要使得程序能正确运行,编写程序时就必须注意这两个核心要点。一旦声明了变量,就可以直接用该变量本身书写各种各样的表达式,这就是对变量的"直接访问"。

语句 scanf("%d",&x);的功能是通过键盘给变量 x 输入数值。请思考:变量 x 要取得的值是从外部输入的,实际输入的值是不确定的,此外我们是通过调用函数 scanf() 来完成给 x 输入新值的,库函数 scanf() 并不知道变量 x 在内存中的具体地址,scanf() 怎么完成该任务的呢?

变量 x 的最终地址到底在哪里,这取决于编译器,scanf() 并不知道程序中变量的准确地址,但 scanf() 函数只要知道了变量在内存中的准确地址,就会把读入的数值正确地存放到变量对应的内存字节空间中。C 语言中提供了一个运算符"&",我们可藉由"&"查询到变量在内存中的存放地址,把查询到的地址作为参数传递给 scanf() 函数就可以解决问题了。

语句 scanf("%d",&x);的第 2 个实参是表达式"&x",该表达式的值是变量 x 在内存中的地址,根据第 5 章的知识实参必须与形参类型一致,形参只能是变量,可以推导出该实参对应的形参类型是存放地址的变量,将该变量称为"指针变量"。通过变量的地址找到和使用变量本身的过程称为对变量的"间接访问"。

7.2.1　指针变量

指针变量(pointer)是存放另一个变量在内存中的地址值的变量。7.1 节讲到,变量的值是该变量所占用的内存单元中保存的数值。整型变量中保存的是整数的值,浮点型变量中保存的是浮点数的值,字符型变量中保存的是字符的 ASCII 值。指针的特殊之处在于,在指针变量的内存单元中,保存的是另一个变量的地址。例如:

```
int * px;
int x;
px = &x;
```

第一行代码中的 * 不是乘号,而是指针变量声明符,表示紧跟该符号的变量 px 是一个指针变量,px 才是该指针变量的名字。int * 联合在一起,表示变量 px 是一个存放整型变量的地址值的变量,简述为 px 是一个整型指针变量。在 scanf() 函数中,& 这个符号是取地址符,因此第三行 &x 的作用是取变量 x 的地址。px＝&x 就是在 px 的内存单元中存放 x 这个变量的地址,如图 7.1 所示。px ＝ &x 的实质是将 px 赋值为 x 的地址。程序的每次执行,变量 x 在内存中的位置通常都不同,但程序员并不用关心 x 的实际地址值是多少,因此,通常也将语句 px ＝ &x 表述为让指针 px 指向变量 x。如果要连续声明多个指针变量,须注意以下两种书写形式的区别:

```
int * px, * py, * pz;                //声明了 3 个指针变量,其变量名分别为 px,py 和 pz
int * pa,pb,pc;                      //只声明了 pa 为指针变量,pb 和 pc 为普通的 int 型变量
```

7.2.2　取地址运算符和间接访问运算符

& 是取地址运算符,是单目运算符。该运算符的用法如下。

```
int m, * pt;
pt = &m;
scanf(" % d",&m);
```

* 是间接访问运算符,是单目运算符(注意与做乘法运算时的区别),该运算符后面必须接值为指针的表达式。

```
int x, * px;            //注意:声明指针变量时必须在变量名前加 *
px = &x;
printf(" % d\n", * px);
```

【例 7.1】　间接访问运算符 * 与取地址运算符 & 二者互为逆运算。

程序 7.1　间接访问运算符 * 与取地址运算符 & 示例。

```
# include < stdio. h >
int main(void)
{
    int a;                          // a 是整数
    int * aPtr;                     // * aPtr 是指向整数的指针
    a = 7;
    aPtr = &a;                      //让 aPtr 指向 a
    printf("a 的地址是 % p\n", &a);   //输出变量 a 的地址
    printf("aPtr 的值是 % p\n", aPtr); //输出 aPtr 的值
    printf("\n\na 的值是 % d\n", a);  //输出 a 的值
    printf(" * aPtr 的值是 % d\n", * aPtr); //输出 aPtr 所指向的变量的值
    printf("\n\n* 和 & 互为逆运算\n");
    printf("&* aPtr =  % p\n", & * aPtr);
    printf(" * &aPtr =  % p\n", * &aPtr);
    return 0;
}
```

程序运行结果如下。

```
a 的地址是 0x7fff5fbff7e8
aPtr 的值是 0x7fff5fbff7e8
a 的值是 7
 * aPtr 的值是 7
 * 和 & 互为逆运算
&* aPtr = 0x7fff5fbff7e8
 * &aPtr = 0x7fff5fbff7e8
```

程序 7.1 中的格式控制符%p 将内存地址作为十六进制整数输出。注意,a 的地址和 aPtr 的值在输出中是一样的,证明了 a 的地址实际上被赋值给了指针变量 aPtr。运算符 &

和 * 是互为逆运算的,当它们连续作用于 aPtr 时,无论顺序如何,输出结果都是相同的。

7.3　给指针变量赋值

使用指针变量最容易出现的问题是:声明了一个指针变量后没有给该指针变量赋初值,换句话说就是没有明确指针变量到底指向的是哪个变量,紧接着就对该指针变量进行间接访问运算,这会导致程序运行出错崩溃。

【例 7.2】　指针变量赋初值的示例。

程序 7.2　指针变量赋初值。

```
# include < stdio.h >
int main(void)
{   double a = 3.5, b = 7.4;
    double * pA = &a;
    double * pB = &b;
    double * pT;
    printf(" * pA  =  %.2lf\n", * pA);
    printf(" * pB  =  %.2lf\n", * pB);
    pT = pA;
    pA = pB;
    pB = pT;
    printf("\n * pA  =  %.2lf\n", * pA);
    printf(" * pB  =  %.2lf\n", * pB);
    return 0;
}
```

程序运行结果如下。

```
* pA  =  3.50
* pB  =  7.40

* pA  =  7.40
* pB  =  3.50
```

程序 7.2 中,当程序执行 double * pA＝&a;和 double * pB＝&b;后,指针变量 pA 和 pB 分别指向了变量 a 和 b,但指针变量 pT 的指向不明确,如图 7.2(a)所示。当程序执行 pT＝pA;,pA＝pB;和 pB＝pT;后,指针变量 pA 和 pB 分别指向了变量 b 和 a,指针变量 pT 指向变量 a,如图 7.2(b)所示。读者可以将程序 7.2 中的语句 pT＝pA;去掉,重新运行程序并观察结果。请读者思考:图 7.1 中的 int * pt＝&t 对吗? 可能引发什么问题? 如果需要修改,应如何修改?

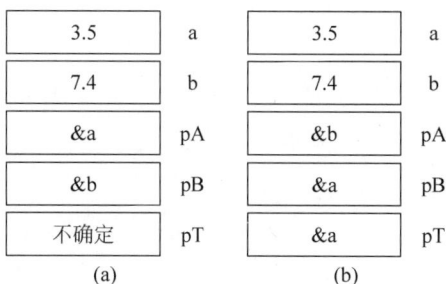

3.5	a	3.5	a
7.4	b	7.4	b
&a	pA	&b	pA
&b	pB	&a	pB
不确定	pT	&a	pT
(a)		(b)	

图 7.2　变量值的改变过程

7.4 指针变量作函数参数

前面已经讨论过函数调用时是把实参的数值单向传递给形参,实参变量本身并没有参与函数代码的执行过程,函数形参无论怎么被修改,都只是临时性的复制,并不会反映到主调函数的实参中。如何才能将函数形参的变化反馈到主调函数的实参上去呢?

7.4.1 通过指针作函数参数"回传"多个值

现在通过指针作函数参数就可以间接地修改实参变量的值,实现实参与形参间所谓的"双向"传递。

【例 7.3】 通过函数实现变量值交换。

程序 7.3 交换变量值的函数。

```c
#include <stdio.h>
void swap1(int a, int b)
{
    int t = a; a = b; b = t;
}
void swap2(int * a, int * b)
{
    int t = * a; * a = * b; * b = t;
}
void swap3(int * a, int * b)
{
    int * t = a; a = b; b = t;
}
int main(void)
{
    int m1 = 10, m2 = 20;
    int n1 = 10, n2 = 20;
    printf("(1)m1 = %d,m2 = %d\n",m1,m2);
    swap1(m1,m2);
    printf("(1)m1 = %d,m2 = %d\n",m1,m2);
    printf("(2)n1 = %d,n2 = %d\n",n1,n2);
    swap2(&n1,&n2);
    printf("(2)n1 = %d,n2 = %d\n",n1,n2);
    int t1 = 10, t2 = 20;
    printf("(3)t1 = %d,t2 = %d\n",t1,t2);
    swap3(&t1,&t2);
    printf("(3)t1 = %d,t2 = %d\n",t1,t2);
    return 0;
}
```

程序运行结果如下。

```
(1)m1 = 10, m2 = 20
(1)m1 = 10, m2 = 20
(2)n1 = 10, n2 = 20
```

```
(2)n1 = 20,n2 = 10
(3)t1 = 10,t2 = 20
(3)t1 = 10,t2 = 20
```

程序 7.3 的分析如图 7.3 所示。

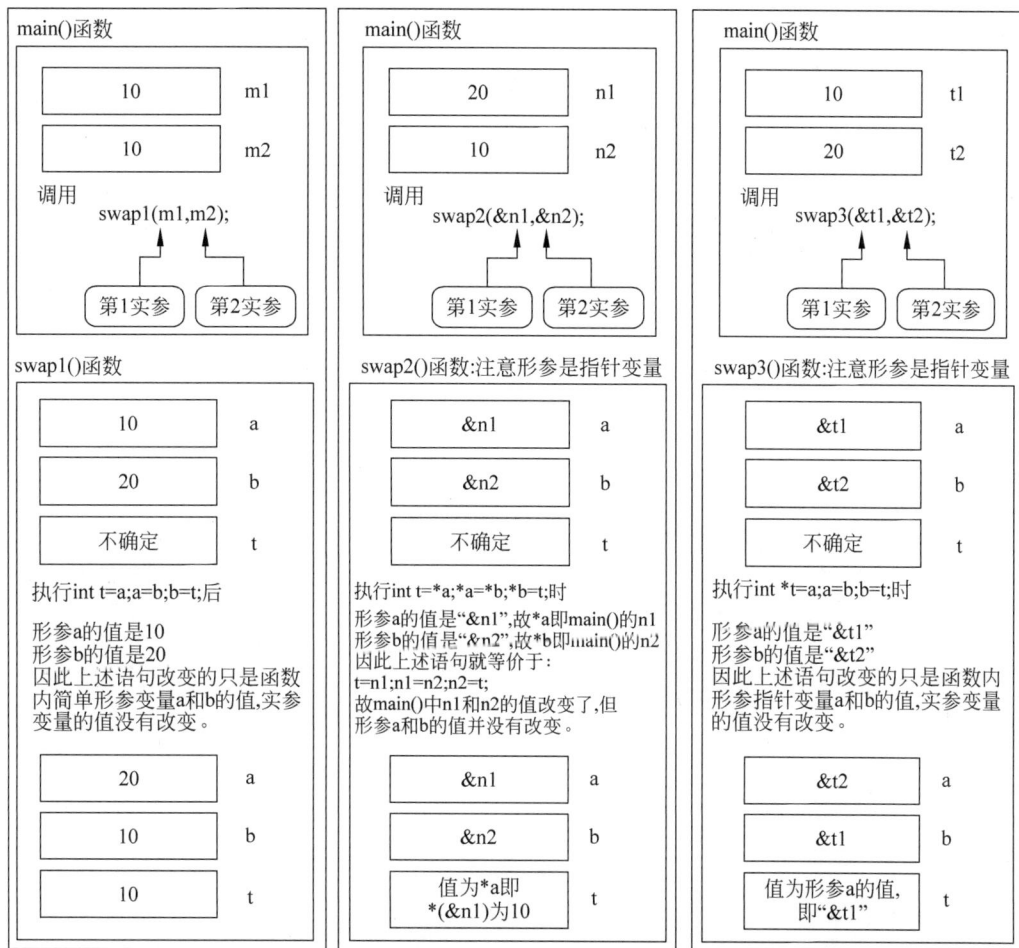

注:指针作函数参数,仍然不会改变"实参到形参单向传数值"的本质,是通过"指针变量的间接寻址"实现的所谓"双向"传值。

图 7.3　交换变量值的 3 种函数封装形式及其分析比较

结合图 7.3 的图解,只有 swap2()函数能实现改变实参变量值的意图,原因在于:函数的形参是指针,主调函数中把待改变数值的变量 n1 和 n2 的地址作为实参传递给被调函数的形参,则在被调函数中通过函数形参的值间接寻址找到的变量就是主调函数中待改变值的变量 n1 和 n2,接下来对间接寻址找到的变量进行赋值操作,进而实现改变主调函数中变量 n1 和 n2 值的目的;对 swap1()函数和 swap3()函数都只具有上述原因分析中的一部分,故而 swap1()函数和 swap3()函数调用完成后,相应的实参变量的值都没有发生变化,改变的仅仅是这 2 个函数中形参变量的值。

通过以上三个不同的交换函数帮助我们进一步理解指针,同时也告诉我们解决问题要从问题发生的根本原因着手,透过现象看本质。

7.4.2　函数间接返回多个值

函数在通过 return 语句返回数值时,尽管一个函数可能有多个 return 语句,但也只能执行其中一条 return 语句,且 return 语句只能返回一个数值。如果希望通过一个函数调用,能给函数调用者回传多个数值,那么可以使用一种间接的方法——为函数设置多个类型为指针型的形参。

【例 7.4】　设计函数求解最大公约数和最小公倍数。

程序 7.4　设计函数求出给定的 2 个正整数的最大公约数和最小公倍数。

```c
# include < stdio.h>
void gcd_lcm(unsigned m,unsigned n,unsigned * gcd,unsigned * lcm)
{
    unsigned a = m,b = n,r = m % n;
    while(r!= 0)
    {
        m = n;
        n = r;
        r = m % n;
    }
    * gcd = n;
    * lcm = a/( * gcd) * b;
}
int main(void)
{
    unsigned m = 256,n = 64;
    unsigned gc,lc;
    gcd_lcm(m, n, &gc, &lc);
    printf("% u 和 % u 的最大公约数为 % u,最小公倍数为 % u\n",m,n,gc,lc);
    return 0;
}
```

程序运行结果如下。

256 和 64 的最大公约数为 64,最小公倍数为 256

需要设置 2 个类型为 unsigned 的形参,用于接收待处理的 2 个正整数。main() 函数中的变量 gc 和 lc 分别用于接收和存放被调函数实际计算得到的结果,变量 gc 和 lc 不属于被调函数且不是全局变量,如何让它们进入被调函数的执行过程且还要回传 2 个数值呢? 唯一的办法就是把变量 gc 和 lc 的地址送入被调函数,在被调函数中通过间接寻址的办法来间接地存取或改变变量 gc 和 lc 的值。具体的做法就是再为函数增加 2 个类型为 unsigned * 的指针类型的形参,利用它们回传 2 个数值,以实现函数调用结束后返回或回传多个数值给主调函数的目的。

因此,指针作为函数参数最常见的用途就是一个函数向主调函数返回多值。单个结果可以作为函数的返回值返回,如果需要从一个函数返回多个结果时,就需要通过指针作为参数来返回结果。

7.5　指针作函数返回值

函数的返回值可以是指针。例如,编写一个程序判定两个数字中的较大者。此时,需要一个指针来指向两个变量 a 和 b 中的较大者。由于为了找到这个指针,需要传递给函数两个指针,并通过一个条件表达式来确定哪个值更大。一旦知道了较大值,就以指针的形式返回它的位置。这个返回值随后被放入主调函数的指针 p 中,使得在调用后,p 指向 a 或 b,这取决于它们各自的值,程序代码如下。

```
# include < stdio. h>
double * larger(double * p1, double * p2);
int main(void)
{
    double a, b;
    double * p;
    printf("请输入两个双精度数\n");
    scanf(" % lf % lf", &a, &b);
    p = larger(&a, &b);
    printf(" % lf 和 % lf 中较大的数是: \t % lf\n", a, b, * p);
    return 0;
}
double * larger(double * p1, double * p2)
{
    return ( * p1 < * p2 ? p1 : p2);
}
```

如果函数的返回值是指针,则需要特别注意不能返回本函数中局部变量的指针。由于被调函数结束后会释放它所有自动局部变量占用的内存,因此如果有指针指向某个已经被释放的内存空间,则会导致程序运行出错。

7.6　指针的算术运算和关系运算

当声明一个数组时,编译器在连续内存空间中分配足够存储空间,以容纳数组所有元素,并记录下该空间首地址和空间大小。该首地址就是数组第一个元素(索引 0)的存储位置,数组名可以看作指向这个数组第一个元素的指针常量。"数组"和"指针"都是派生类型,是由基本数据类型派生生成的。在表达式中,数组名可以被解读成指针,但不是指向数组的指针,而是指向数组 0 号元素或者初始元素的指针,例如: int m[6];。

图 7.4 中,声明了指针变量 p,然后通过语句 p=m;对该指针变量赋初值,于是,根据指针变量 p 的数值也可以间接寻址到数组中的元素。语句 p=m;执行完毕后指针变量指向了数组 m 中下标为 0 的元素;然后执行语句 p=p+1;,指针变量随即指向数组 m 中下标为 1 的元素,此时通过 *p 间接寻址到的就是数组 m 中下标为 1 的元素本身。

表达式中数组名可以解读成指向数组中的 0 号元素的指针,图 7.4 中通过数组名 m 可有以下 2 种访问数组元素的方法。

(1) m[i]——i 的值介于 0 和数组元素个数值−1 之间。

7 6 5 4 3 2 1 0
1字节由8位二进制位构成

int m[6];
int *p;

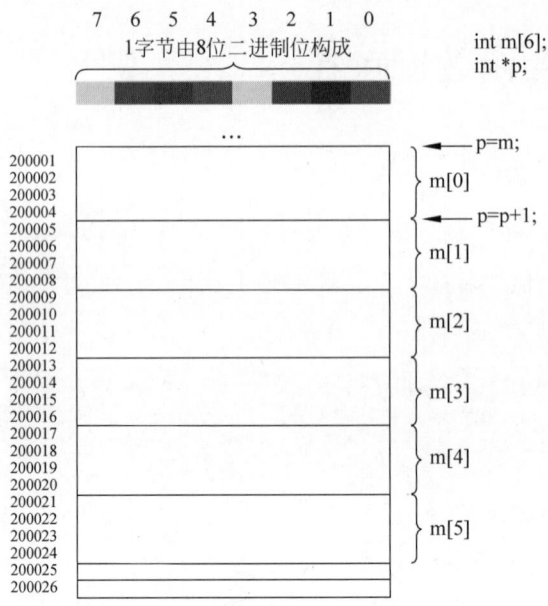

图 7.4　数组与指针的关系

（2）*（m＋i）——i 的值介于 0 和数组元素个数值－1 之间。

同样地,执行语句 p＝m;之后,则通过指针变量 p 同样产生了 2 种新的访问数组中元素的方法。

（1）p[i]——i 的值介于 0 和数组元素个数值－1 之间。

（2）*（p＋i）——i 的值介于 0 和数组元素个数值－1 之间。

这里 p[i]是 *（p＋i）的简便写法。下标运算符[ ]原本只有这种写法,它和数组无关。需要注意的是,数组声明中的[ ]和表达式中的[ ]意义完全不同。

图 7.4 中声明的数组 m 含有 6 个 int 类型的元素。数组 m 在内存中占用连续 24 字节的存储空间,先从 0 号元素开始存放后面依次是 1、2、3、4 和 5 号元素,地址值依次增大,数组名表示的地址值和 0 号元素的地址值是相同的,数组在内存中的存放地址是由编译器分配或决定的,因此数组名就是指向这个数组中第一个元素 a[0]的指针常量,不能再人为改变它,即不能再把一个同类型的地址值赋值给数组名。

图 7.4 中声明了 int 型的指针变量,赋值语句 p＝m;可使指针变量 p 指向数组 m 中的第一个元素 m[0]。也就是说,语句 p＝m 等价于 p＝&m[0]。

指针指在了数组这段连续的地址空间范围内,则指针就可以进行位置移动,指针间就可以进行关系运算。需要注意的是,在对指针进行移动（地址值增减操作）时,移动的是一个元素的地址空间,具体移动多少字节取决于指针的类型。图 7.4 中,赋值语句 p＝m;使指针变量 p 指向数组 m 中的第一个元素 m[0],随后的语句 p＝p＋1 使得指针向高地址值方向移动一个 int 类型数据的空间,即 4 字节。

指针的算术运算有如下几种。

（1）指针自增——指针向高地址值方向移动一个类型变量所需的字节数。

（2）指针自减——指针向低地址值方向移动一个类型变量所需的字节数。

（3）指针加上一个整型常量或整型变量 n——指针向高地址值方向移动 n 个类型变量

所需的字节数。

（4）指针减去一个整型常量或整型变量 n——指针向低地址值方向移动 n 个类型变量所需的字节数。

（5）两个指针相减——求出同一个数组的连续地址范围内 2 个地址值间能容纳的元素的个数。

指针的关系运算有如下两种。

（1）指针相等与不等——判断两个指针变量的值是否相同，即是否指向同一块内存空间。

（2）指针间的其他关系运算——判断同一个数组的连续地址范围内的 2 个地址值所对应元素序号的大小关系。

【例 7.5】 将数值序列反向（逆序放置）。

程序 7.5A 将由 10 个随机值的元素序列反向并输出。

```c
# include < stdio. h>
# include < time. h>                    //调用 time 函数
# include < stdlib. h>                  //调用 srand 函数
int main(void)
{
    int m[10],t,i;
    srand((unsigned)time(0));           //以系统时间设置随机种子
    for(i = 0;i < 10;i++)
    {
        m[i] = rand() % 1000;           //产生 1000 以内的随机整数
        printf(" % 5d",m[i]);
    }
    printf("\n");
    /* 以下的循环将数组 m 中存放的 10 个随机整数值逆序放置 */
    for(i = 0;i < 10/2;i++)
    {
        t = m[i];
        m[i] = m[10 - i - 1];
        m[10 - i - 1] = t;
    }
    for(i = 0;i < 10;i++)
        printf(" % 5d",m[i]);
    printf("\n");
    return 0;
}
```

以上的程序代码是直接运用数组和循环的知识完成的，现在用数组和指针的关系重新改写上面的程序。

程序 7.5B 通过数组和指针，将由 10 个随机值的元素序列反向并输出。

```c
# include < stdio. h>
# include < time. h>                    //调用 time 函数
# include < stdlib. h>                  //调用 srand 函数
int main(void)
{
```

```
    int m[10], * pStart = m, * pEnd,t;
    srand((unsigned)time(0));
    for(;pStart < m + 10;pStart++)
    {
        * pStart = rand( ) % 1000;
        printf(" % 5d", * pStart);
    }
    printf("\n");
    for(pStart = &m[0],pEnd = m + 9;pStart <= pEnd;pStart++,pEnd -- )
    {
        t = * pStart;
        * pStart = * pEnd;
        * pEnd = t;
    }
    for(pStart = m;pStart <= m + 9;pStart++)
    {
        printf(" % 5d", * pStart);
    }
    printf("\n");
    return 0;
}
```

程序(包括 A 和 B,因为是随机数,读者执行时结果可能会不同)运行结果如下。

```
426   126   735   346    47   732    13   157   222   585
585   222   157    13   732    47   346   735   126   426
```

程序 7.5B 中,运用数组名的本质含义、数组和指针以及指针的算术和关系运算重新改写代码 7.5A。

语句 pStart＝m,使得指针变量 pStart 指向数组 0 号元素;紧接着下面的第 1 个循环中,循环条件 pStart < m＋10 说明 pStart 在逐渐增大的过程中不能移动到数组地址范围之外,因为 m＋9 是数组 m 中最后一个元素的首地址,m＋10 就已经超出了数组 m 中元素的有效地址范围;pStart＋＋表明 pStart 指针每次向高地址方向移动 1 个元素的位置。

在第 2 个循环中,语句 pStart＝&m[0]是使得指针变量 pStart 指向数组 0 号元素的另一种写法,如果没有这条语句,则第 1 个循环结束后由于指针 pStart 已经移出了数组 m 的有效地址范围,必然引发第 2 个循环出现执行错误。语句 pEnd＝m＋9 使得指针变量 pEnd 指向数组的 9 号元素。循环体每执行一次,指针 pStart 向高地址方向移动一个元素,同时指针 pEnd 向低地址方向移动一个元素,循环条件 pStart <= pEnd 是指在两个指针变量 pStart 和 pEnd 未在数组 m 的中间位置处碰面之前,循环体一直都要执行。

第 3 个循环中的语句 pStart＝m 和第 2 个循环中的语句 pStart＝&m[0]在作用和意义上是相同的,指针变量 pStart 值的改变方式和在循环条件中的用法也是一致的。思考以下程序的输出结果,并进行上机验证。

```
# include < stdio. h >
int main(void)
{
    char s[] = "adfimptxz";
    char *p = s;
```

```
        printf("%c\t", *(p + 2));
        p += 4;
        printf("%c\t", *p);
        printf("%c\t", *(p - 2));
        --p;
        printf("%c\t", *p);
        ++p;
        printf("%c\t", *p);
        printf("%c\t", *(p + 1));
        printf("%c\n", *p + 1);
        return 0;
}
```

这个程序的输出结果又是什么？请上机验证。

```
#include <stdio.h>
int main(void)
{
        int a[5] = {10, 20, 30, 40, 50};
        int *p1 = a;
        int *p2 = &a[3];
        int x = p2 - p1;
        printf("%d\n", x);
        return 0;
}
```

7.7　数组作函数参数

在 C 语言中,向函数传递数组其实就是传递指向该数组第一个元素的指针。通常在函数定义时用指针作为形参,而在函数调用时以数组名作为实参。

编译器在连续的内存空间中为数组分配足够的存储空间,以容纳数组的所有元素,并记录该空间的首地址和空间的大小。该首地址就是数组第一个元素(索引 0)的存储位置。数组做函数形参,相应的实参就是数组中某个元素的地址,在被调函数执行期间,通过对形参的间接寻址可以间接地存取和改变实参数组中的元素及元素的数值。因此,向函数传递数组实际上是传递指针。

7.7.1　非字符数组作函数形式参数

在非字符型数组中,只能采用逐个元素存取的方法输入输出或存取数组中的元素,当作函数实参的时候,仅仅是把某个元素的地址传递给了形参,被调函数中无法只通过该形参指针存取整个实参数组的地址空间,因为只根据某个元素的地址这一个信息无法获取整个实参数组的实际元素个数。

因此非字符型数组做函数形参时,为了能在被调函数中准确得知实参数组中实际元素的个数,还需要给函数增加一个整型形参,以便在调用该函数时把实参数组中实际元素的个数传递进来。

【例 7.6】 通过冒泡排序算法的函数对随机数进行排序。

程序 7.6 随机生成 20 个双精度浮点数,设计冒泡算法的排序函数进行排序。

```c
# include < stdio.h >
# include < time.h >
# include < stdlib.h >
void OutData(double m[], int num);
void BubbleSort(double * m, int num);
int main(void)
{
    double x[20], * pX;
    srand((unsigned)time(0));
    for(pX = x; pX < x + 20; pX++)
        * pX = 0.1 * (rand() % 10000);
    OutData(x, 20);
    BubbleSort(x, 20);
    OutData(x, 20);
    return 0;
}
void OutData(double m[], int num)
{
    double * pS = m;
    for(; pS < m + num;)
    {
        printf(" % 8.2lf", * pS++);
        if((pS - m) % 5 == 0)
            printf("\n");
    }
}
void BubbleSort(double * m, int num)
{
    int i, j;
    double temp;
    for(i = 1; i < num; i++)
    {
        for(j = 0; j < num - i; j++)
        {
            if(m[j] > m[j + 1])
            {
                temp = m[j]; m[j] = m[j + 1]; m[j + 1] = temp;
            }
        }
    }
}
```

程序运行结果如下。

```
2.30      692.80    410.30    640.30    787.60
664.70    465.70    569.60    180.90    30.50
886.40    726.20    741.10    174.70    437.90
964.80    780.50    71.00     117.60    641.40
2.30      30.50     71.00     117.60    174.70
180.90    410.30    437.90    465.70    569.60
640.30    641.40    664.70    692.80    726.20
741.10    780.50    787.60    886.40    964.80
```

程序 7.6 中第 1 个自定义函数 void OutData(double m[],int num)用于按指定的格式要求逐个输出实参浮点型数组中的元素值,只要实参数组是浮点型数组都可以调用这个函数来输出。实际调用该函数时待输出的浮点型数组中的元素个数是任意的,仅通过传递给函数的形参无法判知实参数组中具体元素的个数,因此给该函数增加了第 2 个形参 int num 用于把实参数组中待输出的元素个数值传递给函数 OutData。

第 2 个自定义函数 void BubbleSort(double * m,int num)用于对存放在实参数组中多个浮点型元素值排序,只要实参数组是浮点型数组都可以调用这个函数来排序。同理,给该函数增加了第 2 个形参 int num 用于把实参数组中待输出的元素个数值传递给函数 BubbleSort(),该函数采用冒泡法对数组中的元素排序。

观察程序 7.6 中的两个函数,发现数组作函数形参时的两种写法是等价的,即 double * m 形参形式和 double m[]形参形式都表示实际调用该函数时,实参可以是数组名或数组中某元素的地址,因为数组名本质上就是数组在内存中的起始地址,即 0 号元素的地址。

【例 7.7】　通过函数形参求解数组相关信息。

程序 7.7　通过函数形参求数组的最大值和最小值的下标位置号。

```c
# include < stdio. h >
# include < time. h >                    //调用 time 函数
# include < stdlib. h >                  //调用 srand 函数
void max_min(int m[],int num,int * pMax,int * pMin);
int main(void)
{
    int m[10], * pStart = m,max,min;
    srand((unsigned)time(0));
    for(;pStart < m + 10;pStart++)
    {
        * pStart = rand() % 1000;
        printf(" % - 5d", * pStart);
    }
    printf("\n");
    max_min(m, 10, &max, &min);
    printf("最大值下标: % d,最大值为: % d\n",max,m[max]);
    printf("最小值下标: % d,最小值为: % d\n",min,m[min]);
    return 0;
}
void max_min(int m[],int num,int * pMax,int * pMin)
{
    * pMax = 0; * pMin = 0;
    int i;
    for(i = 1;i < num;i++)
    {
        if(m[ * pMax]< * (m + i))
            * pMax = i;
        if(m[ * pMin]> * (m + i))
            * pMin = i;
    }
}
```

程序运行结果如下。

```
359  20  412  677  923  654  145  881  154  411
最大值下标: 4, 最大值为: 923
最小值下标: 1, 最小值为: 20
```

程序 7.7 中, 声明了函数 void max_min(int m[], int num, int * pMax, int * pMin); ,
形参 int m[] 用于接收传递给函数的实参数组, 形参 int num 用于接收实参数组的实际元素
个数; 形参 int * pMax 和 int * pMin 用于实现 "双向" 传递, 主调函数中把变量 max 和 min
的地址送入被调函数, 在被调函数中通过间接寻址的办法来间接存取或改变变量 max 和
min 的值。

7.7.2　字符数组作函数形式参数

在字符型数组中, 既允许对数组元素逐个进行输入输出或存取, 也允许对数组元素整体
进行输入输出或存取。因此当字符型数组做函数实参时, 虽然仅仅是把某个元素的地址传
递给了形参, 但被调函数中仍然可以通过该形参指针存取实参指针值代表的实参数组的地
址空间, 因为处理字符串 (数组) 时当某个字节中存放的是 '\0' 时就可据此判定该字符串 (数
组) 中存放的有效内容已经结束了。因此字符型数组做函数形参时, 只需要设置一个形参即
字符型指针就可以了。

【例 7.8】 比较函数和字符串复制函数。

程序 7.8　编写字符串比较函数和字符串复制函数。

```c
# include < stdio. h >
# include < string. h >
int mystrcmp(char s[], char * t);
char * mystrcpy(char * des, char src[]);
int main(void)
{
    char d[32] = "Hello";
    char n[32] = "Hello";
    char s[] = {"world!"};
    char t[] = {'w','o','r','r','d','!','\0'};
    char m[] = {'w','o','r','l','d','!','\0','x'};
    int res = mystrcmp(s,t);
    if(res > 0)
        printf("字符串:% s 比字符串:% s 大\n",s,t);
    else if(res == 0)
        printf("字符串:% s 和字符串:% s 相同\n",s,t);
    else
        printf("字符串:% s 比字符串:% s 小\n",s,t);
    printf("复制得到的新字符串为: % s\n",mystrcpy(d,s));
    mystrcpy(n + 5,s);
    printf("复制得到的新字符串为: % s\n",n);
    return 0;
}
int mystrcmp(char s[], char * t)
{
    int diff = 0;
    for(;(diff = * s - * t) == 0 && * s!= '\0';s++,t++);
    return diff;
```

```
}
char * mystrcpy(char * des,char src[])
{
    char * res = des;
    while( * src!= '\0')
    {
        * des = * src;
        des++;
        src++;
    }
    * des = '\0';
    return res;
}
```

程序运行结果如下。

```
字符串:world! 比字符串:worrd! 小
复制得到的新字符串为: world!
复制得到的新字符串为: Helloworld!
```

程序 7.8 中,声明函数 int mystrcmp(char s[],char * t);用于比较两个字符串的大小,因此设置了两个形参用于接收实参字符串(或字符数组),返回值类型为 int(如果返回值大于 0 表示第 1 实参对应的字符串大,返回值等于 0 表示两个实参字符串相等,如果小于 0 表示第 1 实参对应的字符串小)。字符串比较规则是对两个字符串自左至右逐个字符相比较(按 ASCII 码值大小比较),直到出现不同的字符或遇到'\0'为止。如全部字符相同,则认为相等;若出现不同字符,则以第一个不相同字符的比较结果作为字符串的比较结果。

声明函数 char * mystrcpy(char des,char src[])用于把第 2 形参接收的实参字符串(数组)逐个赋值到第 1 形参接收的实参字符串(数组)中。该函数的返回值类型为 char *,需要注意的是,不能返回函数内自动类型变量的地址,因为局部自动类型变量的生存期仅限在函数调用期间;数组做函数形参时的两种形式 char * des 和 char src[]是等价的,都表示用于接收实参指针值。

请思考,如果将程序 7.8 中函数调用 int res＝mystrcmp(s,t);的实参 t 换成 m,程序的输出又如何呢? 分析比较过程如图 7.5 所示。

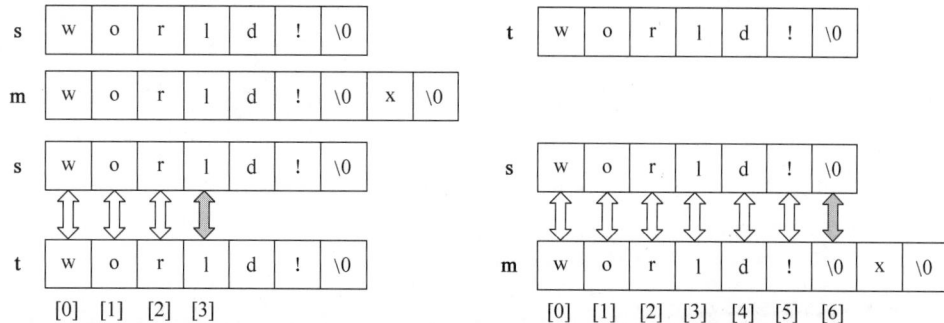

mystrcmp(s,t):指定从2个字符串的起始位置开始逐个字符比较,0、1和2号位置上的字符都相同,3号位置上对应的字符不相同,因此字符串的比较就结束了,直接返回2个字符串中3号位置处对应字符的ASCII的差值作为函数的返回值。这里得到的差值<0,故认为字符数组s中存放的字符串比字符数组t中存放的字符串小。

mystrcmp(s,m):指定从2个字符串的起始位置开始逐个字符比较,0、1、2、3、4和5号位置上的字符都相同,6号位置也相同,尽管m字符数组还没有结束,但字符串比较工作却到此结束,因为字符串(数组)中一旦碰到了字符'0,即认为字符串结束。s和m都在6号位置结束,故该函数调用返回值为0。

图 7.5　mystrcmp()函数 2 次调用的执行过程分析

【例 7.9】 封装一个函数统计并"返回"形参指定的字符串中大写字母字符、小写字母字符和数字字符的个数。

程序 7.9 编写函数统计返回形参指定的字符串中大写、小写字母和数字字符的个数。

```c
#include <stdio.h>
void sta_string(char str[],int * pCap,int * pLit,int * pDigit);
int main(void)
{
    char s[128];
    int cap,lit,digit;
    puts("请输入一行字符:");
    gets(s);
    sta_string(s, &cap, &lit, &digit);
    printf("大写字母字符个数为:%d\n",cap);
    printf("小写字母字符个数为:%d\n",lit);
    printf("数字字符个数为:%d\n",digit);
    return 0;
}
void sta_string(char str[],int * pCap,int * pLit,int * pDigit)
{
    * pCap = * pLit = * pDigit = 0;
    for(; * str!= '\0';str++)
    {
        if( * str >= 'A'&& * str <= 'Z')
            ( * pCap)++;
        if( * str >= 'a'&& * str <= 'z')
            ( * pLit)++;
        if( * str >= '0'&& * str <= '9')
            ( * pDigit)++;
    }
}
```

程序运行结果如下。

```
请输入一行字符:
asfASFDAS34DFfsd767
大写字母字符个数为:8
小写字母字符个数为:6
数字字符个数为:5
```

程序 7.9 的声明函数 sta_string(),其中形参 char str[]用于接收实参传递进来的待统计的字符串;又由于该函数执行完毕后要给出 3 个统计结果,只通过 return 语句是不行的,因此增加了形参变量 int * pCap、int * pLit 和 int * pDigit,主调函数中把变量 cap、lit 和 digit 的地址传递给被调函数,在被调函数中通过间接寻址的办法来改变变量 cap、lit 和 digit 的值。

🔑 7.8　指针数组

如果一个数组的数组元素是整型,则这个数组称为整型数组;如果一个数组的数组元素是双精度型,则这个数组称为双精度型数组。同理,如果一个数组的数组元素是指针,则这个数组称为指针数组。例如,int * a[5],定义一个含 5 个整型指针变量的数组；char * s[7],定义一个含 7 个字符型指针变量的数组。

指针数组通常用来处理每行元素个数不同的表。例如：

```
char name[3][16] = {"Isabella", "Jack", "Elizabeth"};
```

该二维字符串数组表明 name 是一个表,共有 3 行,每行 16 个字符,该表的存储空间一共是 48 字节。二维数组存储字符串的示例如图 7.6 所示。

'I'	's'	'a'	'b'	'e'	'l'	'l'	'a'	'\0'							
'J'	'a'	'c'	'k'	'\0'											
'E'	'l'	'i'	'z'	'a'	'b'	'e'	't'	'h'	'\0'						

图 7.6　二维数组存储字符串

一般来说,各个字符串的长度不相等,可以用指针来指向变长的字符串。例如：

```
char * name[3] = {"Isabella", "Jack", "Elizabeth"};
```

将 name 声明为含 3 个元素的数组,该数组的元素类型是字符指针,每个指针指向一个字符串常量,如图 7.7 所示。

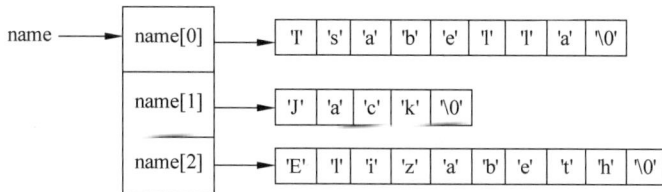

图 7.7　指针数组存储字符串

上面的声明只需要 36 字节的存储空间。需要注意的是,在二维字符数组中,所有空间是连续的。而在指针数组中,指针数组元素的空间是连续的,而指针所指向的对象的空间不一定是连续的。

【例 7.10】　对 10 种程序设计语言的名字进行排序输出。

程序 7.10　将最流行的 10 种程序设计语言的名字按字典序排序输出。

```
#include <stdio.h>
int mystrcmp(char s[],char * t)
{   int diff = 0;
    for(;(diff = * s - * t) == 0 && * s!= '\0';s++,t++);
    return diff;
}
void Sort(char * pStr[],int num);
void Out(char * pStr[],int num);
int main(void)
{
char * pLang[10] = {"Python","Go","C++","C","Java","PHP","R",
                    "Javascript","LISP","Ada"};
    Sort(pLang,10);
    Out(pLang,10);
```

```
        return 0;
    }
    void Out(char * pStr[],int num)
    {   int i;
        for(i = 0;i < num;i++)
            puts(pStr[i]);
    }
    void Sort(char * pStr[],int num)
    {   int i,j;
        char * temp;
        for(i = 1;i < num;i++)
        {   for(j = 0;j < num - i;j++)
            {   if(mystrcmp(pStr[j],pStr[j + 1])> 0)
                {   temp = pStr[j];
                    pStr[j] = pStr[j + 1];
                    pStr[j + 1] = temp;
                }
            }
        }
    }
```

程序运行结果如下。

```
Ada
C
C++
Go
Java
Javascript
LISP
PHP
Python
R
```

    程序 7.10 中,调用程序 7.8 中封装的函数 mystrcmp()进行字符串比较,函数 void Out(char * pStr[],int num)用于输出字符串数组中的若干字符串。需注意,C 语言中允许对字符串整体进行输入输出,因此字符串做函数实参时不需要增加形参接收实参字符串的元素个数;但非字符数组做函数参数时就必须增加一个形参接收实参数组的实际元素个数。字符指针数组不是字符数组,因此需要为函数 Out()增加形参 int num。

    封装函数 Sort(char * pStr[],int num)用于将存放在字符数组中的若干字符串按字典序排序,参数的设置方式和函数 Out()的设置方式相同。函数 Sort()中,交换数据时使用语句:

```
temp = pStr[j];
pStr[j] = pStr[j + 1];
pStr[j + 1] = temp;
```

    这里为什么不使用 strcpy 字符串拷贝函数? 原因在于不论是形参 char pStr[]还是实参 char pLang[10],二者都是数组,数组中元素的数据类型都是"char *",存放的都是某个字符串(数组)的首地址,因此上述的语句仅仅改变的是数组元素的实际指向,即交换 2 个指针原本指向的字符串,被指向的字符串中存放的内容并没有发生改变。

🔑 7.9 指向数组的指针

"数组"和"指针"都是派生类型,它们都是由基本数据类型开始重复派生生成的,也就是说,派生出"数组"之后,再派生出"指针",就可以生成"指向数组的指针"。

请注意"指向数组的指针",并不是"数组名后不加[],不就是指向数组的指针吗?",或者"数组名是常量指针,那不就是指针吗,不就是指向数组的指针吗?"。这些理解都不正确。在表达式中,数组名可以被解读成指针,但不是"指向数组的指针",而是"指向数组 0 号元素或者初始元素的指针"。声明一个"指向数组的指针"的示例如下:

```
int ( * parr)[3];                        //parr 是一个指向数组(该数组含有 3 个 int 类型的
                                         //元素)的指针
```

根据 ANSI C 的定义,和之前的讲述"指针指向一个变量,也即是把该变量在内存中的首地址取得后赋值给一个指针",因此在数组前加上 &,可以取得"指向数组的指针"。因此:

```
int m[5];
int ( * parr)[5];
parr = &m;                               //数组前添加 &,取得"指向数组的指针"
```

这样的赋值是没有问题的,因为它们类型相同,且符合我们上面的描述。但是如果进行如下赋值,则编译器会报出警告。

```
parr = m;
```

因为"指向 int 变量的指针"和"指向元素类型为 int 的数组(元素个数为 5 个)的指针"二者是完全不同的数据类型,再者,虽然从地址值的角度看,m 和 &m 就是指向同一个地址,但由于指针类型不同,指针间接存取数据时在内存中实际访问或者移动的字节数就会有很大差异。图 7.8 为指向数组的指针。

以变量长度是 4 字节的 int 类型为例,给"指向 int 的指针"加 1,指针前进 4 字节。但对于"指向 int 的数组(元素个数为 5)的指针",这个指针的类型为"int 的数组(元素个数为5)",当前数组 m 的大小为 20 字节,因此给指向数组的指针加 1,指针就前进 20 字节。

C 语言可以通过类似下面的方法声明一个数组的数组,可以理解为"多维数组"。

```
int t[2][3];
```

正确的说法是:"int 型数组(元素个数为 3)的数组(元素个数为 2)",即是说 C 语言中存在数组的数组,不存在多维数组,多维数组是为了便于理解而提出的。

数组就是将若干相同的类型在内存中进行连续排列而得到的类型。数组的数组也只不过就是把若干元素类型、元素个数相等的数组在内存中连续排列得到的数组,如图 7.9 所示。

对于上面声明的数组 t,可以通过 t[i][j]的方法访问,此时 t[i]是指"int 的数组(元素个

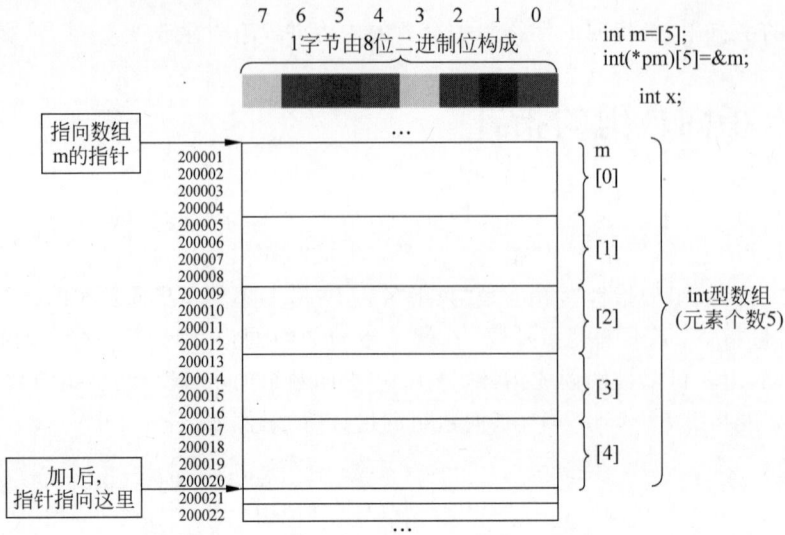

图 7.8　指向数组的指针

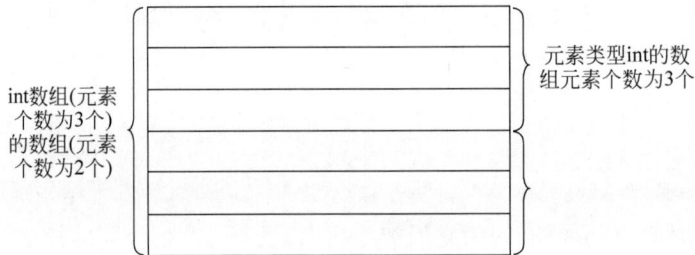

图 7.9　数组的数组

数为 3)的数组(元素个数为 2)"中第 i 个元素,其类型为"int 的数组(元素个数为 3)"。当然,因为是在表达式中,所以 t[i]也可以被解读成"指向 int 的指针"。

如果该"多维数组"作为函数的参数进行传递,情况又会如何呢?将"int 的数组"作为参数传递给函数,其实可以直接传递"指向 int 的指针",这是因为在表达式中,数组(名)可以解释成指针。因此,在将"int 的数组"作为参数传递时,对应的函数原型如下。

```
void func(int * hoge);
```

在"int 的数组(元素个数为 3)的数组(元素个数为 2)"的情况下,假设使用同样的方式来考虑:

```
int 的数组(元素个数为 3)的数组(元素个数为 2)
```

其中,下画线部分在表达式中可以解释成指针,所以可以向函数传递指向 int 的数组(元素个数为 2)的指针。这样的参数也是"指向数组的指针",相应的函数原型如下。

```
void func(int ( * h)[3]);
```

其实它与下面的形式是等价的:

```
void func(int h[][3]);
```

请记住 int ＊p[3]和 int（＊p)[3]这两种表示法的区别。int ＊p[3]表示定义一个含 3 个元素的数组 p,数组元素的类型是整型指针。而 int（＊p)[3]表示定义一个指针,该指针指向含 3 个元素的整型数组。

【例 7.11】　指向数组的指针示例。

程序 7.11　指向数组的指针。

```
#include <stdio.h>
int main(void)
{
    int a[3][4] = {1, 2, 3, 4, 5, 6, 7, 8, 9, 10, 11, 12};
    int (＊pArray)[4] = a;
    int ＊pInt;
    int i, j;
    for (i = 0; i < 3; i++)
    {
        pInt = ＊pArray;
        for (j = 0; j < 4; j++)
        {
            printf("%d\t", ＊pInt);
            pInt++;
        }
        printf("\n");
        pArray++;
    }
    return 0;
}
```

程序运行结果如下。

```
1    2    3    4
5    6    7    8
9    10   11   12
```

7.10　指向函数的指针

函数名实际上可以理解为函数第一行代码在内存中的起始地址,是一个常量,因此不能对函数名代表的指针值进行任何的算术和关系运算。

指向函数的指针的定义方法如下。

函数返回值类型　（＊指针变量名)(函数参数列表)

int（＊p)(int,int)表示定义一个指向函数的指针 p,它只能指向返回值为整型,需要两个整型参数的函数。

char（＊p)(int,double) 表示定义一个指向函数的指针 p,它只能指向返回值为字符型,第一个参数为整型变量,第二个参数为双精度型变量的函数。

void（＊p)(int＊,int)表示定义一个指向函数的指针 p,它只能指向没有返回值,第一个参数为整型指针,第二个参数为整型变量的函数。

指向函数的指针最常用的形式就是做函数参数。

【例 7.12】 梯形法求积分。

定积分可以理解为函数图像从积分下限到积分上限的面积之和。我们可以把图像分解为一系列小梯形，控制其误差在一定范围内即可，如图 7.10 所示。分解成的梯形越多，则运算结果的精度越高。程序 7.12 中把定积分区间均匀划分为 N 份。

整个曲边梯形的面积：

$$S = \int_a^b f(x)\,\mathrm{d}x$$

$$= \sum_{i=1}^{n} S_i$$

$$\approx \sum_{i=1}^{n} \frac{y_{i-1}+y_i}{2}\Delta x_1$$

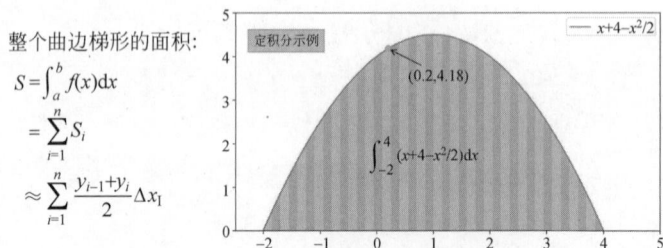

图 7.10　梯形法求积分的原理图示

程序 7.12　梯形法求积分。

```c
# include < stdio. h >
# include < math. h >
# define N 1000000//把定积分区间均匀划分成小梯形的个数
double Integral(double a, double b, double ( * func)(double x));
double fx1(double x);                    //例示：第 1 个被积函数[ - 2,4]
double fx2(double x);                    //例示：第 2 个被积函数[2,6]——常数函数
int main(void)
{
    double a, b, value;
    printf("请按积分下限和上限的次序输入积分的积分区间:");
    scanf(" % lf % lf", &a, &b);
    value = Integral(a, b, fx1);
    printf("被积函数 1 在区间[ % .2lf, % .2lf]的定积分值是: % lf\n", a, b, value);
    printf("请按积分下限和上限的次序输入积分的积分区间:");
    scanf(" % lf % lf", &a, &b);
    value = Integral(a, b, fx2);
    printf("被积函数 2 在区间[ % .2lf, % .2lf]的定积分值是: % lf\n", a, b, value);
    return 0;
}
double fx1(double x)
{
    return (x + 4 - x * x/2);
}
double fx2(double x)
{
    return 2.0;
}
//梯形法求积分的函数: 形参 a 和 b 表示积分区间的下限和上限
//梯形法求积分的函数: 形参指向函数的指针 func 接收实际的被积函数
double Integral(double a, double b, double ( * func)(double x))
{
    int i = 1;
    double sum = 0.0;
    double h = (b - a)/N;
    for(; i < = N; i++)
```

```
    {
        sum += (func(a + (i − 1) * h) + func(a + i * h)) * h/2;
    }
    return sum;
}
```

程序运行结果如下。

```
请按积分下限和上限的次序输入积分的积分区间: − 2 4
被积函数 1 在区间[ − 2.00,4.00]的定积分值是:18.000000
请按积分下限和上限的次序输入积分的积分区间:2 6
被积函数 2 在区间[2.00,6.00]的定积分值是:8.000000
```

程序 7.12 中,封装的函数 Integral()用来计算定积分,前 2 个形参分别用于接收被积函数的下限和上限。第 3 个形参 double (* func)(double x)的类型是一个指向函数的指针,用于接收被积函数;调用函数 Integral()时,传递进来的函数必须满足以下条件:函数的返回值类型为 double,且有 1 个类型为 double 的参数。

main()函数中有调用语句:

```
value = Integral(a,b,fx1);
value = Integral(a,b,fx2);
```

分析发现,fx1 和 fx2 是封装好的 2 个被积函数,它们的返回值类型和形参个数均满足函数 Integral()第 3 个形参的要求。以该例题为契机,读者可以查阅资料学习 C 语言库函数中的 qsort 和 bsearch 两个非常典型的函数,其在设计和实现中就使用了指向函数的指针。

7.11　动态分配和释放内存

C 语言的数据结构通常是固定大小的,例如,数组元素的数量在编译完成时就固定了,但实际上更多情况下需要处理的数据项的数量是变化的,例如,图像编辑软件处理图像时需要先把图像文件读入内存,不同幅面大小和不同压缩比的图像在内存占用的空间大小也不相同。图像编辑软件不能用固定数组元素的方法把内存空间预留好,因为预留太多会浪费,预留不足则无法进行图像编辑处理,因此,就需要根据实际图像文件的情况动态地向操作系统请求所需的内存空间。

如表 7.1 所示,C 语言提供了 4 个内存管理函数,可以在程序运行时分配和释放内存。它们的函数声明都包含在头文件 malloc.h 中。

表 7.1　内存分配函数

函 数 名	函 数 功 能
malloc	分配所需的内存,并返回指向所分配内存空间的第一字节的指针
calloc	分配所需的内存,将该内存区域初始化为 0,然后返回指向所分配内存空间的第一字节的指针
free	释放前面已分配的空间
realloc	修改前面已分配空间的大小

　　当为申请内存空间而调用内存分配函数时,由于函数无法知道计划存储在内存块中的数据是什么类型的,所以内存分配函数不能返回 int 类型、char 类型等普通类型的指针。取而代之的,函数会返回 void * 类型的值。void * 类型的值是"通用"指针,本质上它只是内存地址。

　　调用内存分配函数时,并不是每次都能找到满足需要的足够大的内存块,如果没有找到满足条件的内存块,就会返回空指针。空指针是"不指向任何地方的指针",这是一个区别于所有有效指针的特殊值,因此,当声明了一个指针但不知道要让该指针变量指向什么地方时,就可以把该指针变量赋值为空指针。

【例 7.13】 经由传感器采集读入 n 个整型数据,然后按读入的数据值从高到低排序输出。

程序 7.13 读入 n 个数据,然后从高到低排序输出。

```c
# include < stdio.h >
# include < stdlib.h >
int main(void)
{
    int * pScore = NULL, temp;
    unsigned n, i, j;
    printf("请输入采样数据的数量:");
    scanf("%u",&n);
    pScore = (int *)malloc(sizeof(int) * n);
    if(pScore == NULL)
    {
        printf("内存分配失败!\n");
        exit(0);
    }
    printf("请输入数据值:");
    for(i = 0;i < n;i++)
        scanf("%d",pScore + i);
    for(i = 1;i < n;i++)
    {
        for(j = 0;j < n - i;j++)
        {
            if( * (pScore + j)< * (pScore + j + 1))
            {
                temp = * (pScore + j);
                * (pScore + j) = * (pScore + j + 1);
                * (pScore + j + 1) = temp;
            }
        }
    }
    for(i = 0;i < n;)
    {
        printf("%d ", * (pScore + i++));
        if(i % 10 == 0)
            printf("\n");
    }
    free(pScore);
    return 0;
}
```

程序运行结果如下。

```
请输入采样数据的数量:10
请输入数据值:5 9 84 75 96 23 56 47 55 87
96 87 84 75 56 55 47 23 9 5
```

为了读入 n 个整型数据然后排序输出,程序需要把 n 个数据存起来,n 个数值的数据类型相同,于是考虑采用数组存放。分析问题发现,声明数组时需要以正整常数的形式指定数组中元素的个数,但该问题中数组的元素个数在编译前没有办法确定,只能在程序运行的过程中动态输入,相应存储数据的空间也要动态分配。

C 语言中库函数 malloc 用于动态分配内存,需注意两个问题:其一,该函数的形参是要分配的内存大小(以字节为单位计数),如存放 n 个整型数值需用的空间为 sizeof(int) * n 字节;其二,因为该函数可为任意类型分配内存空间,故该函数的返回值类型为 void * ,问题中成功分配的空间用于存放 n 个整型数值,所以需要把该函数调用的返回值强制转换成 int * ,如程序 7.13 中的语句所示。

```
pScore = (int * )malloc(sizeof(int) * n);
```

指针变量 pScore 存放的是分配的这一大块空间在内存中的起始地址(即这一大块空间中的第一字节的内存编码),现在指针变量的值就是落在一大块连续内存空间中,所以可对指针变量 pScore 实施算术运算,以便存取存储于这块内存空间内的数据。动态分配的内存空间使用完毕一定要调用函数 free 释放分配的内存空间,程序 7.13 中用下面的语句来完成。

```
free(pScore);
```

7.12 综合应用实例——折半查找/n 个数据循环右移 m 次

编写程序实现使用指针的折半查找。在一个已经按从小到大排好序的整型数组中使用折半查找法查找是否包含特定值,折半查找的算法流程如图 7.11 所示。

程序 7.14 在已从小到大排好序的整型数组中使用折半查找法查找是否包含特定值。

```
# include < stdio. h>
int * binarySearch(int key, int * start, int * end);
int main(void)
{
    int a[10] = {10,11,20,29,30,36,40,45,47,50};      / * 一个升序排列的整型数组 * /
    int * p;
    int key;                                           / * 变量 key 用于存放待查找的整数 * /
    printf("请输入待查找的整数:\n");
    scanf(" % d",&key);
    p = binarySearch(key,a,a + 9);
    if (p == NULL)
        printf("要查找的整数值不存在!\n");
    else
        printf(" % d 找到了!\n", * p);
    return 0;
}
/ * 函数定义:binarySearch()函数用来在指针 start 和 end 指向的元素空间之中寻找是否有一个元素值等于 key。若找到则返回指向该元素的指针,若找不到则返回 NULL * /
int * binarySearch(int key, int * start, int * end)
{
```

```
    /* 指针 middle 指向 start 和 end 所确定的查找范围的中间点位置指针 */
    int * middle = start + (end - start) / 2;
    while (start < = end)
    {
        if (key == * middle)
            return middle;
        if (key > * middle)
            start = middle + 1;
        if (key < * middle)
            end = middle - 1;
        middle = start + (end - start) / 2;          /* 得到新查找范围的中间点位置 */
    }
    return NULL;
}
```

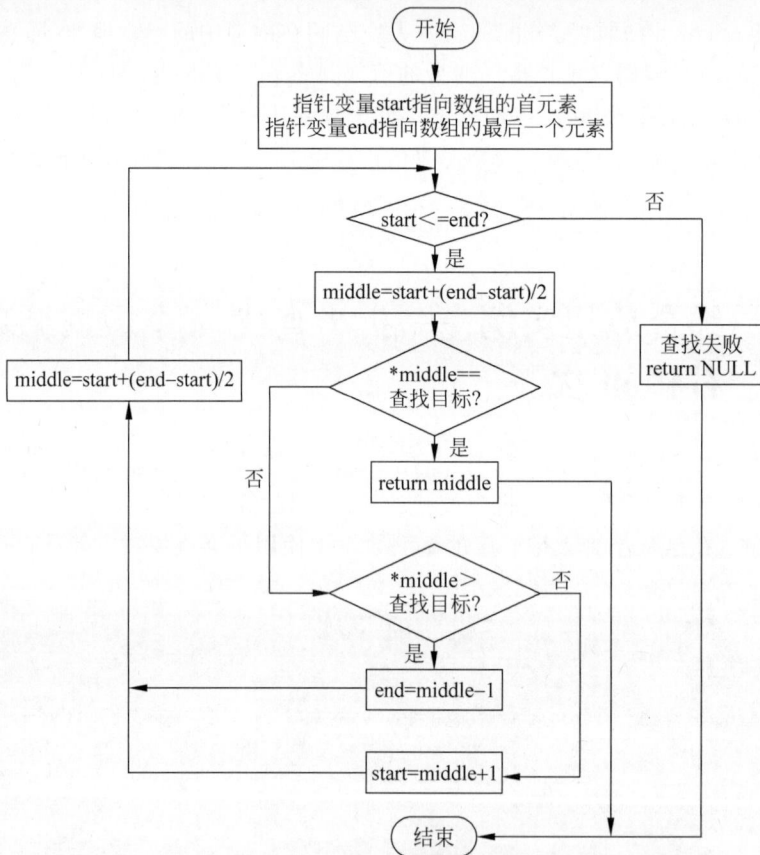

图 7.11   折半查找的程序流程图

程序运行结果如下。

```
请输入待查找的整数：
20
20 找到了！
请输入待查找的整数：
27
要查找的整数值不存在！
```

编写程序实现循环右移。输入 n 个整数,将这 n 个数从左向右顺序后移 m 个位置,移出的数再从最左边即开头位置移入。编写函数实现以上功能,main()函数中输入 n 和 m(要求:m<n)。

程序 7.15　读入 n 个数据然后循环右移 m 次。

```c
# include < stdio. h>
# include < stdio. h>
# include < stdlib. h>
void loop_move(int data[], int n, int m);
void out(int * data, int n);
int main(void)
{
    int * data = NULL;
    int n, m, i;
    do
    {
        printf("请输入 n 的数值和移动的个数值 m:");
        scanf(" % d % d", &n, &m);
    }while(n < = 1||m < 0||m > = n);
    data = (int * )malloc(sizeof(int) * n);
    if(data == NULL)
    {
        printf("内存分配失败!\n");
        exit(0);
    }
    printf("请输入 n 个整数值:\n");
    for(i = 0; i < n; i++)
        scanf(" % d", data + i);
    loop_move(data, n, m);
    out(data, n);
    free(data);
    return 0;
}
void out(int * data, int n)
{
    int i;
    for(i = 0; i < n;)
    {
        printf(" % d ", * (data + i++));
        if(i % 10 == 0)
            printf("\n");
    }
}
void loop_move(int data[], int n, int m)
{
    int i, j;
    int t;
    for(i = 1; i < = m; i++)
    {
```

```
        t = data[n - 1];
        for(j = n - 2;j > = 0;j - - )
            data[j + 1] = data[j];
        data[0] = t;
    }
}
```

程序运行结果如下。

```
请输入 n 的数值和移动的个数值 m:10 5
请输入 n 个整数值:
0 1 2 3 4 5 6 7 8 9
5 6 7 8 9 0 1 2 3 4
```

问题分析过程如图 7.12 所示。

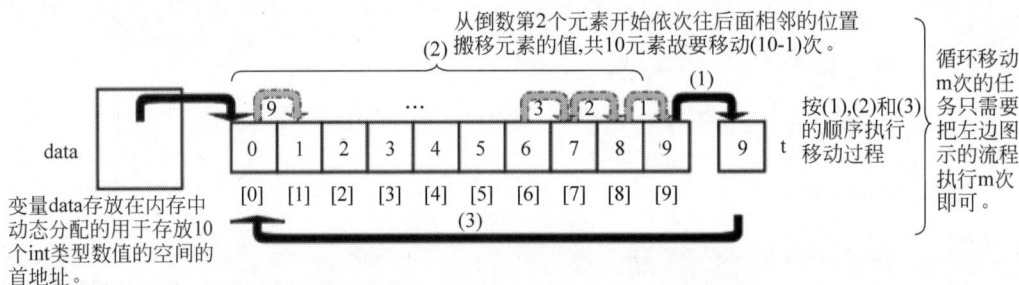

图 7.12　综合应用实例 2 的解决方案

🔑 7.13　工程案例分析——最佳点火提前角的计算

　　下面的代码描述的是系统对点火提前角的修正,涉及燃烧稳定性、排放限制、加热性能、不同种类燃料插值、发动机负荷等因素。整体的思路是根据各种情况计算出其工况对应的最佳点火提前角,然后选择点火提前角最小的数值进行后续运算。选择最小的点火提前角是基于本段代码要达成的目标和发动机燃烧的特性决定的,点火提前角越小,发动机的燃烧效率越低,也就是动力越小油耗越高但是燃烧的稳定性、排放的值,以及系统加热等等都会往好的方向发展,因此为了满足所有的功能要求,需要选择最小的点火提前角。关于点火提前角减小太多会不会造成其他问题,是通过另一个函数来解决的,这里我们先记住发动机的这一特性再来看代码。

　　这段代码连续使用指针调用。可以感受一下工业软件上的编程风格,如果没有详细的命名规则以及参数描写文档,遇到软件出错而需纠正错误时会感觉无从下手,汽车中涉及控制模块功能诊断的错误码报出、指示、清除之类的,甚至可以连续用到上千次指针功能,这类功能必须要有单独的程序说明文档进行跟踪和解释。

```
void spktm_base_4(void)
{
F32 base_cmb_gas_tmp;              /* 采用汽油的基础燃烧点火提前角 */
F32 base_cmb_ffs_tmp;              /* 采用酒精的基础燃烧点火提前角 */
```

```
F32 base_emi_gas_tmp;                    /* 采用汽油的基础排放点火提前角 */
F32 base_emi_ffs_tmp;                    /* 采用酒精的基础排放点火提前角 */
F32 base_htr_tq_gas_tmp;                 /* 采用汽油的加热燃烧点火提前角 */
F32 base_htr_tq_ffs_tmp;                 /* 采用酒精的加热燃烧点火提前角 */
F32 fn013pct_tq_tmp;                     /* 发动机当前的负荷 */
F32 osc_tmp;                             /* 滤波函数输出权重 */
F32 spk_base_tmp;                        /* 基础点火提前角 */
F32 spk_tmp;                             /* 点火功能模块计算出来的酒精含量 */
F32 spk_m_b_t;                           /* 最大点火效率对应点火提前角 */
fn013pct_tq_tmp = lookup_2d(&fn013pct_tq, tqe_sch_pct); /* 计算出当前的发动机负荷 */
osc_tmp = spko_basead * osc_mult; /* 为了防止发动机点火提前角变化过于剧烈设计的一个滤波
函数 */
/* 依据燃烧和排放要求计算出基础的点火提前角,最终输出值要考虑汽油中酒精的含量,在中国一
般只有极寒的东北等地区会用到 10% 的乙醇汽油,而放眼全球南美一些国家的酒精含量可以高达
85% */
base_emi_gas_tmp = norm_lookup_3d(&fn2150emi_tq, fn017_rpm, fn013pct_tq_tmp);
base_emi_ffs_tmp = norm_lookup_3d(&fn2150emi_tq_ffs, fn017_rpm, fn013pct_tq_tmp);
spk_base_emi = (base_emi_gas_tmp * (1.0f - spk_pm)) + (base_emi_ffs_tmp * spk_pm);
base_cmb_gas_tmp = norm_lookup_3d(&fn2150cmb, fn016_rpm, fn012_load);
base_cmb_ffs_tmp = norm_lookup_3d(&fn2150cmb_ffs, fn016_rpm, fn012_load);
spk_base_cmb = (base_cmb_gas_tmp * (1.0f - spk_pm)) + (base_cmb_ffs_tmp * spk_pm);
/* 计算出加热功能下需要的点火提前角,冬天冷启动后根据不同发动机水温,系统会适当推迟点火
提前角以尽快让发动机水温达到可以接受的水平,从而提供暖气和保障系统的平稳运行 */
if (vsfmflg == FALSE)                    /* 当发动机冷却风扇没有问题时 */
{
spk_base_htr = lookup_2d(&fnhtrwater, ect)
 * lookup_2d(&fnhtrair, aatemp)
 * ((lookup_2d(&fnhtrtq, tqe_sch_pct) * (1.0f - spk_pm))
 + (lookup_2d(&fnhtrtq_ffs, tqe_sch_pct) * spk_pm))
 * lookup_2d(&fnhtrgear, (F32)gear_mtx);
/* 基础的加热点火提前角等于根据发动机冷却液温度(ECT)查表出来的基础值,再考虑环境温度
(aatemp)修正,加上不同发动机负荷下考虑变速箱挡位的修正。注意这里反复调用 lookup_2d,而其
中调用的参数都是采用的指针传递。这体现了模块化程序设计在工程领域编程中的便利性 */
}
else
{
spk_base_htr = 0.0F;                     /* 当冷却风扇有问题时,该项功能不可用 */
}
spk_base_tmp = f32max(spk_base_emi, spk_base_cmb);
spk_base_tmp = f32max(spk_base_tmp, spk_base_htr);
spk_base_ret = spk_base_tmp;
/* 在燃烧稳定性、排放特性和加热要求中选择最大的点火提前角 */
spk_base_tmp = spk_m_b_t - spk_base_ret + osc_tmp;
/* 在最大点火效率的提前角上减去最大值,得到最推迟的点火提前角,再加入波动变化修正角
度 */
spk_base = f32min(spk_base_tmp, spk_m_b_t);
/* 确保最早点火时刻不超过最佳点火效率对应的点火提前角 */
return;
}
```

🔑 7.14　小结

在现阶段的学习中,可以认为指针就是地址。指针变量(pointer)是存放另一个变量在内存中的地址值的变量。指针机制提供了另一种访问变量的方法——间接寻址存取变量。

C 语言调用函数时,是把实际参数的数值单向地传递给形式参数,函数调用只能返回一个数值。实际的程序设计中,我们希望通过函数调用能够改变实际参数变量的值,能够返回多个处理结果。指针机制提供了此问题的解决方法:不再传递简单变量(例如 int x;等)作为函数的实际参数,而是传递 &x,即指向 x 的指针(变量 x 在内存中的地址);声明相应的形式参数 p 为指针;调用函数时,形式参数得到的值为 &x,因此 * p(通过形式参数指针变量 p 间接寻址得到的)将是变量 x 的别名。函数体内 * p 的每次出现都是对 x 的间接引用,而且允许函数既可以读取 x 也可以修改 x。

C 语言中数组在内存中占用一大块连续存储空间(物理上和逻辑上都是连续的),数组在内存中的存储空间是由编译器分配指定的。数组名就是这一大块连续空间的首地址,是一个地址常量。连续内存空间中的指针(或地址)值可以进行算术和关系运算。数组做函数参数时,形参有 2 种书写形式,这 2 种形式的本质含义是相同的。一般来说,非字符型数组做函数形参时,为了能在被调函数中准确得知实参数组中实际元素的个数,还需要给函数增加一个整数型的形参,以便在调用该函数时把实参数组中的实际元素个数正确地传递进来。但是字符型数组做函数形参时,只需要设置一个形参即字符型指针就可以了。

函数的返回值可以是指针,但特别需要注意的是:不能返回本函数中指向局部变量的指针。因为被调函数结束后会释放它所有自动局部变量占用的内存,若有指针指向某个已经被释放的内存空间,会导致程序运行出错。但是,函数可以返回指向全局变量或存储类别为 static 的局部变量的指针。

函数名实际上是函数第一行代码在内存中的起始地址,是常量。程序设计中不能对函数名代表的指针值进行任何的算术和关系运算,指向函数的指针最常用的形式就是做函数参数。

数组就是将"若干相同的类型在内存中进行连续排列而得到的类型"。数组的数组就是"把若干元素类型,元素个数相等的数组在内存中连续排列得到的数组"。一个"指向数组的指针"的示例如下。

```
int ( * p)[3];
```

p 是一个指向数组(该数组含有 3 个 int 类型的元素)的指针。注意 int * p[3]和 int (* p)[3]这两种表示法的区别。int * p[3]表示定义一个含 3 个元素的数组 p,数组元素的类型是整型指针,而 int (* p)[3]表示定义一个指针,该指针指向含 3 个元素的整型数组。

设计程序时,大多数情况下数据是动态的、可变的,即程序运行时所需数据的数量在设计时无法预知。当为申请内存空间而调用内存分配函数 malloc 以字节为单位分配内存时,由于函数无法知道计划存储在内存块中的数据是什么类型的,所以内存分配函数会返回 void * 类型的值。void * 类型的值是"通用"指针,本质上它只是内存地址。动态分配的内存空间使用完毕一定要调用函数 free 释放分配的内存空间。

本章习题

知识点强化训练

单选题

1. 若有说明：int i,j=2,＊p=&i;,则能完成 i=j 赋值功能的语句是（ ）。
   A. i=＊p;　　　　　B. ＊p=＊&j;　　　C. i=&j;　　　　　D. i=＊＊p;

2. 若有说明：int n=2,＊p=&n,＊q=p;,则以下非法的赋值语句是（ ）。
   A. p=q;　　　　　B. ＊p=＊q;　　　　C. n=＊q;　　　　　D. p=n;

3. 若有如下定义 char a[10],＊p=a,则对 a 数组中元素的不正确引用是（ ）。
   A. ＊&a[5]　　　　B. a+2　　　　　　C. ＊(p+5)　　　　D. ＊(a+5)

4. 已定义以下函数：

```
int fun( int * p)
{
    return * p;
}
```

该函数的返回值是（ ）。
   A. 不确定的值　　　　　　　　　　B. 形参 p 中存放的值
   C. 形参 p 所指存储单元中的值　　　D. 形参 p 的地址值

5. 已定义以下函数：

```
void fun(char  * p2, char  * p1)
{
    while(( * p2 = * p1)!= '\0')
    {
        p1++;
        p2++;
    }
}
```

该函数的功能是（ ）。
   A. 将 p1 所指字符串复制到 p2 所指内存空间
   B. 将 p1 所指字符串的地址赋给指针 p2
   C. 对 p1 和 p2 两个指针所指字符串进行比较
   D. 检查 p1 和 p2 两个指针所指字符串中是否有'\0'

6. 有以下程序：

```
int main(void)
{
    int p[17] = {11,13,14,15,16,17,18},i = 0,k = 0;
    while(i < 7&& * (p + i) % 2)
    {
```

```
        k = k + * (p + i);
        i++ ;
    }
    printf(" % d\n",k);
    return 0;
}
```

执行后输出的结果是(　　)。

　A. 58　　　　　　　　B. 56　　　　　　　　C. 45　　　　　　　　D. 24

7. 以下程序的输出结果是(　　)。

```
int main(void)
{
    int a[10] = {9,8,7,6,5,4,3,2,1,0}, * p = a + 5;
    printf(" % d", * -- p);
    return 0;
}
```

　A. 非法　　　　　　　B. a[4]的地址　　　C. 5　　　　　　　　D. 3

8. 有以下程序：

```
int main(void)
{
    int x[8] = {8,7,6,5,0,0}, * s;
    s = x + 3;
    printf(" % d\n",s[2]);
    return 0;
}
```

执行后的输出结果是(　　)。

　A. 随机值　　　　　　B. 0　　　　　　　　C. 5　　　　　　　　D. 6

9. 以下程序的输出结果是(　　)。

```
int main(void)
{
    int a[ ] = {1,2,3,4,5,6,7,8,9,0,}, * pt;
    pt = a;
    printf(" % d\n", * pt + 9);
    return 0;
}
```

　A. 0　　　　　　　　B. 1　　　　　　　　C. 10　　　　　　　　D. 9

10. 有以下程序：

```
int * f(int * x,int * y)
{
    if( * x < * y)
        return x;
    else
        return y;
```

```
}
int main(void)
{
    int a = 7,b = 8, * p, * q, * r;
    p = &b;
    q = &a;
    r = f(q,p);
    printf(" % d, % d, % d\n", * p, * q, * r);
    return 0;
}
```

执行后的输出结果是(　　)。

 A. 7,8,8   B. 7,8,7   C. 8,7,7   D. 8,7,8

11. 有以下程序：

```
int main(void)
{
    char * s = "\n123\\";
    printf(" % d, % d\n",strlen(s));
    return 0;
}
```

执行后的输出结果是(　　)。

 A. 5   B. 6   C. 7   D. 8

12. 阅读以下函数：

```
int fun(char * sl,char * s2)
{
    int i = 0;
    while( sl[i] == s2[i] && s2[i]!= '\0')
        i++;
    return (sl[i] - s2[i]);
}
```

此函数的功能是(　　)。

 A. 将 s2 所指字符串赋给 s1

 B. 比较 s1 和 s2 所指字符串的大小,若 s1 比 s2 大,函数值>0,否则函数值<0

 C. 比较 s1 和 s2 所指字符串是否相等,若相等,函数值为 0,否则函数值非 0

 D. 比较 s1 和 s2 所指字符串的长度,若 s1 比 s2 长,函数值>1,否则函数值<0

13. 以下程序的输出结果是(　　)。

```
void fun(int * a, int * b)
{
    int * k;
    k = a; a = b; b = k;
}
int main(void)
{
    int a = 3, b = 6, * x = &a, * y = &b;
```

```
    fun(x,y);
    printf("%d %d", a, b);
    return 0;
}
```

  A. 6 3　　　　　　B. 3 6　　　　　　C. 0 0　　　　　　D. 编译出错

14. 以下程序的输出结果是(　　)。

```
int main(void)
{
    int i, x[3][3] = {1,2,3,4,5,6,7,8,9};
    for(i = 0;i < 3;i++)
        printf("%d,",x[i][2 - i]);
    return 0;
}
```

  A. 1,5,9　　　　　B. 1,4,7　　　　　C. 3,5,7　　　　　D. 3,6,9

15. 有以下程序:

```
void fun(char * a, char * b)
{
    a = b;
    ( * a)++;
}
int main(void)
{
    char c1 = 'A',c2 = 'a', * p1, * p2;
    p1 = &c1;
    p2 = &c2;
    fun(p1,p2);
    printf("%c%c\n",c1,c2);
    return 0;
}
```

执行后的输出结果是(　　)。

  A. Ab　　　　　　B. aa　　　　　　C. Aa　　　　　　D. Bb

16. 以下关于指针的说法,错误的是(　　)。

  A. 使用指针变量前必须明确该指针变量当前指向的内存空间

  B. C 语言的自定义函数不可以返回局部自动类型变量的地址值

  C. 已知 int m;则语句 int * p=&m;与语句 int * p=&m;的本质含义是相同的

  D. 指针变量和普通变量(如 int x;)一样可无前提无差别地进行算术和关系运算

17. 以下程序调用 findmax()函数返回数组中的最大值。

```
int findmax(int * a,int n)
{
    int * p, * s;
    for(p = a,s = a; p - a < n; p++)
        if (_____) s = p;
    return( * s);
}
```

```
int main(void)
{
    int x[5] = {12,21,13,6,18};
    printf("%d\n",findmax(x,5));
    return 0;
}
```

在下画线处应填入(　　　)。

  A. p > s   B. *p > *s

  C. a[p] > a[s]   D. p-a > p-s

18. 以下程序的输出结果是(　　　)。

```
int main(void)
{
    char cf[3][5] = {"AAAA","BBB","CC"};
    printf("\"%s\"\n",cf[1]);
    return 0;
}
```

  A. "AAAA"   B. "BBB"   C. "BBBCC"   D. "CC"

19. 以下程序的输出结果是(　　　)。

```
int f(int *b , int m, int n)
{
    int i,s = 0;
    for(i = m;i < n;i = i + 2)
        s = s + *(b + i);
    return s;
}
int main(void)
{
    int x,a[] = {1,2,3,4,5,6,7,8,9};
    x = f(a,3,7);
    printf("%d\n",x);
    return 0;
}
```

  A. 10   B. 18   C. 8   D. 15

20. 若有定义 int * p[3];,则以下说法中正确的是(　　　)。

  A. 定义了一个类型为 int 的指针变量 p,该变量具有三个指针

  B. 定义了一个指针数组 p,该数组含三个元素,每个元素都是类型为 int 的指针

  C. 定义了一个名为 * p 的整型数组,该数组含有三个 int 类型元素

  D. 定义了一个可指向一维数组的指针变量 p,所指一维数组具有三个 int 类型
   元素

21. 有以下程序:

```
void fun(char *c,int d)
{
    *c = *c + 1;
```

```
        d = d + 1;
        printf(" % c, % c,", * c,d);
}
int main(void)
{    char a = 'A',b = 'a';
    fun(&b,a);
    printf(" % c, % c\n",a,b);
    return 0;
}
```

程序运行的结果是(　　)。

　　A. B,a,B,a　　　　　　B. a,B,a,B　　　　　　C. A,b,A,b　　　　　　D. b,B,A,b

22. 以下程序中函数 sort()的功能是对 a 所指数组中的数据进行由大到小的排序。

```
void sort( int a[ ], int n)
{    int i,j,t;
    for(i = 0;i < n - 1;i++)
        for(j = i + 1;j < n;j++)
            if(a[ i ]< a[ j ])
            {   t = a[ i ];a[ i ] = a[ j ];a[ j ] = t;   }
}
int main(void)
{    int aa[10] = {1,2,3,4,5,6,7,8,9,10},i;
    sort(&aa[3],5);
    for(i = 0;i < 10;i++)
        printf(" % d,",aa[i]);
    printf("\n");
    return 0;
}
```

程序运行的结果是(　　)。

　　A. 1,2,3,4,5,6,7,8,9,10,　　　　　　B. 10,9,8,7,6,5,4,3,2,1,

　　C. 1,2,3,8,7,6,5,4,9,10,　　　　　　D. 1,2,10,9,8,7,6,5,4,3,

23. 有以下程序：

```
int main(void)
{    char a[ ] = {'a','b','c','d','e','f','g','h','\0'};
    int i,j;
    i = sizeof(a);
    j = strlen(a);
    printf(" % d, % d\n",i,j);
     return 0;
}
```

程序运行的结果是(　　)。

　　A. 9,9　　　　　　B. 8,9　　　　　　C. 1,8　　　　　　D. 9,8

24. 以下程序中的函数 reverse()的功能是对 a 所指数组中的内容进行逆置。

```
void reverse( int a[ ], int n)
{    int i,t;
```

```
        for(i=0;i<n/2;i++)
        {   t=a[i];a[i]=a[n-1-i];a[n-1-i]=t;   }
    }
    int main(void)
    {   int b[10]={1,2,3,4,5,6,7,8,9,10};
        int i,s=0;
        reverse(b,8);
        for(i=6;i<10;i++)
            s+=b[i];
        printf("%d\n",s);
        return 0;
    }
```

程序运行的结果是(　　)。

 A. 22   B. 10   C. 34   D. 30

25. 有以下程序:

```
    void ss(char * s,char t)
    {   while(*s)
        {   if(*s==t)
                *s=t-'a'+'A';
            s++;
        }
    }
    int main(void)
    {   char str1[100]="abcddfefdbd",c='d';
        ss(str1, c);
        printf("%s\n",str1);
        return 0;
    }
```

程序运行的结果是(　　)。

 A. ABCDDEFEDBD   B. abcDDfefDbD

 C. abcAAfefAbA   D. Abcddfefdbd

编程训练

1. 求出多个值:从键盘输入 n 个双精度浮点数,要求设计函数给出这 n 个数中最小值和最大值的下标位置,以及平均值。自定义函数完成上述功能,并在 main() 函数中测试。

2. 编程实现循环左移:有 n 个整数,使得前面个数顺序向前移动 m 个位置,移出的数再从末尾移入。编写一个函数实现以上功能,在主函数中输入 n 个整数和移动的位置个数 m。

3. 编写程序改变字符:输入一个字符串,再输入一个字符 x,将字符串中所有的数字字符替换成字符 x。要求定义和调用函数 changechar(s,x),该函数将字符串 s 中的数字字符替换成字符 x。

4. 编程判断回文:判断输入的一串字符是否为"回文"。所谓"回文"是指顺读和倒读都一样的字符串,例如中文里的句子"上海自来水来自海上"。本题要求只处理英文字符串,如"ABCDCBA"就是一个回文。设计函数判断给出的字符串是否为回文,如果是返回 1,否则返回 0。

5. 编程进行分类统计:设计函数,接收一个含空格的字符串,分别统计给出其中英文字母、数字字符和其他字符的数量各有多少。

6. 编程处理删除元素:有 n 个整数的数组,现将其中所有数值等于 value 的元素从数组中删除,然后给出删除后数组中实际留有的元素个数。编写函数 int deletements(a, num,value),其中 a 为待处理的数组,num 为实参数组中的元素个数,value 为待删除的数值,返回值即为最终留有的元素个数。

7. 编程求解报数问题:有 n 个人围成一圈,按顺序从 1 到 n 给他们编号。从第 1 个人开始报数,报到 m(m≤n)的人自动退出;下一个人又从 1 开始报数,报到 m 的人退出圈子;如此一直报下去,直到留下最后 1 个人时报数结束。设计函数接收整数 n 和 m 并给出最终留下的人的编号。

8. 编程求一元二次方程的根:编写函数,该函数的返回值为 1 表示有实根,返回值为 0 表示没有实根;函数有 3 个形参分别用于接收方程的 3 个系数,此外还须设定 2 个形参当方程有实根时将实根间接回传。

第 **8** 章

结　构　体

CHAPTER **8**

学习目标
- 了解结构体、共用体和自定义类型的概念。
- 掌握结构体类型、结构体变量、结构体数组、结构体指针变量的定义和使用。
- 了解共用体变量的定义和使用。
- 了解自定义类型的定义。

　　前面介绍了 C 语言的基本数据类型,如整型、单精度浮点型、双精度浮点型、字符型等,以及由基本数据类型引出的构造数据类型——数组。这些数据类型应用广泛,其中数组是把相同数据类型的数据集合在一起,以便数据的处理和统计。但从程序设计实际需求来看,一些数据类型不相同的数据也会有紧密的联系,例如一个员工的姓名、性别、年龄、薪水、出生日期等是属于不同数据类型的信息,但员工又是一个整体,员工信息是组成整体的部分。整体与部分存在辩证关系,整体与部分相互依赖,没有部分,就不会有整体;没有整体,也无所谓部分,整体和部分既相互区别又相互联系。为了便于处理类似于员工基本信息这样的数据,C 语言提供了另外一种构造类型——结构体。

🔑 8.1　结构体变量的定义和使用

　　在前面所见到的程序中,每个变量存放一个值,例如,一个整数或一个字符。当需要处理类似于员工基本信息这样的复合数据时,使用简单变量就力不从心了,这时希望用一个变量能存放一个员工的所有基本信息。在 C 语言中,结构体变量能满足这一要求。

8.1.1　结构体类型的声明

　　C 语言允许用户自己建立由不同数据类型的数据组成的复合型数据,该数据类型称为结构体。下面是一个简单的结构体声明的例子。

```
struct Employee
{
    int age;
    double salary;
    char gender;
};
```

　　这个例子声明了一个结构体类型 Employee,Employee 不是一个变量名,而是一个类型名,这个类型名称为结构体类型名。结构体类型名的命名规则同变量命名规则相同。
　　声明结构体类型的一般形式如下。

```
struct 结构体标识符
{
    数据类型　成员名1;
    数据类型　成员名2;
    …
    数据类型　成员名n;
};
```

　　Employee 结构体中的变量名称 age、salary 和 gender 称为成员或字段。在这个例子中,成员的数据类型都是 C 语言的基本数据类型,结构体中的成员可以是任何类型的变量,包括数组和结构体(但不能出现递归定义)。下面是结构体 Employee 稍微复杂一点的声明:

```
struct Employee
{
```

```
    int number;
    char name[10];
    int age;
    double salary;
    char gender;
};
```

在声明结构体 Employee 的这个版本中,有 4 个成员:int 型成员 age(年龄)和 number
(员工编号)、double 型成员 salary(薪水)、char 型成员 gender(性别)和 char 数组型成员
name(姓名)。每个成员的声明方式与定义变量的格式相同,依次都是数据类型、名称和
分号。

如果在结构体 Employee 中增加表示出生日期的成员,可以先声明一个代表日期的结
构体类型 Date,然后在结构体 Employee 中使用结构体 Date 定义一个表示出生日期的成
员。具体声明如下:

```
struct  Date                          struct  Employee
{                                     {
    int   year;                           int    number;
    int   month;                          char   name[10];
    int   day;                            int    age;
};                                        double salary;
                                          char   gender;
                                          struct Date birthday;
                                      };
```

需要提醒的是:必须先声明结构体 Date,然后才能在声明结构体 Employee 时使用结
构体类型 Date,否则编译时出错。结构体类型的名字是由一个关键字 struct 和结构体类型
名组合而成的,如 struct Date。

8.1.2 结构体类型变量的定义

声明一个结构体类型后,只是建立一个新的数据类型,如果需要存储具体数据,则需要
定义结构体类型变量,定义结构体类型变量的方式有以下 3 种。

(1) 先声明结构体类型,再定义该类型变量。在 8.1.1 节中已声明了一个结构体类型
struct Employee,可以用它定义结构体类型变量,例如:

```
struct Employee e1,e2;
```

"struct Employee"是结构体类型名,"e1"和"e2"是结构体类型变量名。这种形式与定
义普通变量的格式相似,只是数据类型中有关键字"struct"。在定义了结构体类型变量后,
变量就具有该结构体类型的结构,系统会为它们分配内存空间,以便存储数据。如图 8.1
所示。

在内存中,e1 和 e2 分别占据连续的一段存储单元。理论上,其占据的存储空间大小是
各个成员所占据的空间总和,但因为字节对齐的原因,实际上结构体变量的存储空间通常比
各个成员空间总和还要大一点。

e1:	1001	Ricky	36	8000	M	birthday		
						1982	11	7

e2:	2003	Alice	25	6000	W	birthday		
						1993	6	23

图 8.1　结构体类型变量结构举例

实际占据多少字节可以利用 sizeof 运算符获取。

这种方式将结构体类型的声明与结构体类型变量的定义分开,声明结构体类型后可以随意定义新的结构体类型变量,是程序设计中提倡的一种方式。

(2) 在声明结构体类型的同时定义该类型变量。例如:

```
struct Date
{
    int year;
    int month;
    int day;
} d3,d4;
```

它的作用与第(1)种方式相同,在声明 struct Date 类型的同时定义了两个 struct Date 类型的变量 d3 和 d4。其一般形式如下。

```
struct   结构体标识符
{
    数据类型   成员 1;
    ...
    数据类型   成员 n;
} 结构体类型变量列表;
```

这种方式将声明结构体类型与定义结构体类型变量结合在一起,适合规模比较小的程序中使用。当程序的规模较大时,为了程序结构清晰,便于维护,推荐使用第(1)种方式。

(3) 不指定结构体标识符直接定义该类型变量。例如:

```
struct
{
    int year;
    int month;
    int day;
} d5;
```

这种方式的作用与前面类似,声明了一个结构体类型的同时定义了一个结构体类型变量 d5,区别在于这种方式没有指定结构体标识符,声明了一个无名的结构体类型,显然无法再用此结构体去定义其他变量。其一般形式如下。

```
struct
{
    数据类型 成员 1;
    ...
    数据类型 成员 n;
} 结构体类型变量列表;
```

关于结构体类型的声明和结构体类型变量的定义还需要注意以下几点。

（1）结构体类型与结构体类型的变量是不同的概念，不能混淆。声明了结构体类型，相当于画好了房屋图纸，但并没有建好房子，因此不能存储数据，而定义了结构体类型的变量才相当于建好了一个房子，可以存储数据。

（2）结构体类型中的成员可以与程序中其他变量同名，但二者代表完全不同的两类事物。例如，程序中可以另外定义一个变量 salary，它与 struct Employee 中成员变量 salary 是互不影响的。

（3）结构体变量中的成员在代码编写中可以通过结构体变量进行使用，其用法与普通变量相当。

8.1.3　结构体变量的使用

（1）结构体变量的初始化。

在定义结构体变量时，可以对它初始化，即给变量各成员赋予初始值。例如：

```
struct Employee e1 = {1001,"Ricky",36,8000,'M',{1982,11,7}};
```

上面这行 C 程序语句的作用就是定义了一个 struct Employee 类型的变量 e1，并对 e1 中各成员赋予了初始值。其实，也可以省略"{1982,11,7}"中的花括号，这并不影响初始化。该语句也可以改写为

```
struct Employee e1 = {1001,"Ricky",36,8000,'M',1982,11,7};
```

可以看出，结构体变量的初始化与数组变量的初始化格式类似，不同之处在于数组只能使用同一种数据类型的数值，而结构体变量中的成员的数据类型可以不相同。

（2）结构体变量的引用。

在定义结构体变量后，就可以使用这个变量。在使用结构体变量时不能一次使用该结构体变量的全部字段（或成员变量），只能通过引用结构体变量成员的方式达到使用结构体变量的目的。引用的一般形式为

```
结构体变量名.成员名
```

例如，e1.salary 表示变量 e1 中的 salary 成员，在程序中可以对其赋值：

```
e1.salary = e1.salary + 500;
```

有以下几点需要说明。

① "."是成员运算符，它在所有运算符中优先级最高，可以将"结构体变量名.成员名"作为一个整体看待。

② 如果成员本身又是一个结构体变量，则需要多个成员运算符，逐级地找到最低一级的成员。例如，修改 e1 中生日为 10 月 4 日的代码为

```
e1.birthday.month = 10;    e1.birthday.day = 4;
```

③ 可以引用结构体变量的地址，也可以引用结构体变量成员的地址。结构体变量的地址通常也可作为函数参数，传递结构体变量的地址。例如：

```
scanf(" % d", &e1.number);
```

④ 结构体变量的成员可以像普通变量一样进行使用。例如：

```
e1.age++;    total = e1.salary + e2.salary;
```

⑤ 同类型的结构体变量相互之间可以直接赋值。例如：e2＝e1;其功能是将 e1 中每个成员的值复制给 e2 中对应的成员,如图 8.2 所示。

e1:	1001	Ricky	36	8000	M	birthday		
						1982	11	7

e2:	1001	Ricky	36	8000	M	birthday		
						1982	11	7

图 8.2   执行 e2＝e1;后的效果

🔑 8.2   结构体数组

当需要集中处理多个员工信息时,使用普通变量就不合适了。这时,自然就想到用结构体数组,结构体数组是指这样一个数组:该数组中每个元素都是结构体类型的数据,也就是说每个数组元素相当于一个结构体类型变量。例如,某部门的员工信息,每位员工的信息包括员工编号、姓名、年龄、薪水等,如图 8.3 所示,n 为员工数。这种结构就需要用结构体数组来存储数据。

staff[0]:	1001	Ricky	36	8000
staff[1]:	1002	John	30	9000
	...			
staff[n−1]:	2023	Alice	25	6000

图 8.3   结构体数组

8.2.1   结构体数组的定义和初始化

(1) 结构体数组的定义。
结构体数组的定义与结构体类型的定义类似,同样有 3 种形式：

```
struct  Emp                 struct  Emp                 struct
{                           {                           {
    int  number;                int  number;                int  number;
    char  name[10];             char  name[10];             char  name[10];
    int  age;                   int  age;                   int  age;
    double  salary;             double  salary;             double  salary;
}                           } staff [10];                } staff [10];
struct  Emp  staff [10];
```

上述 3 种形式的功能相同,定义了一个 struct Emp 类型的结构体数组 staff,该数组有 10 个元素,最小下标为 0,合法的下标范围为 0~9。

(2) 结构体数组的初始化。

结构体数组的初始化与普通数组的初始化的方法相同,在定义数组的后面加上＝{初值列表},初值列表中属于同一个元素的成员可以用花括号括起来,各个成员初值之间用逗号隔开。例如:

```
struct Emp staff [3] = {{1001,"wang",35,7500},{1002,"zhang",32,7100},{1003,"Tim",38,
8500}};
```

同普通数组初始化一样可以不指定数组元素的个数,也可以省略元素初值之间的花括号。例如:

```
struct Emp staff [ ] = {1001,"wang",35,7500,1002,"zhang",32,7100,1003,"Tim",38,8500};
```

8.2.2 结构体数组应用举例

【例 8.1】 编程实现:输入 n 个员工的基本信息(员工编号、姓名、年龄、薪水),输出最高薪水者的基本信息。n 由键盘输入,且不超过 20。

分析:为了便于处理,可以定义一个代表员工基本信息的结构体类型和结构体数组来存储 n 个员工的基本信息;然后找出最高薪水值;最后扫描该结构体数组输出薪水与最高薪水值相等的员工基本信息。

程序 8.1 输入 n 个员工的基本信息,输出最高薪水者的基本信息。n 不超过 20。

```c
#include <stdio.h>
#define N 20
struct Emp
{
    int number;
    char name[10];
    int age;
    double salary;
} staff[N];
int main(void)
{
    int n,i;
    double smax = 0.0;
    printf("Input n(n<=20):");
    scanf("%d",&n);
    printf("Number Name Age Salary\n");
    for(i=0;i<n;i++)
    {
        scanf("%d%s%d%lf",&staff[i].number,staff[i].name,
            &staff[i].age,&staff[i].salary);
        if(smax<staff[i].salary)  smax = staff[i].salary;
    }
    printf("Number\tName\tAge\tSalary\n");
    for(i=0;i<n;i++)
```

```
            if(smax == staff[i].salary)
            {
                printf("%d\t%s\t",staff[i].number,staff[i].name);
                printf("%d\t%g\n",staff[i].age,staff[i].salary);
            }
        return 0;
}
```

程序运行结果如下。

```
Input   n(n <= 20):3
Number  Name   Age  Salary
1002    Ricky   36   8600
1001    Tim     32   7000
2003    Alice   28   8600
Number  Name   Age  Salary
1002    Ricky   36   8600
2003    Alice   28   8600
```

【例 8.2】 已知 7 种常用编程语言热门程度如表 8.1 所示。编程实现：按热门程度从高到低的顺序输出编程语言和热门程度值，一门语言占一行。

表 8.1　编程语言热门程度表

编程语言	C	C++	Java	Python	VB. NET	PHP	C#
热门程度（百分比）	15.447	7.394	17.436	7.653	5.308	2.775	3.295

为了便于处理，首先声明一个含两个成员变量的结构体类型，两个成员变量分别表示编程语言的名称和热门程度值；然后定义一个含 7 个该结构体类型元素的数组存放表 8.1 提供的数据；接着利用冒泡排序对该结构体数组按热门程度值从高到低排序；最后输出排序后的结构体数组元素。

程序 8.2 根据编程语言热门程度表，按热门程度从高到低的顺序输出编程语言和热门程度值。

```c
# include < stdio.h >
# define N 7
struct PL
{
    char name[8];
    double popular;
};
int main(void)
{
    struct PL t, p[N] = {"C",15.447,"C++",7.394,"Java",17.436,"Python",7.653,
                        "VB.NET",5.308,"PHP",2.775,"C#",3.295};
    int i, j;
    for(i = 0; i < N - 1; i++)
        for(j = 0; j < N - 1 - i; j++)
            if(p[j].popular < p[j + 1].popular)
            {
                t = p[j]; p[j] = p[j + 1]; p[j + 1] = t;
```

```
        }
    for(i = 0; i < N; i++)
        printf("%s\t%g%%\n", p[i].name, p[i].popular);
    return 0;
}
```

程序运行结果如下。

```
Java        17.436%
C           15.447%
Python      7.653%
C++         7.394%
VB.NET      5.308%
C#          3.295%
PHP         2.775%
```

8.3　结构体指针

引入结构体指针可以更加方便地访问结构体成员,学好结构体指针对阅读和编写一些较为复杂的 C 语言代码很有帮助,计算机专业后序课程"数据结构"的算法实现将会大量涉及结构体指针。

8.3.1　结构体指针的概念和使用

定义一个结构体变量后,系统会为它分配一块内存空间,而结构体指针指向这块内存空间的起始地址,结构体指针(即结构体指针变量)里存放的就是这个地址。如果把一个结构体变量所占内存空间的起始地址存放在一个结构体指针中,那么,也可以说这个结构体指针指向该结构体变量。

1. 指向结构体变量的指针变量

定义指向结构体变量的指针变量的一般形式如下。

```
struct  结构体标识符  *结构体指针变量;
```

例如,struct Emp e={3001,"Mike",29,7500},*ep;。其中,e 是一个普通的结构体变量,ep 是一个指向 struct Emp 类型结构体的指针变量。如果执行代码"ep=&e",则通过指针变量 ep 也能访问到变量 e 中的成员,如图 8.4 所示。

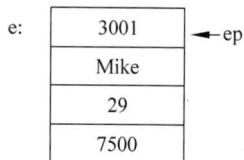

图 8.4　结构体指针示意图

定义结构体指针变量后,当它不为 NULL 时,就可以方便地访问结构体数据中各个成员,访问的一般形式为:

(* 结构体指针变量名).成员名   或   结构体指针变量名->成员名

同样,(* ep). name 等价于 ep-> name。因为".”和"->”的优先级比" * ”高,是所有运算符中最高的,所以"(* ep). name”中的括号不能省略。

【例 8.3】 利用结构体指针变量访问结构体数据。

程序 8.3 访问结构体数据。

```
# include < stdio. h>
struct Emp
{
    int number;
    char name[10];
    int  age;
    double salary;
} e1 = {3002,"Gavin",27,6500};
int main(void)
{
    struct Emp * ep;
    ep = &e1;
    printf("Number\tName\tAge\tSalary\n");
    printf(" % d\t % s\t % d\t % g\n",( * ep). number,ep - > name,ep - > age,ep - > salary);
    return 0;
}
```

程序运行结果如下。

```
Number    Name    Age    Salary
3002      Gavin   27     6500
```

2. 指向结构体数组的指针变量

指向结构体数组的指针与指向结构体变量的指针没有本质的区别,都是结构体数据所占内存空间的起始地址。例如,struct Emp staff[10], * ep2 = staff;。其中,ep2 是指向 Emp 结构体数组的指针变量。

【例 8.4】 已知 5 个员工的基本信息(表 8.2),编程实现输入一个 double 型薪水标准,然后输出薪水在该标准之上的员工的基本信息(员工编号、姓名、年龄、薪水)。

表 8.2 员工基本信息表

序号	员工编号	姓名	年龄	薪水
1	1001	Tim	40	8000
2	1002	Morse	32	6000
3	2001	Nancy	28	5500
4	3001	Rosa	36	7400
5	3002	Newton	50	8300

为了便于处理,首先定义一个代表员工基本信息的结构体类型;然后声明该结构体类

型的数组来存储这 5 个员工基本信息。之后,可以利用指向结构体数组的指针变量遍历该数组,以便找出薪水超过输入值的员工并输出其基本信息。

程序 8.4　输入一个薪水标准,输出薪水在该标准之上的员工的基本信息。

```
#include < stdio. h>
struct Emp
{
    int number;
    char name[10];
    int   age;
    double salary;
} t[5] = {{1001,"Tim",40,8000},{1002,"Morse",32,6000},{2001,"Nancy",28,5500},
                          {3001,"Rosa",36,7400}, {3002,"Paul",50,8300}};
int main(void)
{
    struct Emp * ep;
    double   x;
    scanf(" % lf",&x);
    printf("Number\tName\tAge\tSalary\n");
    for(ep = t; ep < t + 5; ep++)
    {
        if(ep - > salary > x)
            printf(" % d\t % s\t % d\t % g\n",ep - > number,ep - > name,ep - > age,ep - > salary);
    }
    return 0;
}
```

程序运行结果如下。

```
7500
Number   Name    Age    Salary
1001     Tim     40     8000
3002     Paul    50     8300
```

程序中“ep++”的作用是使指针 ep 指向结构体数组中下一个元素。

【例 8.5】　编程实现:输入 n 个员工的基本信息(员工编号、姓名、年龄、薪水),输出最高薪水者的基本信息。n 由键盘输入。

例 8.1 中规定 n 不超过 20,而例 8.5 没有限定 n 的值,那该怎么办呢? 答案就是利用 C 语言动态分配内存空间函数和结构体指针变量。

程序 8.5　输入 n 个员工的基本信息,输出最高薪水者的基本信息。当然,n 个员工基本信息的占用空间不超过当前堆空间剩余大小。

```
#include < stdio. h>
#include < stdlib. h>
struct Emp
{
    int number;
    char name[10];
    int   age;
    double salary;
```

```
};
int main(void)
{
    struct Emp * ep = NULL, * p;
    int n;
    double smax = 0.0;
    printf("Input n:");
    scanf("%d",&n);
    ep = (struct Emp * )malloc(n * sizeof(struct Emp));
    if(ep == NULL) exit(0);
    printf("Number Name Age Salary\n");
    for(p = ep;p < ep + n;p++)
    {
        scanf("%d%s%d%lf",&p->number,p->name,&p->age,&p->salary);
        if(smax < p->salary) smax = p->salary;
    }
    printf("\nNumber\tName\tAge\tSalary\n");
    for(p = ep;p < ep + n;p++)
        if(smax == p->salary)
            printf("%d\t%s\t%d\t%g\n",p->number,p->name,p->age,p->salary);
    return 0;
}
```

程序运行结果如下。

```
Input     n:3
Number    Name    Age    Salary
1002      Ricky   36     8600
1001      Tim     32     7000
2003      Alice   28     8600
Number    Name    Age    Salary
1002      Ricky   36     8600
2003      Alice   28     8600
```

8.3.2　结构体变量和结构体指针作为函数的参数

要把一个结构体变量的值传递给另一个函数,有以下 3 种传递方式。

(1)用结构体变量作实际参数,形式参数是同类型的变量。这时,采取的也是"传值"的方式,将结构体变量(实参)所占内存单元的内容全部按顺序复制给形参,在函数调用期间,形参也要占用内存空间。这种传递方式空间和时间开销都较大,特别是结构体变量所占空间较大时。采用这种传递方式,执行被调用函数期间只改变形参的值,对实参是没有影响的,因此一般不提倡使用这种传递方式。

(2)用结构体类型的成员变量作参数。t[0].number 或 t[0].salary 作为实参,执行被调用函数时将实参的值传递给形参。其用法和用普通变量作实参是一样的,属于"传值"方式,这时应注意实参和形参类型要一致。

(3)用指向结构体变量或结构体数组的指针作为实参,将其地址传递给形参。在函数调用时,实参和形参指向相同的存储单元。

【例 8.6】 已知 5 个员工的基本信息(表 8.2),要求将每个员工的年龄增加 1 岁后输出所有员工的基本信息。

分析：将所有员工的基本信息存放在一个结构体数组中，按照结构化程序设计思想，设计两个函数实现不同的功能：

（1）用 addAge()函数实现所有员工年龄加 1。

（2）用 printEmp()函数输出某个员工的基本信息。

程序 8.6 将表 8.2 中每个员工的年龄增加 1 岁后输出所有员工的基本信息。

```c
# include < stdio. h>
struct Emp
{
    int number;
    char name[10];
    int   age;
    double salary;
} t[ ] = {{1001,"Tim",40,8000},{1002,"Morse",32,6000},{2001,"Nancy",28,5500},
                        {3001,"Rosa",36,7400}, {3002,"Paul",50,8300}};
void addAge(struct Emp * ,int);
void printEmp(struct Emp);
int main(void)
{
    int i,n;
    n = sizeof(t)/sizeof(struct Emp);   /* 计算数组元素个数 */
    addAge(t,n);
    printf("Number\tName\tAge\tSalary\n");
    for(i = 0;i < n;i++) printEmp(t[i]);
    return 0;
}
void addAge(struct Emp * p, int k)
{
    int   i;
    for(i = 0;i < k;i++,p++)    p -> age++;
}
void printEmp(struct Emp e)
{
    printf(" % d\t % s\t % d\t % g\n",e. number,e. name,e. age,e. salary);
}
```

程序运行结果如下。

```
Number    Name    Age    Salary
1001      Tim     41     8000
1002      Morse   33     6000
2001      Nancy   29     5500
3001      Rosa    37     7400
3002      Paul    51     8300
```

说明：调用函数 addAge()时，实参是结构体数组 t，形参是结构体指针，传递的是结构体数组的起始地址，函数无返回值。调用函数 printEmp()时，实参是结构体变量（结构体数组元素），形参是结构体变量，传递的是结构体变量中各成员的值，函数无返回值。

🔑 8.4   共用体

在进行某些算法的 C 语言编程时,需要把几种不同类型的变量存放到同一段内存单元中。这种几个不同的变量共同占用一段内存,在任何时刻只有一个变量有效的结构类型,被称作"共用体"类型结构,简称共用体。

8.4.1   共用体类型的定义和使用

共用体类型与结构体类型有一定的相似性,同样是一种构造类型,也称之为联合体类型。声明共用体类型的一般形式如下。

```
union 共用体标识符
{
    数据类型 成员名 1;
    数据类型 成员名 2;
    ...
    数据类型 成员名 n;
};
```

其中,union 是声明共用体类型的关键字,它与共用体标识符一起构成共用体类型的名称,其命名规则与变量的相同。与结构体类型的区别在于:结构体类型数据的各个成员占有独立内存空间,是各个成员数据的集合;而共用体类型数据的所有成员共享一段存储空间,在任何时刻只有一个成员有效。

【例 8.7】   使用共用体类型处理数据示例。

程序 8.7   使用共用体类型处理数据。

```
# include < stdio. h >
union U
{
    int i;
    unsigned char c[4];
    short s;
} ;
int main( void)
{
    union U x;
    x. i = 0x12345678; / * 十六进制 * /
    printf("x. i = % 08xH\n", x. i);
    printf("x. s = % 04xH\n", x. s);
    printf("x. c: % 02xH % 02xH % 02xH % 02xH\n", x. c[3], x. c[2], x. c[1], x. c[0]);
    return 0;
}
```

程序运行结果如下。

```
x. i = 12345678H
x. s = 5678H
x. c:12H 34H 56H 78H
```

为什么是这个结果呢？x 是共用体类型变量,该共用体类型中包含 3 个成员:int 型成员 i、unsigned char 数组型成员 c、short int 型成员 s。系统为共用体类型变量 x 分配了 4 字节的内存空间,其 3 个成员共享此内存空间,当执行"x.i=0x12345678;"后,低位字节存放于低地址单元,它们的值如图 8.5 所示,图中"H"表示十六进制。当用"x.i"访问时,将 4 字节看成一个 int 型数据;当用"x.s"访问时,由于 short 型数据占 2 字节,所以得到的

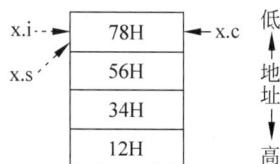

图 8.5　共用体类型数据
内存分配

数据是"5678"(十六进制);当用字符型数组"x.c"访问时,按数组下标从大到小(地址从高到低)的顺序得到的数据是"12 34 56 78"(十六进制)。

共用体类型变量的定义同结构体类型变量的定义一样,也有 3 种方式,例 8.6 采用的是先声明共用体类型,再定义共用体类型变量的方式。除此,还有另外 2 种方式。

(1) 在声明共用体类型的同时定义变量。

```
union U
{
    int i;
    unsigned char c[4];
    short s;
} x, y ;
```

(2) 不指定共用体标识符直接定义变量。

```
union
{
    int i;
    unsigned char c[4];
    short s;
} x, y ;
```

8.4.2　共用体变量的使用规则

在使用共用体类型数据时应遵守以下规则。

(1) 同一共用体变量中可以存在几种不同类型的成员,但所有成员共享同一段内存空间,所以任一时刻只能存取其中一个成员数据。因此,共用体变量不可以作函数参数和返回值,例如:

```
union   U{int i; char c;} x;    x.i = 65 ;   x.c = 'C';
```

此时,若执行 printf("%d",x.i);　则输出 67。因为'C'的 ASCII 是 67。

(2) 可以在定义共用体变量时进行初始化,但初始化值表中只能有一个常量。例如:

```
union   U{int i; char c;} x = {100,'A'};        /* 不能初始化多个成员 */
union   U   y = {100};                          /* 正确,对第一个成员初始化 */
union   U   y = {.c = 'A'};                      /* C99 允许对指定的成员初始化 */
```

(3) 共用体变量的地址和它的各成员的地址是同一个地址。例如,&x,&x.c,&x.i 都

是同一个值。

（4）允许同类型共用体变量之间赋值。

（5）允许共用体变量作为函数参数。

（6）共用体类型可以出现在结构体类型声明和共用体数组中，反之，结构体类型也可以出现在共用体类型声明中，数组也可以作为共用体类型的成员。

【例 8.8】 学生的成绩中有些课程用的是百分制，有些用的是五级计分制，要求在一个表中显示学生的成绩信息（包括姓名、课程名称、成绩等信息）。

分析：依题意可知，百分制成绩是整型，而五级计分制成绩是非数值型，可以采用字符型（A、B、C、D、E）。用结构体存储成绩信息时，增加一个成员作为成绩类型的标识，而将成绩定义为共用体类型成员。先输入成绩信息，然后再输出。为简化问题，只输入 3 个成绩信息。

程序 8.8　要求在一个表中显示学生的成绩信息（百分制或五级计分制）及其他信息。

```c
# include < stdio. h >
struct STU
{
    char name[10];
    char course[20];
    int flag; /* flag = 0 表示百分制,flag = 1 表示五级计分制 */
    union { int score;   char grade[2]; } cj;
} stu[3];
int main(void)
{
    int i;
    for(i = 0; i < 3; i++)
    {
        scanf("%s%s%d",stu[i].name,stu[i].course,&stu[i].flag);
        if(stu[i].flag == 0) scanf("%d",&stu[i].cj.score);
        else   scanf("%s",stu[i].cj.grade);
    }
    printf("Name\tCourse\tGrade\n");
    for(i = 0; i < 3; i++)
    {
        printf("%s\t%s\t",stu[i].name,stu[i].course);
        if(stu[i].flag == 0) printf("%d\n",stu[i].cj.score);
        else   printf("%s\n",stu[i].cj.grade);
    }
    return 0;
}
```

程序运行结果如下。

```
ricky vb 1 B
tim C 0 85
mary Java 1 A
Name      Course    Grade
ricky     vb        B
tim       C         85
mary      Java      A
```

8.5 用 typedef 声明新类型名

C 语言不仅提供了多种数据类型，而且还允许用户声明新的类型名，换句话说，就是允许由用户为数据类型取"别名"。类型说明符 typedef 可以用来完成此功能，其一般形式为

```
typedef 类型名 新名称;
```

例如：

```
typedef int Integer;
typedef struct {int year ;  int month;  int year;} Date;
typedef int X[10];
typedef char * str;
Integer x,y;                      /* 定义两个 int 型变量 */
Date d;                           /* 定义结构体类型变量 d */
X t;                              /* 定义 t 为一维数组,含 10 个 int 型元素 */
str s;                            /* 定义 s 为字符指针变量 */
```

8.6 综合应用实例——投票统计

编程统计候选人的得票数。若干候选人（n≤10），候选人姓名从键盘输入，姓名最长为 9 个字母且不含空格）；若干选民，选民每次输入一个得票的候选人的名字。完成输入后程序自动统计各候选人的得票结果，并按照得票数由高到低的顺序排序。要求输入格式：先输入候选人人数 n 和 n 位候选人姓名，再输入选民人数 m 和 m 位选民的选票。

设计一个结构体类型表示一个候选人的得票数，然后运用结构体数组记录所有候选人的得票数。

程序 8.9 投票统计。

```
# include < stdio. h >
# include < string. h >
struct vote
{
    char name[10];
    int   sum;
} cand[10], v ;                   /* 最多 10 位候选人 */
int find( int n,char name[])      /* 返回候选人在数组 cand 中的下标 */
{
    int i;
    for( i = 0;i < n;i++){
        if(strcmp(cand[ i]. name,name) == 0) return i;
    }
    return - 1;
}
int main()
{
    int m,n,i,j;
    char voter[10];
```

```
    scanf(" % d",&n);
    for(i = 0;i < n;i++)
    {
        scanf(" % s",cand[i].name);
        cand[i].sum = 0;
    }
    scanf(" % d",&m);                        /*共有 m 位选民 */
    for(j = 0;j < m;j++)
    {
        scanf(" % s",voter);
        i = find(n,voter);
        if(i > = 0)   cand[i].sum++;
    }
    /*冒泡排序 */
    for(i = 0;i < n - 1;i++)
        for(j = 0;j < n - 1 - i;j++)
            if(cand[j].sum < cand[j + 1].sum)
            {
                v = cand[j]; cand[j] = cand[j + 1]; cand[j + 1] = v;
            }
    for(i = 0;i < n;i++)
        printf(" % s\t % d\n",cand[i].name,cand[i].sum);
    return 0;
}
```

程序运行结果如下。

```
3
liu wu wang
9
liu wang wang liu wang wang wang liu wu
wang    5
liu     3
wu      1
```

🔑 8.7 工程案例分析——涡轮关键参数的封装

结构体在工程中被广泛使用。通常需要把某个研究对象相关的参数放在一起,同时使用别名形成一个新的参数,以方便使用。本节以计算发动机排气管中压力为例进行结构体运用的说明。从物理学角度看,涉及计算排气管内压力肯定与管内气体流量、气体温度、环境压力和入口压力有关,所以结构体总是包含了相关的内容。这里举例说明结构体在程序中的一次使用,实际上关于实际进气量、颗粒捕捉器压力计算、可变气门的调整等与排气背压相关的都会使用到该知识。

```
struct air_inf_exhmap_struct
{
  F32 exh_mass_flow;                       /*排气的质量流量 */
  F32 dsp_mul;                             /*修正系数 */
```

```
    F32 inf_exhmap;                                    /*排气背压 */
};
struct air_inf_exhmap_struct air_inf_exhmap_func_core( F32 exh_mass_flow_tmp,
                    F32 restriction_tmp,              /*涡轮废气旁通阀开度 */
                    F32 dsp_tmp,                      /*修正系数 */
                    F32 exh_gas_temp_tmp )            /*排气温度 */
{
    auto struct air_inf_exhmap_struct out;
    auto F32 deltap_tmp = 0.0F;
    auto F32 air_exhmap_coeff[3] = {0.0F, 0.0F, 0.0F};
```

/*先计算排气的质量流量,由于在基础标定时都是录入的标准实验工况下的排气温度,若要在车辆
上对应起来,就要利用气体方程式进行修正,所以会出现把气体温度折算成绝对温度和标准情况对
比后再开方进行修正的算法 */

```
    out.exh_mass_flow = exh_mass_flow_tmp *
                            f32sqrt( (exh_gas_temp_tmp + 273.0F) /
                                     (air_exh_ref_temp + 273.0F) );
```

/*涡轮的废气旁通阀是串联在排气管中的一个机构,用它来控制实际推动涡轮泵轮端的废气量,从
而达到目标的增压压力。而串联的这个机构会导致排气管中的气体流动阻力明显变化,在工程上会
对涡轮废气旁通阀的开度和气体背压通过实验的方法进行数据拟合,通常稳定的流体拟合出来是一
个二次方的多项式,所以二次方、一次方和常数就会得到三个常数,下面就是计算过程 */

```
    air_exhmap_coeff[0] = lookup_2d(&fnair_exhmap_c0, restriction_tmp);
    air_exhmap_coeff[1] = lookup_2d(&fnair_exhmap_c1, restriction_tmp);
    air_exhmap_coeff[2] = lookup_2d(&fnair_exhmap_c2, restriction_tmp);
```

/* 根据所处的环境进行修正,由于排气管最终端是通大气的,而汽车是可以翻山越岭的,所以不同
海拔情况下排气背压不同。一般中国的主机厂会从海平面测试到5200米的海拔,确保客户的用车安
全,欧美这个指标比较低,美国一般能测试到4200米而欧洲更低,所以高海拔的数据一般都是中国进
行试验供全球的客户使用 */

```
    out.dsp_mul = lookup_2d(&fnair_exhmap_dsp, dsp_tmp);
    /* 根据以上的计算合成压降 */
    deltap_tmp = ( ( air_exhmap_coeff[2] * out.exh_mass_flow +
                     air_exhmap_coeff[1] ) * out.exh_mass_flow +
                     air_exhmap_coeff[0] ) * out.dsp_mul;
```

/* 确保存在压降,由于是涉及剧烈工况变化的数值计算,精度肯定不会太高,但是从物理上讲必须
存在压降,否则排气管无法排出气体,虽然根据伯努利方程式如果排气管速度足够大,压强小于环境
也可以向环境排气,但是在靠近排气门的地方这个能量还是先以压强的方式表现出来,然后才是流
动中把压力的势能转换为速度的动能,所以排气背压应该始终为正 */

```
    out.inf_exhmap = f32max( deltap_tmp, 0.0F ) + dsp_tmp;
    return out;
}
void inf_exhmap_16ms(void)
{
    auto U8 indx = 0;                              /* 计数器 */
    auto F32 wg_restr_tmp = 0.0F;                  /* 涡轮旁通阀开度 */
    auto F32 inf_exhmap_tmp = 0.0F;                /* 推测的排气压力 */
    wg_restr_tmp = wg_pct_restriction;
    /*保留最近5次涡轮旁通阀开度信息,由于程序是16毫秒运行一次,所以就是保留最近80毫秒
的涡轮旁通阀开度信息 */
    for (indx = 5; indx > 0; indx -- )
    {
        wg_prv[indx] = wg_prv[indx - 1];
    }
    wg_prv[0] = wg_restr_tmp;
    indx = MIN( air_wg_dly, 5 );
```

```
/* 如果工况迅速变化,例如加减速,由于气体可以压缩,所以不一定是选择当前的涡轮开度来计算
结果最准,系统可以根据气体流动的变化计算出选择哪个 air_wg_dly(在另外一个函数中计算,本函
数是调用)最准 */
    wg_pct_restr_dly = wg_prv[indx];
    inf_exhmap_tmp = air_inf_exhmap_func_core( air_exh_flow,
                                               wg_pct_restr_dly,
                                               air_exhbp,
                                               ext_fl_gast ).inf_exhmap;
/* 计算推测的排气压力,输入量为排气质量流量、废气旁通阀开度、大气压力、燃烧温度几项,根据
气体方程式得出压力值 */
    inf_exhmap_filt = rolav_tc(inf_exhmap_filt, inf_exhmap_tmp, air_dtsec_16ms, air_exhmap_tc);
/* 由于整个排气系统有较大的容积,所以作用在相关零部件上的压力都是经过物理滤波后的,因此
在软件里面还有个滤波函数模拟 */
    inf_exhmap_lin_clip = (bp + air_inf_exhmap_slope * air_exh_flow) * air_inf_exhmap_tol;
    inf_exhmap = f32min(inf_exhmap_filt, inf_exhmap_lin_clip);
/* 根据实际的物理特性,即已知气体流量在一根固定的通道内流动,我们知道能够产生的最大压降
为多少,用这个压降再来检验一下计算值是否有较大的偏差。工程上一般该值的设定也是考虑到实
际使用边界来方便自检查,例如把有一定堵塞的管路或者设计规范的极限情况作为基准来设定,这
样方便通过数据来评估状态 */
    PNC_COPY((inf_exhmap * 3.38638816F), airprs_xmap_mdl);
    return;
}
```

8.8 小结

本章介绍了结构体、共用体的基本概念和用法,还介绍了给已有数据类型取"别名"的关
键字"typedef"。

同类型的结构体类型的变量之间可以直接赋值,结构体指针就是结构体变量的起始地
址。共用体类型数据所占的存储单元不是其成员所占空间之和,而是共享同一段存储空间,
任一时刻只有一个成员变量有效。

本章习题

知识点强化训练

单选题

1. 设有以下定义语句,以下说法中错误的是(   )。

```
struct ex { int x; float y; char z; } example;
```

　　A. struct 是结构体类型的保留字　　　　B. example 是结构体类型名
　　C. x、y、z 是结构体成员名　　　　　　D. ex 是结构体类型名

2. 以下关于结构体与共用体的说法中,正确的是(   )。
　　A. 共用体同一个内存段可以用来存放几种不同类型的成员,但在某一时刻只能存
　　　　放一个成员

B. 结构体变量所占用的内存长度等于最长的成员的长度,共用体变量所占内存长度是各成员所占内存长度之和

C. 共用体每个成员分别占有自己的内存单元

D. 结构体类型可以出现在共用体类型的定义中,但共用体不能出现在结构体类型定义之中

3. 以下对结构体变量 stu1 中成员 age 的非法引用是(　　)。

```
struct  student {  int age;  int num;  }stu1, * p = &stu1;
```

A. stu1.age　　　　B. student.age　　　　C. p->age　　　　D. (* p).age

4. 设有以下结构体定义及初始化,表达式"p-> score"的结果是(　　)。

```
struct  node { int  num;  float  score; } stu[2] = {101, 91.5, 102, 92.5}, * p = stu;
```

A. 101　　　　B. 91.5　　　　C. 102　　　　D. 92.5

5. 若有定义语句:struct a { int a1; int a2; } a3;以下赋值语句正确的是(　　)。

A. a.a1=4;　　　　　　　　B. a2=4;

C. a3={4,5};　　　　　　　D. a3.a2=5;

6. 设有定义:struct ss{ char name[10]; int age ; char sex; } std[3], * p = std;则下面输入语句中错误的是(　　)。

A. scanf("%d",&(* p).age);　　　　B. scanf("%s",&std[0].name);

C. scanf("%c",&std.sex);　　　　　D. scanf("%c",&(p-> sex));

7. 下列程序的输出结果是(　　)。

```
struct  stu{ int num; char name[10];   int age ;};
void fun(struct stu * p){   printf("% s\n",(* p).name);  }
int main()
{    struct stu students[3] = {{101,"Wang",20},{102,"Liu",18},{103,"Zhou",21}};
     fun(students + 2);
     return 0;
}
```

A. 101　　　　B. Wang　　　　C. Liu　　　　D. Zhou

编程训练

1. 声明一个结构体类型,它含有一个人的姓名及电话号码。在程序中使用这个结构,输入一个或多个姓名及对应的电话号码,将输入的数据项存储在一个结构数组中。以字典序按姓名排序并输出所有的姓名及电话号码。

2. 声明一个结构体类型 Distance,它用公里、英里表示距离。定义一个 add()函数,它相加两个 Distance 变量,返回 Distance 类型的总和。定义第二个函数 show(),显示其 Distance 变量的值。编写一个程序,从键盘输入任意个单位是公里、英里的距离,使用 Distance 类型、add()和 show()函数去汇总这些距离,并输出总距离。(1 英里=1.609344

公里,1 公里＝0.621382 英里,1 公里＝1000 米)

3. 声明一个结构体类型(包括时、分、秒)。计算 0 点到任意时刻的秒数。

4. 声明一个结构体类型表示平面上某点的坐标(x,y),编程实现输入任意两点坐标,利用结构体计算它们之间的距离。

5. 共用体类型在网络编程中得到广泛应用。利用共用体编程实现:输入若干 int 型整数,然后依次将每个整数分解成 4 字节串行输出(低位在前,高位在后,十六进制)。例如,输入 1000、200、80000,则输出为 E8 03 00 00 C8 00 00 00 80 38 01 00。

第9章

文　件

教学目标

- 理解文件的概念和用途。
- 掌握 C 语言程序中标准文件操作函数。
- 掌握文本文件和二进制文件的访问方法,掌握随机读写文件的方法。
- 掌握文件的随机读写方法。

前面学习的所有程序都有一个共同点：程序处理的数据一直存放在内存中，当程序结束后这些数据就消失了，无法再访问。事实上，多数实用程序需要将数据长久存储在外部设备(如磁盘)上，这就要求程序要有能力处理外部设备上存储的数据，外部设备上的部分数据是以文件的形式存放的。C 语言提供了一系列处理文件的库函数供用户使用，以便存取外部设备上的文件。C 语言提供的处理文件的库函数都是独立于外部设备的，它们可以应用到任何外部存储设备上，硬盘和 U 盘是最常用的外部存储设备，因此本章示例假定要存取的文件都在硬盘或 U 盘上。

9.1　文件概述

文件处理是程序设计中一个重要的模块。计算机中，所谓"文件"一般是指存储在外部介质上数据的集合。一批文件是以数据的形式存放在外部介质(如磁盘)上的。本节学习文件相关的基本概念。

9.1.1　基本概念

C 语言中，每一个与主机相连的输入输出设备都看作一个文件，例如键盘、显示器和打印机等。操作系统是以文件为单位对数据进行管理的，也就是说，如果想找存在于外部介质上的数据，必须先按文件名找到指定的文件，然后从该文件中读取数据。

磁盘上文件的名称通常包含三个方面的信息：所在文件夹(路径)、主文件名、扩展名，而文件扩展名通常不超过 3 个字母，用于指示文件类型(例如，C 语言源程序文件扩展名为.c，图片文件常常以 JPEG 格式保存且文件扩展名为.jpg)。例如，D:\CC\Test.c，路径为"D:\CC\"，主文件名为"Test"，扩展名为".c"。

C 语言将文件看作一个字节(字符)的序列，即按一个字节一个字节(字符)的数据顺序组成。根据数据的组成形式，可分为 ASCII 文件和二进制文件。ASCII 文件又称文本(text)文件，它的每个字节可放一个 ASCII，代表一个字符，此时文件就是一个文本流。二进制文件是把内存中的数据按其在内存中的存储形式按原样输出到磁盘上存放，此时文件就是一个字节流或二进制流。

例如，假定要将整数"30000"写入文件，如果采用文本文件，则在磁盘中占 5 字节(每个数字占 1 字节)。如果采用二进制文件，而 C 语言中 int 型占 4 字节(大多数编译环境)，则其存储形式如图 9.1 所示。

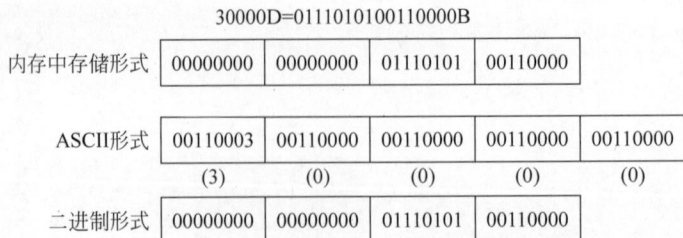

30000D=0111010100110000B

内存中存储形式	00000000	00000000	01110101	00110000

ASCII形式	00110003	00110000	00110000	00110000	00110000
	(3)	(0)	(0)	(0)	(0)

二进制形式	00000000	00000000	01110101	00110000

图 9.1　ASCII 和二进制文件存储形式对比

为了避免频繁地读写磁盘,C 语言程序处理文件时自动在内存中为每个正在使用的文件开辟一块存储空间作为读写文件的缓冲区。当要从磁盘文件中读入数据时,先读一批数据存放到缓冲区中,然后再从缓冲区中读出数据送到程序数据区;当要将程序数据区中数据写入磁盘文件时,先将程序数据区中一部分数据送到缓冲区,可以当缓冲区装满后再一起写入磁盘文件,如图 9.2 所示。

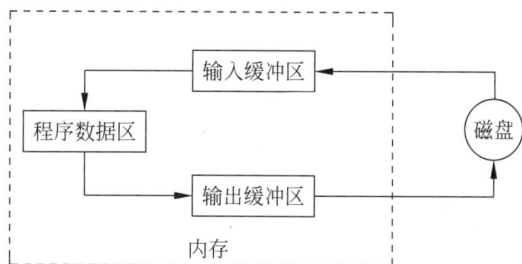

图 9.2　文件缓冲区示意图

9.1.2　文件类型指针

每个被使用的文件都在内存中开辟一个相应的文件信息区,用来存放文件的有关信息(如文件的名字、文件状态及文件当前位置等)。这些信息是保存在一个结构体变量中的。该结构体类型在头文件"stdio. h"中声明,名称为"FILE"。不同的 C 编译系统中 FILE 类型包含的内容可能不尽相同,但基本上大同小异,一般不用深究其细节,只需知道该类型描述存放文件的有关信息即可。这些信息是在打开文件时由系统根据文件的情况自动放入的,用户不必过问。

一般不对 FILE 类型的变量命名,也就是不通过变量的名字来引用这些变量,而是设置一个指向 FILE 类型变量的指针变量,然后通过它来引用这些 FILE 类型变量。这样使用起来方便。

例如：FILE　* fp1, * fp2;
定义 fp1 和 fp2 为指向 FILE 类型数据的指针变量,可以使 fp1 或 fp2 指向某一个文件的文件信息区(是一个结构体变量),通过该文件信息区中的信息就能够访问该文件。

🔑 9.2　文件的打开与关闭

C 语言程序访问文件一般有三个步骤：打开文件、读或写文件、关闭文件。实际上,所谓"打开"是指为文件建立相应的信息区(用来存放有关文件的信息)和文件缓冲区(用来暂时存放输入输出的数据)。编写程序时,在打开文件的同时,一般都指定一个指针变量指向该文件,即建立起指针变量与文件之间的联系,然后就可以通过该指针变量对文件进行读写。所谓"关闭"是指撤销文件信息区和文件缓冲区,使文件指针变量不再指向该文件,这样就无法对文件进行读写了。

9.2.1　文件的打开

打开文件就是将内部文件指针变量关联到一个特定的外部文件的过程。调用标准库函数 fopen()就可以打开文件,该函数返回特定外部文件的文件类型指针。fopen()函数在头文件 stdio.h 中定义,它的一般使用形式为:

```
FILE * fp = NULL;
fp = fopen(文件名,打开文件方式);
```

其中,"文件名"是被打开文件的名称,是一个字符串;"打开文件方式"也是一个字符串,指明以何种方式打开文件,打开文件的方式见表 9.1。函数返回值为指向该文件的文件类型指针。

表 9.1　打开文件的方式

打开文件的方式	含　义	如果文件不存在
"r"	打开一个文本文件,在文件头开始读数据	出错
"w"	打开一个文本文件,如果文件存在,则先删除文件原有内容,然后开始写数据	新建一个文本文件
"a"	为了向文件末尾增加数据,打开一个文本文件	新建一个文本文件
"rb"	打开一个二进制文件,在文件头开始读数据	出错
"wb"	打开一个二进制文件。如果文件存在,则先删除文件原有内容,然后开始写数据	新建一个二进制文件
"ab"	为了向文件末尾增加数据,打开一个二进制文件	新建一个二进制文件
"r+"	打开一个文本文件,在文件头开始读或写数据	出错
"w+"	打开一个文本文件,如果文件存在,则先删除文件中原有内容,然后开始读或写数据	新建一个文本文件
"a+"	为了读和写数据,打开一个文本文件,在文件末尾处写数据,在文件头开始读数据	新建一个文本文件
"rb+"或"r+b"	打开一个二进制文件,在文件头开始读或写数据	出错
"wb+"或"w+b"	打开一个二进制文件,如果文件存在,则先删除文件中原有内容,然后开始读或写数据	新建一个二进制文件
"ab+"或"a+b"	打开一个二进制文件,在文件末尾处追加数据,在文件头开始读数据	新建一个二进制文件

例如:fp＝fopen("c:\\abc.txt","r");其功能是以只读的方式打开文本文件 c:\abc.txt。

注意:当写带路径的文件名时,由于转义字符的原因,符号'\'应写成'\\'或'/'。当文件名中省略了"路径"时,表示文件在当前文件夹(目录)中,通常就是程序所在文件夹。例如:fp＝fopen("stu.dat","wb");

对于函数 fopen,需要说明以下几点。

(1) 用"r"方式打开文件(包括"rb""r+""rb+"),只能用于"读",即磁盘文件输入到内存中。试图打开一个不存在的文件会出错。

(2) 用"w"方式打开文件(包括"wb""w+""wb+"),只能用于"写",即内存数据输出到磁盘文件中。如果文件不存在,则在打开时新建一个以指定名字命名的文件,否则先删除原文件中所有数据后才开始写操作。

(3) 凡带"+"号的打开方式,打开的文件总是既能"读",又能"写"。

(4) 当打开文件方式中有"r"时,如果打开文件失败(例如,文件不存在或损坏),则函数

fopen()将返回一个空指针 NULL。所以安全的做法是用下面的语句形式打开一个文件。

```
if((fp = fopen(文件名, "r")) == NULL)
{
    printf("Open file failed。\n");
    exit(0);                          /* 需要包含头文件:stdlib.h */
}
```

（5）当需要新建文件时,如果指定的文件夹不存在,函数 fopen()不会创建文件夹,而是失败,返回一个空指针 NULL。例如,如果 E 盘根目录（文件夹）下不存在名为"abc"的子文件夹,则执行下列语句后不会新建文件,fp 的值为 NULL。

```
fp = fopen("E:\\abc\\a.dat", "wb");
```

（6）Windows 系统中,从文本文件读入字符时,遇到回车换行符,系统会把它们换成一个换行符'\n',而在写文本文件时会把换行符'\n'换成回车符（ASCII 码为 13）和换行符两个符号。

（7）程序中可以使用 3 个标准的文件流：标准输入流（stdin）、标准输出流（stdout）、标准出错输出流（stderr）。系统已对这 3 个文件指定了与终端的对应关系。标准输入流是从终端的输入,标准输出流是向终端的输出,标准出错输出流是当程序出错时将出错信息发送到终端。使用这 3 个流文件时,不需要使用函数 fopen()打开它们,直接通过 stdin、stdout、stderr 这三个文件指针变量操作即可。例如,若有 char 型变量 c,通常可以用 c = fgetc(stdin)代替 scanf("%c",&c)。

9.2.2　文件的关闭

为了保证写入文件缓冲区中的数据一定写到磁盘文件中,如果不再需要使用该文件时应及时执行关闭文件的操作,以避免文件数据的丢失或被误用。关闭文件包括：将文件缓冲区中未写入文件的数据写入文件,撤销文件信息区和文件缓冲区,使文件指针变量不再指向该文件。关闭文件使用函数 fclose(),它的一般使用形式如下。

```
fclose(文件指针变量);
```

例如,fclose(fp);

函数 fclose()有 int 型的返回值,若成功关闭文件,返回值为 0,若检测出任何出错则返回值为 EOF(−1)。

🔑 9.3　文本文件的访问

本节先讨论文本文件中字符和字符串输入输出函数的使用方法,然后讨论格式化输入输出数据的方法。

9.3.1　字符输入输出函数

对文本文件输入输出字符的函数如表 9.2 所示。

表 9.2　输入输出字符的函数

函 数 原 型	说　　明
int　fputc(int c,FILE * fp)	把字符 c(转换为 unsigned char 类型)输出到流 fp 中。 返回写入的字符,错误则返回 EOF(−1)
int　putc(int c,FILE * fp)	除是以宏实现的外,等价于函数 fputc()
int　fgetc(FILE * fp)	返回 fp 流的下一个字符,返回类型为 unsigned char(被转换为 int 类型)。如果到达文件末尾或发生错误,则返回 EOF(−1)
int　getc(FILE * fp)	除是以宏实现的外,等价于函数 fgetc()

向文件写一个字符或从文件读一个字符,文件的读写位置后移一个字符。

【例 9.1】　编程实现将 26 个大写字母按顺序写入一个文本文件中,每行 13 个。

分析:利用字符输出函数一个一个地将字母写到文件中,同时计数,当输出 13 个字母后输出一个换行符。

程序 9.1　将 26 个大写字母按顺序写入一个文本文件中,每行 13 个。

```c
#include < stdio.h >
#include < stdlib.h >
int main(void)
{
    FILE  * fp;
    char c = 'A';
    int i;
    if((fp = fopen("a.txt","w")) == NULL)
    {
        printf("Create file failed.\n");
        exit(0);
    }
    for(i = 0;i < 26;i++)
    {
        fputc(c + i,fp);
        if(i == 13 − 1) fputc('\n',fp);
    }
    fclose(fp);
    return 0;
}
```

运行该程序后得到的文件如图 9.3 所示。

【例 9.2】　编程实现:复制文本文件 a.txt,生成文件 b.txt。

分析:利用字符输入函数从文件 a.txt 读一个字符,然后利用字符输出函数将该字符写到文件 b.txt 中,再从文件 a.txt 读下一个字符并依次写到文件 b.txt 中,如此进行下去,直到读完文件 a.txt 所有字符并写到文件 b.txt 为止。如何知道是否读完文件 a.txt 所有字符呢? 函数 feof()可以用来判断是否读到文件结尾。

图 9.3　例 9.1 产生的文件

程序 9.2　复制文本文件 a.txt,生成文件 b.txt。

```c
#include < stdio.h >
#include < stdlib.h >
```

```
int main(void)
{
    FILE * fp1, * fp2;
    char c;
    if((fp1 = fopen("a.txt","r")) == NULL)
    {
        printf("Open file failed.\n");
        exit(0);
    }
    if((fp2 = fopen("b.txt","w")) == NULL)
    {
        printf("Create file failed.\n");
        exit(0);
    }
    c = fgetc(fp1);
    while(!feof(fp1))
    {
        fputc(c,fp2);
        c = fgetc(fp1);
    }
    fclose(fp1);
    fclose(fp2);
    return 0;
}
```

运行该程序后,会生成与文件 a.txt 一模一样的文件 b.txt。

注意:函数 feof()判断文件结束是通过读取函数返回错误来识别的,故而判断文件是否结束应该是在读取函数之后进行判断。

9.3.2 字符串输入输出函数

对文本文件输入输出字符串的函数如表 9.3 所示。

表 9.3 输入输出字符串的函数

函 数 原 型	说 明
int fputs(const char * s,FILE * fp)	把字符串 s(不包含字符'\0')输出到流 fp 中。 若出现写错误,返回 EOF,否则返回一个非负值
char * fgets(char * s,int n,FILE * fp)	最多将 n−1 个字符(包含换行符)读入到数组 s 中,且以符号'\0'结尾。当遇到换行符(换行符作为字符串 s 的最后一个有效字符)或文件结尾时,读取过程终止。 返回值为 s,如果遇到文件尾且未读入字符到数组 s 中,则数组 s 内容保持不变并返回 NULL,如果发生错误,则数组 s 内容不确定并返回 NULL

向文件写一个字符串或从文件读一个字符串,文件的读写位置后移到该字符串后的下一个字符处。

为了避免输入的字符串超出了数组 s 的容量,可以用 fgets(char * s,int n,stdin)代替 gets(char * s)使用,但前者当实际输入的符号少于 n−1 时,会将换行符放到数组 s 中,而后者总是不会把换行符存到数组 s 中。如果使用 fputs(const char * s,stdout)代替 puts (const char ＊ s)使用的话,需要注意二者的区别,前者会舍去字符串结尾标识'\0',而后者会将字符串结尾标识'\0'转换为换行符输出。

【例 9.3】　编程实现：从键盘输入一段文字(每行不超过 40 个字符),将其保存到文件 file3. txt 中,遇到行首字符为'♯'表示结束('♯'不写入文件中)。

分析：利用字符串输出函数 fputs()实现写入文件操作,但要注意字符串结尾标识'\0'与换行符之间的转换。

程序 9.3　例 9.3 的实现。

```c
# include < stdio. h >
# include < stdlib. h >
int main(void)
{
    FILE * fp;
    char s[41];
    if((fp = fopen("file3.txt","w")) == NULL)
    {
        printf("Create file failed.\n");
        exit(0);
    }
    gets(s);
    while(s[0]!= '♯')
    {
        fputs(s,fp);
        fputc('\n',fp);
        gets(s);
    }
    fclose(fp);
    return 0;
}
```

输出样例(输入与文件内容相同)如图 9.4 所示。

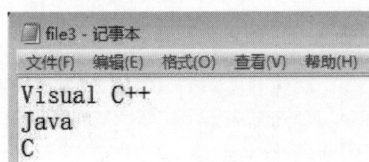

图 9.4　例 9.3 产生的文件

【例 9.4】　编程实现：将例 9.3 生成的文件的内容输出到屏幕上。

分析：利用字符串输入函数 fgets(char ＊ s,int n,FILE ＊ fp)实现读文件操作,但要注意读入的 n−1 个字符中可能包含换行符。所以在输出到屏幕时,不用单独输出换行符。

程序 9.4　将例 9.3 生成的文件的内容(见图 9.4)输出到屏幕上。

```c
# include < stdio. h >
# include < stdlib. h >
int main(void)
{
    FILE * fp;
    char s[42];
```

```
    if((fp = fopen("file3.txt","r")) == NULL)
    {
        printf("Open file failed.\n");
        exit(0);
    }
    fgets(s,41,fp);              /* 每行不超过 40 个字符,所以换行符会存放到 s 中 */
    while(!feof(fp))
    {
        printf("%s",s);
        fgets(s,41,fp);
    }
    fclose(fp);
    return 0;
}
```

运行该程序屏幕输出与用记事本打开 file3. txt 的效果相同。

9.3.3　格式化方式输入输出函数

前面学习了字符和字符串的输入输出,而实际上数据的结构往往是复杂的。大家已很熟悉用 printf()函数和 scanf()函数向终端进行格式化的输入输出,即用各种不同的格式以终端为对象输入输出数据。其实也可以对文件进行格式化输入输出,即采用函数 fprintf()和函数 fscanf()读写文件。它们的功能与对应的 printf()函数和 scanf()函数基本相同,不同之处在于输入输出的对象不同。函数 fprintf()实现向文件写数据,函数 fscanf()实现从文件中读数据。如果把函数 fprintf()的第一个参数改为"stdout",则其功能与函数 printf()相同,如果把函数 fscanf()的第一个参数改为"stdin",则其功能与函数 scanf()相同。它们的调用形式如下。

```
int fprintf(FILE * fp, 格式串, 输出项列表);
int fscanf(FILE * fp, 格式串, 输入项列表);
```

如果操作成功,则函数 fscanf()返回输入的数据项数;否则,返回 0。如果读到文件尾,则返回 EOF(−1)。如果操作成功,函数 fprintf()返回实际写入的字符数,否则返回一个负值。

【例 9.5】　假定学生的成绩信息包括学号、姓名、课程名、分数,创建一个名为 score. txt 的文本文件,从键盘输入成绩数据,并写入文件 score. txt 中,当输入的学号为 0 时结束程序。

分析:一个成绩信息是一个复合数据,可以声明一个结构体来表示。一个成绩信息中包含不同类型的数据,可以用格式化输出函数 fprintf()将其写入文本文件中。

程序 9.5　例 9.5 的实现。

```
# include < stdio. h >
# include < stdlib. h >
struct cj{
    int sno;
    char sname[10];
    char cname[10];
    int score;
```

```
    }
int main(void)
{
    FILE  * fp;
    struct cj    s;
    int sno;
    if((fp = fopen("score.txt","w")) == NULL)
    {
        printf("Create file failed.\n");
        exit(0);
    }
    printf("Input sno:");
    scanf("%d",&sno);
    while(sno!= 0)
    {
        printf("Input sname cname score:\n");
        scanf("%s%s%d",s.sname,s.cname,&s.score);
        fprintf(fp,"%d %s %s %d\n",sno,s.sname,s.cname,s.score);   /* 各项之间有空格 */
        printf("Input sno:");
        scanf("%d",&sno);
    }
    fclose(fp);
    return 0;
}
```

运行该程序,如果输入如图9.5所示,则生成的文件内容如图9.6所示。

```
Input sno:101
Input sname cname score:
ricky c 87
Input sno:102
Input sname cname score:
mary java 90
Input sno:103
Input sname cname score:
tim html 88
Input sno:0
```

图9.5   例9.5运行效果

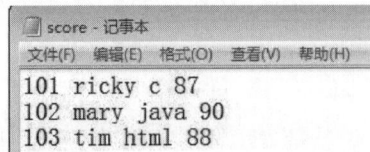

图9.6   例9.5生成文件内容

【例9.6】 从例9.5生成的文件score.txt中读数据,并显示在屏幕上。

从例9.5可知文件中每行数据的基本格式,可以方便地利用格式化输入函数fscanf()读入数据,空格和换行符是数据项之间的分隔符。

程序9.6   从例9.5生成的文件score.txt中读数据,并显示在屏幕上。

```
# include < stdio.h >
# include < stdlib.h >
struct cj{
    int sno;
    char sname[10];
    char cname[10];
    int score;
}
int main(void)
{
    FILE  * fp;
```

```
    struct cj   s;
    if((fp = fopen("score.txt","r")) == NULL)
    {
        printf("Open file failed.\n");
        exit(0);
    }
    fscanf(fp,"%d%s%s%d",&s.sno,s.sname,s.cname,&s.score);
    while(!feof(fp))
    {
        printf("%d %s %s %d\n",s.sno,s.sname,s.cname,s.score);
        fscanf(fp,"%d%s%s%d",&s.sno,s.sname,s.cname,&s.score);
    }
    fclose(fp);
    return 0;
}
```

该程序输出与图 9.6 类似。

用 fprint() 和 fcanf() 函数对磁盘文件读写,使用类似记事本这类工具容易查看文件内容,数据直观,容易理解,但由于输入时要将文件中的 ASCII 转换为二进制形式,再保存在内存变量中,而输出时又要将内存中的二进制形式转换成字符,时间效率不高。因此,在内存与磁盘频繁交换数据的情况下,不建议使用 fprintf() 和 fscanf() 函数,最好使用下面将介绍的 fread() 和 fwrite() 函数进行二进制文件的读写。

9.4 二进制文件的访问

上一节讨论的是对文本文件的访问,如果是二进制文件,又该如何访问呢?

9.4.1 数据块输入输出函数

数据块输出函数 fwrite() 和输入函数 fread() 是二进制形式输入输出函数。在输入输出数据时不必进行二进制数据与 ASCII 码之间的转换,读写数据速度相对较快。它们的调用形式如下。

```
unsigned fwrite(数据类型 * buffer, unsigned size, unsigned count, FILE * fp)
unsigned fread(数据类型 * buffer, unsigned size, unsigned count, FILE * fp)
```

buffer:是一个指针变量。对 fread() 来说,它是用来存放从文件读入的数据在存储区的首地址。对 fwrite() 来说,是要把此地址开始的存储区中的数据输出到文件。

size:一次读写的字节数。

count:要读写多少次(每次读取的数据量为 size 字节)。

fp:代表文件的 FILE 类型指针变量。

返回值:正常情况下,返回函数第三个参数 count 值,否则返回 0。

【例 9.7】 假定学生的成绩信息包括学号、姓名、课程名、分数,创建一个名为 score.dat 的二进制文件,从键盘输入成绩数据,并写入文件 score.dat 中,当输入的学号为 0 时结束程序。

分析：一个成绩信息是一个复合数据，可以声明一个结构体来表示。一个成绩信息中包含不同类型的数据，也可以用二进制形式输出函数 fwrite() 将其写入二进制文件中。

程序 9.7 例 9.7 的实现。

```c
#include<stdio.h>
#include<stdlib.h>
struct cj{
    int sno;
    char sname[10];
    char cname[10];
    int score;
};
int main(void)
{
    FILE *fp;
    struct cj  s;
    int sno;
    if((fp=fopen("score.dat","wb"))==NULL)
    {
        printf("Create file failed.\n");
        exit(0);
    }
    printf("Input sno:");
    scanf("%d",&sno);
    while(sno!=0)
    {
        printf("Input sname cname score:\n");
        scanf("%s%s%d",s.sname,s.cname,&s.score);
        s.sno=sno;
        fwrite(&s,sizeof(s),1,fp);
        printf("Input sno:");
        scanf("%d",&sno);
    }
    fclose(fp);
    return 0;
}
```

运行该程序，输入数据格式与例 9.5 相同。如果用记事本打开生成的二进制文件，会出现乱码，因为该文件不是文本文件，下一个例子介绍如何读出二进制文件数据。

【例 9.8】 从例 9.7 生成的二进制文件 score.dat 中读数据，并显示在屏幕上。

从例 9.7 可知文件中每条记录的数据格式，可以方便地利用数据块输入函数 fread() 读入数据。由于不知道文件有多少条记录，只能每读一条记录后判断是否到达文件尾。每次只读一条记录数据，所以 fread() 函数的第一个参数 buffer 只需存储一个成绩信息的空间，即定义一个普通结构体变量即可。

程序 9.8 例 9.8 的实现。

```c
#include<stdio.h>
#include<stdlib.h>
struct cj{
    int sno;
```

```
        char sname[10];
        char cname[10];
        int score;
};
int main(void)
{
    FILE *fp;
    struct cj s;
    if((fp = fopen("score.dat","rb")) == NULL)
    {
        printf("Open file failed.\n");
        exit(0);
    }
    fread(&s,sizeof(s),1,fp);
    while(!feof(fp))
    {
        printf("%d %s %s %d\n",s.sno,s.sname,s.cname,s.score);
        fread(&s,sizeof(s),1,fp);
    }
    fclose(fp);
    return 0;
}
```

该程序运行结果与图 9.6 类似。

9.4.2　随机访问

前面有关读写文件的程序有一个共同点,就是读写都是顺序进行的,也就是要么从头读到文件尾,要么是从头写到文件尾。换句话说,就是数据访问是按照文件中数据的物理位置顺序进行的。利用 C 语言提供的控制文件读写位置的库函数就可以人为地改变文件当前读写位置,这就能够实现访问我们想要访问的任意数据,而不必按数据的物理位置次序依次读写,这就是文件的随机访问。

无论文件是以二进制方式还是以文本方式打开,都可以进行随机访问。然而,使用文本文件在某些环境下是比较复杂的,尤其是微软的 Windows 环境。事实上,文件记录的字符数比实际写入的多,因为内存中的换行符'\n',在写入文本文件时,会转换成两个字符(回车CR 和换行 LF)。因此,应该尽量避免对文本文件进行随机访问,这里我们只讨论简单而有用的二进制文件的随机访问。

文件打开后就可以进行读写,不妨把“接下来要读写的下一个字节的位置”称为文件当前读写位置。打开文件时,如果打开方式串中不含“a”,文件当前读写位置都在文件头。常用于控制文件当前读写位置的函数:rewind()、fseek()和 ftell()。

(1) 函数 rewind()。

一般使用形式:void rewind(FILE *fp)

函数功能:使文件当前读写位置移动到文件开头位置。

返回值:无。

(2) 函数 fseek()。

一般使用形式:int fseek(FILE *fp,long int offset,int whence)

函数功能：设置文件当前读写位置，后续的读写操作将从新位置开始。对于二进制文件，此位置被设置为从 whence 开始的第 offset 字节处。whence 的值可能为 SEEK_SET(0)、SEEK_CUR(1)或 SEEK_END(2)，分别代表：文件开头、当前读写位置、文件末尾。

返回值：仅当请求不能被满足时才返回非 0 值，设置成功则返回 0。

(3) 函数 ftell()。

一般使用形式：long int ftell(FILE * fp)

函数功能：获得文件当前读写位置，是用相对于文件开头位置的位移量来表示的。

返回值：如果成功，返回值为位移量，否则返回 -1。

【例 9.9】　编程输出文件长度（字节数）。从键盘输入文件名（可含路径，不超过 30 个字符）。

以二进制读的方式打开文件，利用 fseek() 函数将文件当前读写位置移动到文件末尾，然后利用 ftell() 函数获得当前读写位置对应的数值，即该文件的长度。

程序 9.9　例 9.9 的实现。

```c
#include <stdio.h>
#include <stdlib.h>
int main(void)
{
    FILE *fp;
    char filename[31];
    printf("Input filename:\n");
    scanf("%30s",filename);                /* 输入路径时注意\\ */
    if((fp = fopen(filename,"rb")) == NULL)
    {
        printf("Open file failed.\n");
        exit(0);
    }
    fseek(fp,0,SEEK_END);
    printf("Length is %ldBytes\n",ftell(fp));
    fclose(fp);
    return 0;
}
```

程序运行结果如下。

```
Input  filename:
c:\\windows\\notepad.exe
Length  is  193536Bytes
```

【例 9.10】　编程实现复制文件操作。

首先仿照例 9.9 的方法获得文件的字节数。然后，读一个字节写到新文件中，再读下一个字节写到新文件中，依次进行，直到读完所有字节为止。当然，也可以不求文件的长度，利用 feof() 函数来判断是否读到文件末尾。

程序 9.10　编程实现复制文件操作。

```c
#include <stdio.h>
#include <stdlib.h>
int main(void)
```

```
{
    FILE *fp1, *fp2;
    char filename[31],newfilename[31],c;
    int i;
    long n;
    printf("Input filename:\n");
    scanf("%31s",filename);
    if((fp1 = fopen(filename,"rb")) == NULL)
    {
        printf("Open file failed.\n");
        exit(0);
    }
    printf("Input new filename:\n");
    scanf("%31s",newfilename);
    if((fp2 = fopen(newfilename,"wb")) == NULL)
    {
        printf("Create file failed.\n");
        exit(0);
    }
    fseek(fp1,0,SEEK_END);
    n = ftell(fp1);
    rewind(fp1);
    for(i = 0;i < n;i++){                    /*此时,n为文件字节数*/
        fread(&c,1,1,fp1);
        fwrite(&c,1,1,fp2);
    }
    fclose(fp2);
    fclose(fp1);
    return 0;
}
```

【例 9.11】 假定已利用例 9.7 的程序建立了一个包含 5 条记录的成绩信息文件,名称为 score.dat。编程实现: 将倒数第 3 条成绩记录中的分数增加 5 分。

这是一个二进制文件数据更新问题,应该以"rb+"方式打开文件。可以利用例 9.9 的方法首先获得文件的字节数,然后根据一个成绩结构体变量所占内存空间字节数容易算出倒数第 3 条记录的位置值。另一个思路是打开文件后,首先设置文件当前读写位置到文件末尾,然后向文件开头方向调整文件当前读写位置 3 条记录的位置。找到这个位置就可以读出数据,修改后写回到文件中。

程序 9.11 例 9.11 的实现。

```
#include < stdio.h >
#include < stdlib.h >
struct cj{
    int sno;
    char sname[10];
    char cname[10];
    int score;
};
int main(void)
{
```

```
    FILE * fp;
    struct cj   s;
    if((fp = fopen("score.dat","rb + ")) == NULL)
    {
        printf("Open file failed.\n");
        exit(0);
    }
    fseek(fp, - 3 * (long)sizeof(s),SEEK_END);
    fread(&s,sizeof(s),1,fp);
    s. score += 5;
    fseek(fp, - 1 * (long)sizeof(s),SEEK_CUR); / * 读数据后要回退到原来位置 * /
    fwrite(&s,sizeof(s),1,fp);
    fclose(fp);
    return 0;
}
```

运行该程序后,可以运行程序 9.8 查看修改后的文件内容。

9.5　综合应用实例——个人消费记账本

编程实现个人消费记录的简单管理。操作主要包括:添加记录(记账)、显示记录、按月查询等。每条消费记录包含日期、金额和备注等信息项。

设计一个结构体类型表示一条消费记录,然后程序运行时利用结构体数组存放所有消费记录,程序退出后将所有消费记录以二进制文件形式长久保存在磁盘上。

程序 9.12　个人消费记账本。

```
# include < stdio. h >
# include < stdlib. h >
#define  N   2                       / * 初始容量 * /
#define  INC  100                     / * 单次容量增量 * /
typedef  struct rec{
    int year;  int month;  int day;   / * 年、月、日 * /
    float cost;                       / * 金额 * /
    char memo[30];                    / * 备注 * /
}  record;
record  * rec;  int  length,  capacity;
void  Initialize()                    / * 初始化:从文件中读取数据存放到 rec 中 * /
{
    FILE * fp;  record x;
    rec = (record * )malloc(N * sizeof(record));
    if(rec == NULL)   exit(0);
    length = 0;   capacity = N;
    if((fp = fopen("data. dat","rb"))!= NULL)
    {
        fread(&x,sizeof(record),1,fp);
        while(!feof(fp)){
            if(length == capacity)
            {
                rec = (record * )realloc(rec,(capacity + INC) * sizeof(record));
```

```
                    capacity += INC;
                }
                rec[length++] = x;
                fread(&x, sizeof(record), 1, fp);
            }
            fclose(fp);
        }
}
void  SaveFile()                              /* 保存到文件 data.dat */
{
    FILE * fp;
    if((fp = fopen("data.dat", "wb")) == NULL)
    {
        printf("Fail to open file!\n");
        exit(0);                              /* 退出程序(结束程序) */
    }
    int n = fwrite(rec, sizeof(record), length, fp);
    if(n < length)
    {
        printf("Fail to write file!\n");   fclose(fp);   exit(0);
    }
    fclose(fp);
    printf("Save successfully.\n");
}
void  AddRec()                                /* 添加消费记录 */
{
    record  r;
    printf("请输入年月日,格式: yyyy - mm - dd\n");
    scanf("%d - %d - %d", &r.year, &r.month, &r.day);
    printf("请输入消费的金额(可以有小数)\n");    scanf("%f", &r.cost);
    printf("请输入该消费的备注(不含空格)\n");    scanf("%s", r.memo);
    if(length == capacity)
    {
        rec = (record * )realloc(rec, (capacity + INC) * sizeof(record));
        capacity += INC;
    }
    rec[length++] = r;
}
void  PrintDate(int y, int m, int d)          /* 输出年、月、日 */
{
    printf("%d - ", y);        if(m < 10) printf("%d", 0);        printf("%d - ", m);
    if(d < 10) printf("%d", 0);        printf("%d", d);
}
void  ShowRec()                               /* 显示所有消费记录 */
{
    printf("   日期\t\t金额\t备注\n");
    for(int i = 0; i < length; i++)
    {
        PrintDate(rec[i].year,  rec[i].month,  rec[i].day);
        printf("\t%.2f\t%s\n",  rec[i].cost,  rec[i].memo);
    }
}
void  FindByMonth(int y, int m)     /* 查询指定月份消费记录并输出,计算该月消费总额 */
```

```
{
    float sum = 0.0;
    printf("    日期\t\t 金额\t 备注\n");
    for( int i = 0;  i < length;  i++)
    {
        if(rec[i]. year == y && rec[i]. month == m)
        {
            PrintDate(rec[i].year,  rec[i].month,  rec[i].day);
            printf("\t %.2f\t % s\n",  rec[i]. cost,  rec[i]. memo);
            sum += rec[i]. cost;
        }
    }
    printf("\n % d 年 % d 月共消费 %.2f 元。\n",y,m,sum);
}
int  main(void)
{
    int  cmd, y, m;      char  q;
    printf(" ************** 个人消费记账本 **************\n");
    Initialize();
    for (;;)
    {
        printf("\n 操作: 1 = 记账, 2 = 显示, 3 = 按月查询, 4 = 保存, 0 = 退出\n");
        printf("输入一个整数选择操作: ");
        scanf(" % d", &cmd);
        switch (cmd)
        {
            case 1:  AddRec();     break;
            case 2:  ShowRec();    break;
            case 3:
                printf("请输入年和月,用空格隔开\n");
                scanf(" % d % d",&y,&m);
                FindByMonth(y,m);
                break;
            case 4:  SaveFile();  break;
            case 0:
                printf("是否保存到磁盘?(y 或其他)");
                fflush(stdin);                        //清除回车符的影响
                scanf(" % c",&q);
                if(q == 'y'||q == 'Y') SaveFile();
                return 0;
        }
    }
    return 0;
}
```

程序运行结果如下。

```
************** 个人消费记账本 **************

操作: 1 = 记账, 2 = 显示, 3 = 按月查询, 4 = 保存, 0 = 退出
输入一个整数选择操作: 1
请输入年月日,格式: yyyy - mm - dd
2024 - 05 - 01
```

```
请输入消费的金额(可以有小数)
300.00
请输入该消费的备注(不含空格)
旅游

操作:1=记账,2=显示,3=按月查询,4=保存,0=退出
输入一个整数选择操作:1
请输入年月日,格式:yyyy-mm-dd
2024-05-10
请输入消费的金额(可以有小数)
200.00
请输入该消费的备注(不含空格)
学习用品

操作:1=记账,2=显示,3=按月查询,4=保存,0=退出
输入一个整数选择操作:1
请输入年月日,格式:yyyy-mm-dd
2024-05-25
请输入消费的金额(可以有小数)
30.00
请输入该消费的备注(不含空格)
看电影

操作:1=记账,2=显示,3=按月查询,4=保存,0=退出
输入一个整数选择操作:1
请输入年月日,格式:yyyy-mm-dd
2024  06-05
请输入消费的金额(可以有小数)
80.50
请输入该消费的备注(不含空格)
吃饭

操作:1=记账,2=显示,3=按月查询,4=保存,0=退出
输入一个整数选择操作:1
请输入年月日,格式:yyyy-mm-dd
2024-06-11
请输入消费的金额(可以有小数)
220.00
请输入该消费的备注(不含空格)
买衣服

操作:1=记账,2=显示,3=按月查询,4=保存,0=退出
输入一个整数选择操作:4
Save successfully.

操作:1=记账,2=显示,3=按月查询,4=保存,0=退出
输入一个整数选择操作:2
    日期          金额      备注
2024-05-01     300.00   旅游
2024-05-10     200.00   学习用品
2024-05-25     30.00    看电影
2024-06-05     80.50    吃饭
2024-06-11     220.00   买衣服
```

```
操作:1=记账,2=显示,3=按月查询,4=保存,0=退出
输入一个整数选择操作:3
请输入年和月,用空格隔开
2024 6
        日期              金额      备注
2024-06-05           80.50     吃饭
2024-06-11          220.00     买衣服

2024年6月共消费300.50元。

操作:1=记账,2=显示,3=按月查询,4=保存,0=退出
输入一个整数选择操作:0
是否保存到磁盘?(y或其他)y
Save successfully.
```

9.6　小结

本章介绍了文件的基本概念、文本文件和二进制文件的读写方法以及随机访问二进制文件的方法等内容。通过本章的学习读者应初步掌握 C 语言程序读写文件的基本方法,这是开发实用 C 语言程序的重要内容,有助于为今后进一步的学习和应用打下必要的基础。

本章习题

在线测试

知识点强化训练

单选题

1. 以下文件函数中,用于关闭文件的函数是(　　　)。

　A. fopen()　　　　　B. fprintf()　　　　　C. fscanf()　　　　　D. fclose()

2. 需要以写模式打开一个名为 myfile.txt 的文本文件,下列打开文件正确的是(　　　)。

　A. fopen("myfile.txt","r")　　　　　B. fopen("myfile.txt","w")

　C. fopen("myfile.txt","rb")　　　　　D. fopen("myfile.txt","wb")

3. 二进制文件与文本文件不同的是(　　　)。

　A. 二进制文件中每字节数据都没有用 ASCII 码表示

　B. 二进制文件包含了 ASCII 码控制符

　C. 二进制文件一般以字符"\0"结束

　D. 二进制文件用字符"\n"表示行的结束

4. 使用 fseek()函数可以实现的操作是(　　　)。

　A. 文件的顺序读写　　　　　B. 打开文件

　C. 改变文件内部读写指针的位置　　　　　D. 使文件内部读写指针移到文件开头

5. 以下函数中,不能用于向文件中写入数据的是(　　　)。

A. ftell() B. fwrite() C. fputc() D. fprintf()

6. 若以"a+"方式打开一个已存在的文件,则以下叙述正确的是( )。

   A. 文件打开时,原有文件内容不被删除,位置指针移到文件末尾,可做添加操作

   B. 文件打开时,原有文件内容不被删除,位置指针移到文件开头,可做重写和读操作

   C. 文件打开时,原有文件内容被删除,只可做写操作

   D. 以上说法都不正确

7. 下列关于文件的叙述中正确的是( )。

   A. C 语言中的文件是流式文件,因此只能顺序存取数据

   B. 打开一个已存在的文件并进行了写操作后,原有文件中的全部数据必定被覆盖

   C. 在一个程序中当对文件进行了写操作后,必须先关闭该文件然后再打开,才能读到第一个数据

   D. 当对文件的读(写)操作完成之后,必须将它关闭,否则可能导致数据丢失

8. 下列与函数 fseek(fp,0L,SEEK_SET)有相同作用的是( )。

   A. feof(fp) B. ftell(fp) C. fgetc(fp) D. rewind(fp)

编程训练

1. 从键盘输入若干不含空格的字符串,依次写入文本文件中,每个串占一行。

2. 打开第 1 题产生的文件,按逆序将这些字符串写入新的文件中。例如,原文件倒数第一个字符串写到新文件开头位置。

3. 利用文本文件,设计一个简易通讯录管理程序,只保存姓名和电话号码。

4. 利用二进制文件,设计一个简易通讯录管理程序,只保存姓名和电话号码。

5. 有 3 个学生,每个学生有 3 门课程的成绩,从键盘分别输入每个学生的姓名和 3 门课程的成绩,保存到文本文件中。

6. 读第 4 题产生的文件,将所有信息输出到屏幕。

7. 假定存在一个文本文件记录数据(各项之间用空格分隔)如表 9.4 所示,编程将所有信息输出到屏幕上。学号采用字符串处理。

表 9.4 一个二进制文件记录数据

学　　号	姓　　名	国　　籍	午　　龄
101001	Wang	China	20
101002	Ricky	Libya	21
101003	Tom	Pakistan	22
102001	Gavin	Korea(South)	21
102003	Alice	Bangladesh	20

第 **10** 章

CHAPTER **10**

综合工程案例分析

学习目标

- 了解计算机技术在汽车动力系统电子控制方面的发展历史和运用。
- 理解工业领域如何与计算机领域进行融合，以及为何必须依靠计算机的能力来实现目标。
- 通过一个具体案例来回顾前面章节所讲知识，提升 C 语言的运用熟练度和对算法的认识。

全书以 C 语言在汽车动力系统电子控制系统方面的应用为工程案例进行分析,帮助读者了解工业领域如何与计算机技术进行融合。前面各章均有支撑该章知识点的小型工程案例分析,本章将以一个融合全书各章知识点的综合工程案例分析作为全书结尾。

🔑 10.1　C 语言在汽车电控系统中的工程应用

学习 C 语言的读者大多不具备汽车行业背景知识,于是本节用尽可能精练的篇幅向读者先科普汽车动力系统以及电子控制系统方面的基础知识,有助于读者了解计算机技术在汽车动力系统电子控制方面的不可或缺性,了解 C 语言在该系统中的运用情况。

10.1.1　汽车动力系统的特点

汽车作为日常生活中随处可见的一种交通工具,不仅仅给人们生活带来极大便利,同时也极大地提升了人类的生产力。截至 2023 年上半年,中国的汽车保有量超过 3.28 亿台,全球超过 11 亿台,从宏观上说明了汽车的重要性和使用的广泛性;帮助人们每天往返距离居住地几十千米的单位上班,网购千里之外的东西并能在两三天之内送到手上,说明了日常生活中汽车的便利性。

在如此庞大的汽车总量下,汽车质量和性能指标的一个微小变动都会带来总量上巨大的影响。例如,根据中国推出的乘用车燃油经济性标准要求,乘用车的企业平均油耗从 2020 年的标准工况下不超过 5.0 升/百千米下降到 2025 年的不超过 4.0 升/百千米,虽然一百千米仅仅节油 1 升,但即使是保守考虑当下的中国汽车市场保有量,如果按照每台车每年跑 2 万千米计算,每年可以节省燃油 560 亿升,减排 1.3 亿吨二氧化碳,这个数字比全国人民的体重总和还大,更何况中国还处在汽车保有量迅速上升的阶段。

汽车的总量庞大是很好理解的一个特点,除此之外为汽车提供动力的动力系统也有其自身的特点。以中国乘用车最常见的汽油机为例,车辆运行时发动机的转速一般处于 1000 转/分钟到 3000 转/分钟,对应一台四缸发动机在一分钟之内要点火 2000 次到 6000 次,而直喷的发动机喷油考虑到分次喷射最高可达 12000 次以上,每次点火、喷油时刻都要实时根据发动机运行情况计算出最佳的数值去准确执行。除了维持基本的运行之外驾驶员不断变化的动力输出要求,外部环境不断地变化需要进行修正,发动机运行时关键的几百个零部件性能是否正常的判断,这些任务都必须同时进行。所以平常人不关注的引擎盖下面,一套复杂的机械系统在各种因素影响下飞速地工作,如果是混合动力系统,除发动机外加入电驱系统,就更增加了复杂程度。

系统虽然复杂,但是工程师们却依然可以依靠机械编程,对不同的控制部件设定一些精巧的机械机关来实现,实际上在动力系统电子控制问世之前就是这样处理的,那又是什么动力让工程师放弃了这些巧妙的机关呢?那就是人类对于动力、排放、油耗以及成本不断提升的要求。举一个以性能强悍著称的超级跑车布加迪的例子,在 20 世纪 30 年代推出的 57 型跑车(图 10.1)排气量达到 3.3 升,输出动力达到了当时惊人的 100 千瓦,机械运用的高度在当时可谓登峰造极。而处在 21 世纪的我们则会认为 100 千瓦是入门级廉价车的动力,如果告诉你它是一台 1.0 升排量的发动机你会认为很正常,而告诉你是一台 3.3 升 8 个气缸的发动机你是断然不会相信的,更不要说和超级跑车的动力相关联。让普通廉价车拥有以往超级跑车的动力,这几十年来除了燃烧学、热力学、材料学以及制造工艺的发展,电子控制系统控制的高速和准确性也是功不可没的,特别是在排放上,燃油控制的精度偏差 1% 可能带来排放物上百倍的劣化。

图 10.1　20 世纪 30 年代的布加迪跑车

综上所述,当前大家日常生活中接触的汽车动力系统,是一个高速高精度运转的复杂系统,而且拥有几亿之众,我们需要高速、准确同时又低成本的控制系统。

10.1.2　汽车动力系统和电子控制系统的历史沿革

1876 年,德国的尼古拉斯·奥托以蒸汽机为基础,根据罗夏提出的原理发明了实用的单缸四冲程煤气发动机,主要作为工厂的动力来源。1879 年,德国的卡尔·本茨试验成功二冲程汽油发动机,并利用其制造出了三轮汽车。此后的一百多年,内燃机一直都作为汽车上的绝对主力动力源,当下 21 世纪 20 年代大量新能源汽车在中国出现,虽然说比例上超过内燃机可能要一段时间,但在提倡绿色出行的今天,加上其自身具有高动力、低使用成本的优势,是未来发展的大方向。由于动力系统电子控制的大发展是 20 世纪七八十年代开始的,所以当时的动力系统电子控制是指电子控制技术在内燃机上的运用。

从 19 世纪 70 年代到 20 世纪 70 年代经历了 100 年,为什么以前没有考虑使用电子控制,反而 100 年后要考虑了呢? 相信通过 10.1.1 节对动力系统特点的描述,大家对于电子控制系统在动力系统上的运用已有初步的了解,我们需要既高速、准确而又低成本的控制系统,计算机技术引入动力系统成为了必然。

本书第 1 章也提到了 C 语言的历史,而 C 语言之前的汇编语言甚至更早的编程语言都是在 1946 年发明计算机之后才出现的,也就是说发明内燃机后的近 70 年根本没有契机考虑电子控制技术在发动机上的运用,而一旦计算机技术的大门打开,汽车业很快就投身于运用这一技术。

计算机发明后不到十年,1953 年美国 Bendix(奔德士)公司开始开发电子控制燃油喷射系统,1957 年奔德士公司电子控制燃油喷射系统问世,并装备在克莱斯勒轿车上,迈出了市场化电子控制发动机关键零部件的第一步。

20 世纪 60 年代,电子技术发展非常活跃,一度出现世界能源危机,加之一些国家对汽车废气排放浓度限制,对排放物和油耗的需求开始变得有现实意义,各国汽车制造厂家对化油器做了各种改进,仍无法满足日益严格的限制。1967 年,德国 Bosch(博世)公司首次开发 Jetronic 发动机电子控制系统,并应用 Volkswagen(大众)-1600 轿车上,对美国大量出口,率先满足一些国家废气排放浓度的限制。由于排放法规是强制执行项,如果达不成会被禁止销售或者面临高额罚款,这也促成了电子控制开始全面接管汽车动力的控制系统。

1973 年,德国 Bosch(博世)公司正式推出 Jetronic 型发动机电子控制系统,是一种质量流量控制 Jetronic 型发动机电子控制系统。1979 年,德国 Bosch(博世)公司生产了集电子点火和电控燃油喷射于一体的 Motronic 数字式发动机综合控制系统。1980 年美国 Ford(福特)公司和 GM(通用)公司率先推出单点喷射式发动机电子控制系统。20 世纪 90 年代,发动机电子控制系统已广泛应用在汽车上。据统计,到了 1993 年部分国家采用发动机电子控制系统比重为:美国 100%,日本 80%,德国 98%。

进入 21 世纪,我国在全球汽车市场的比重越来越大,年销量已达到世界第一的规模。我国的排放法规要求也从 20 世纪末开始引入欧洲二号排放标准,逐渐过渡到自己的第六阶段排放标准,从法规标准要求上已与国际接轨。头部汽车电子控制供应商(如 Bosch(博世)、Continental(大陆)等)都在我国成立了研发中心,专门为我国的整车厂提供发动机电子控制技术服务,一些头部整车厂(如福特)则自己开发全套的动力系统控制软件。在新能源汽车方面,国内很多汽车厂商已经走上了自主或者参与开发三电(电驱动、电池、电控)控制软硬件系统的道路。

10.1.3　动力系统电子控制运行简介

目前在汽车工业领域,无论是采用内燃机、混合动力还是纯电系统作为汽车动力系统,都是通过发动机控制系统单元(ECU)或者车辆控制系统单元(VCU)作为车载计算机,综合处理由电测量的传感器、串行通信网络(LIN)和整车局域网络(CAN)传来的各种信号,经过计算后得到的各种指令和信号,通过直连线束、串行通信网络和整车局域网络发送到对应的执行器或者其他电子模块上。

动力系统的传感器和执行器少的有几十个,多的有几百个,整车的电子模块少的有几个多的有几十个,如何协调工作是一个大问题。目前普遍采用的是基于时间调度机的运行机制,简单来说就是把大大小小的各种任务分成不同的组,每个组里面的各种程序每间隔一个固定时间就会全部执行一次,在程序内部会有如下语句:

```
void ECU_process_ini(void);
void ECU_process_2ms(void);
void ECU_process_5ms(void);
void ECU_process_10ms(void);
void ECU_process_15ms(void);
void ECU_process_20ms(void);
void ECU_process_30ms(void);
void ECU_process_50ms(void);
void ECU_process_100ms(void);
```

发动机控制系统单元是基于嵌入式处理器的微型计算机,这些语句实际是调用嵌入式处理器支持的软件中断功能,大家如果对于这个运行环境比较陌生的话,可以简单地理解为每个语句就是在嵌入式处理器中设定了一个闹钟,这个闹钟一响就该执行这个闹钟下面的任务清单了。从这个角度讲,我们的闹钟一般就有初始化闹钟、2毫秒闹钟、5毫秒闹钟、……、100毫秒闹钟。实际上,发动机出于对点火喷油时刻的准确性等考虑,还有基于曲轴位置信号齿盘的特殊中断来提高精度,以及方便基于事件控制的中断设置等情况都需要设置闹钟,就不过多赘述,但是闹钟总量是数以万计的。

我们把这些闹钟放到高速运行的发动机中体会一下,假如当前是一个极端激烈的驾驶员在开一台装备4缸发动机的车,发动机转速达到了7000转/分,也就是说我们的发动机每分钟要点火14000次,喷油最多可达52000次,而一分钟内2毫秒的闹钟响了60000次,每次动作都可以依据最近的结果进行调整。高性能的F1的赛车发动机转速可达每分钟2万转,并且有10个气缸,每分钟响6万次的闹钟就不能用实时计算结果来支持运行。前面说的控制器只需要1000元人民币左右就能购买到,而F1这种车辆即使安装贵几百倍的控制器也没有什么压力,况且工程上对于程序运行和硬件的极限都有考虑。

那么接下来的问题是为何要设置这么多闹钟,除了上下电的特殊情况,全部设置2毫秒的闹钟不就行了吗?实际上这是出于成本的考虑。前文讨论过发动机除了运转快之外,组成的零部件多,考虑外部环境变化的因素也多,有高速运转相关的例如喷油点火,也有慢一点的驾驶员的油门和刹车、空调请求,还有更慢的例如发动机温度、环境温度等,没有必要每个功能都采用非常高的频率去更新,造成资源的浪费。实际上目前成熟的发动机控制系统,仅是应用层软件就有150万行左右的代码,涵盖约200个子模块,每个模块又由几十到几百个函数组成,涉及的常数和变量超过3万个,若都采用很高的频率去执行对芯片的要求很高,而成本又是企业和客户非常关心的一个关键指标。

10.1.4　C语言在动力系统电子控制系统中的运用

C语言自20世纪70年代诞生以来,得到广泛应用,特别因C语言可以在嵌入式处理器上运行,使得大量的工业软件都采用C语言编写。汽车控制系统作为一种工业化的小型嵌入式系统,也大量使用了C语言进行编程。

如前所述,汽车的电子控制是从20世纪50年代在重点零部件上开始尝试的,当时是采用汇编语言进行编写的,编程工作量巨大但实现的功能很简单,不过由于汇编语言运行的效率高,对硬件的要求很低,仍然具有明显优势。而那时用户普遍对汽车运行要求不高,采用高级语言的嵌入式系统性能普遍也不高并且价格偏高,因此,在这种情况下,采用汇编语言编写的电控系统直到20世纪80年代还有很强的生命力。20世纪后期,电子技术和汽车产业都迅速发展,不同的硬件使得成本和性能竞争越来越突出,同时客户和政府的要求也越来越高,汽车行业的平均水平在电子技术的推动下迅速提高,而汇编语言不易被移植,从能力上讲已经失去了支持嵌入式处理器迅速升级的条件,人们亟须一种可移植的高级编程语言,于是C语言的时代就来临了。

刚开始,C语言编写的程序主要负责控制整个程序中的高级运用层,如发动机涉及扭矩模型的计算,其他硬件诸如步进电机、喷油器的驱动还是采用汇编语言,而嵌入式处理器的编译系统可以支持汇编和C语言混合编写的程序;后来,基于扭矩控制的发动机运行逻辑运用越来越成熟,在Bosch(博世)等大公司的努力下,节气门体、喷油器、点火系统等都纳入扭矩控制的一个执行器来进行理解和控制,加上在线诊断方面的要求甚至是通过立法强制执行一些重要功能,汇编语言在动力系统电子控制中的运用比例越来越少,现在除了底层驱动的开发工程师还有可能要用到汇编语言编写的代码,其他都是采用 C 语言进行编程。

进入新世纪,新的编程语言越来越多,车辆的功能也越来越多,动力系统不仅仅单指发动机,还包括电驱系统、变速系统等,甚至基于扭矩控制的模型都不足以用来涵盖和解释整个动力系统运行,需要上升到基于能量管理的动力系统管理;外部的操作指令也不单单从驾驶员一方输入,运用主动安全甚至是具有一定能力自动驾驶功能的汽车,还有很多模块可以与动力系统进行信息交互、协同工作,有些安全相关的自动化指令甚至只需要 10 毫秒就能够触发整车相关的所有模块进行状态调整和重新计算。

动力系统控制的模型越来越复杂,各个功能之间的耦合程度越来越高,C 语言在动力系统电子控制中的地位有没有受到挑战呢? 实际上,Simulink 等在数学建模上有优势的软件,在动力系统控制中的应用逐渐增多,很多新的控制功能在开发时候直接采用 Simulink 进行算法设计和编程,但是为了让采用嵌入式处理器的动力系统电子控制能够稳定运行,最终都是把 Simulink 编写的功能模块编译成 C 语言,再作为整个程序植入车辆的控制器,这样才能让性能不够高的车用嵌入式处理器达到最优效果,为客户节省成本让企业更具竞争力。

因此,C 语言的可移植性和执行效率高的特点使其在工业产品中有非常突出的优点,能够最好平衡功能性和成本。

🔑 10.2　汽车电控系统局域网通信

汽车中有很多控制模块,除了动力系统还有仪表、刹车、娱乐系统等,各个模块的工作又不是独立的,它们之间需要不断地交互信息来协同工作,汽车行业率先开发并运用控制器局域网络(Controller Area Network,CAN),本节将简要介绍 CAN,方便大家对后面工程实例的理解。

10.2.1　CAN 简介

CAN 是国际上应用最广泛的现场总线之一。最初,CAN 被设计在汽车环境中实现微控制器通信,在车载各电子控制装置之间交换信息,形成汽车电子控制网络。例如,发动机管理系统、变速箱控制器、仪表装备和电子主干系统中均嵌入 CAN 控制装置。

CAN 最初出现在 20 世纪 80 年代末的汽车工业中,由博世公司最先提出。当时,消费者对汽车功能的要求越来越多,而这些功能的实现大多是基于电子控制的,这就使得电子装置之间的通信越来越复杂,同时意味着需要更多的连接信号线,随着信号线的增多,线束的复杂性和成本迅速上升。提出 CAN 总线的最初动机就是为了实现现代汽车中庞大的电子控制装置之间的通信,减少不断增加的信号线。于是,他们设计了一个单一的网络总线,所有的外围器件可以被挂接在该总线上。1993 年,CAN 成为国际标准 ISO11898(高速应用)和 ISO11519(低速应用)。

由于 CAN 总线具有很高的实时性能,因此在汽车工业、航空工业、工业控制、安全防护等领域中得到了广泛应用。

　　CAN 的总体布局如图 10.2 所示,CAN 总线网络主要挂在 CAN_H 和 CAN_L 上,各个节点通过这两条线实现信号的串行差分传输,为了避免信号的反射和干扰,还需要在 CAN_H 和 CAN_L 之间接上 120Ω 的终端,用以防止信号振荡。

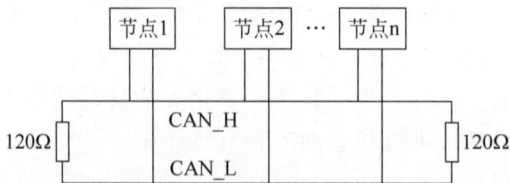

图 10.2　CAN 的总体布局

　　在实物上可以看到有两根 CAN 的连接线(汽车上一般使用双绞线),一根为 CAN_H,另一根为 CAN_L,这就是实现信号差分传输的介质,而连接的节点 1 到节点 n 就是不同的电子控制模块。我们可以理解成不同的电子模块就是不同的计算机,而 CAN 线就是它们组成局域网的网线。

　　作为节点的每个控制器则是有一个或者多个如图 10.3 所示的 CAN 接收发送单元,设计多个单元的原因是车上不仅仅只有一个速度的 CAN 网络,用于传输不同速度或者功能要求的信息,而是采用多种速度的 CAN 网络都有网关,统一协调处理涉及的不同速度 CAN 之间的信息交互。

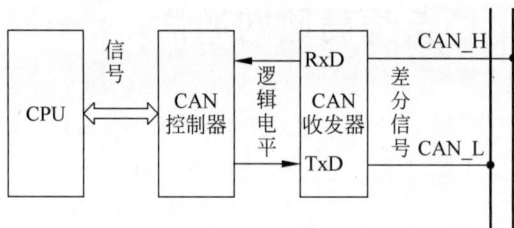

图 10.3　控制模块与 CAN 线之间的结构

　　中央处理器(CPU)可以控制 CAN 控制器的状态,并且和控制器交换信息,CAN 控制器根据命令的状态,负责通过 CAN 收发器交互信息,具体放在 CAN 线上的就是高低电平,分别对应大家熟悉的 0 和 1 状态。这样,一条 CAN 线上的所有模块就有了实现信息交互的环境了,那么它们之间到底如何交互,以及交互什么样的信息呢?

10.2.2　CAN 报文格式

　　在总线中传送的报文,每帧由 7 部分组成。CAN 协议支持两种报文格式,其唯一的不同是标识符(ID)长度不同,标准格式为 11 位,扩展格式为 29 位,如图 10.4 所示。

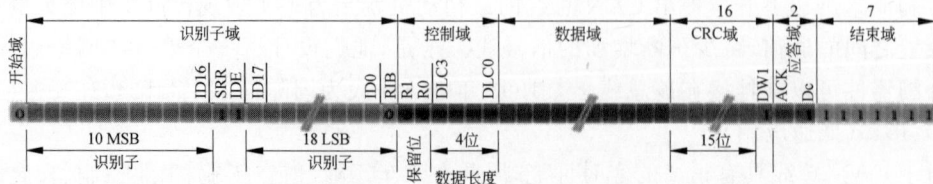

图 10.4　CAN 总线报文结构

　　在标准格式中,报文的起始位称为帧起始(SOF),然后是由 11 位标识符和远程发送请求位(RTR)组成的仲裁场。RTR 位标明是数据帧还是请求帧,在请求帧中没有数据字节。控制场包括标识符扩展位(IDE),指出是标准格式还是扩展格式。它还包括一个保留位(ro),为将来扩展使用。它的最后 4 位用来指明数据场中数据的长度(DLC)。数据场范围为 0~8 字节,其后有一个检测数据错误的循环冗余检查(CRC)。应答域(ACK)包括应答位和应答分隔符。发送站发送的这两位均为隐性电平(逻辑 1),这时正确接收报文的接收站发送主控电平(逻辑 0)覆盖它。用这种方法,发送站可以保证网络中至少有一个站能正确接收到报文。报文的尾部由帧结束域标出。在相邻的两条报文间有一很短的间隔位,如果这时没有站进行总线存取,总线将处于空闲状态。

　　由于本节主要讲一般的数据如何传输,所以仅给大家普及一下数据帧。数据帧是使用最多的帧,结构上由 7 段组成,其中根据仲裁段 ID 码长度的不同,分为标准帧(CAN2.0A)和扩展帧(CAN2.0B)。数据帧是由帧起始、仲裁端、控制端、数据段、CRC 段、ACK 段和帧结束构成,如图 10.5 所示。

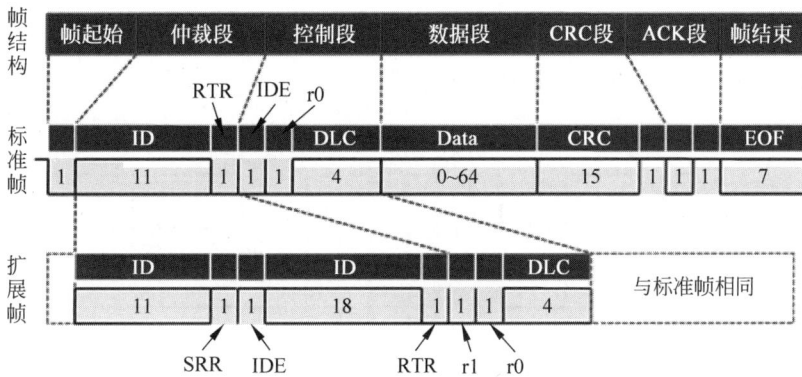

图 10.5　数据帧的类型及结构

　　(1) 帧起始和帧结束。

　　帧起始:由单个显性位组成,总线空闲时,发送节点发送帧起始,其他接收节点同步于该帧起始位。

　　帧结束:由 7 个连续的隐形位组成。需要说明的是,显性电平和隐性电平是相对于CAN_H 和 CAN_L 而言的差分信号电平,并非 TTL 电平上的高低电平。帧起始和帧结束在数据帧中的分布如图 10.6 所示。

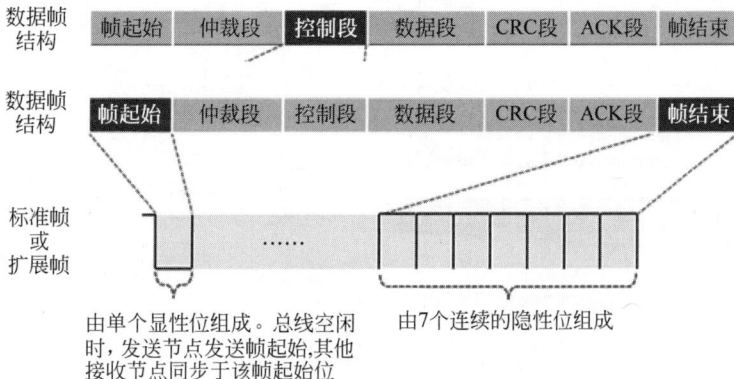

图 10.6　帧起始和帧结束在数据帧中的分布

（2）仲裁段

CAN-bus 是如何解决多个节点同时发送数据，即总线竞争的问题呢？该问题由仲裁段给出答案。CAN-bus 并没有规定节点的优先级，但通过仲裁段帧 ID 规定了数据帧的优先级。根据 CAN 2.0 标准版本不同，帧 ID 分为 11 位和 29 位两种，如图 10.7 所示。

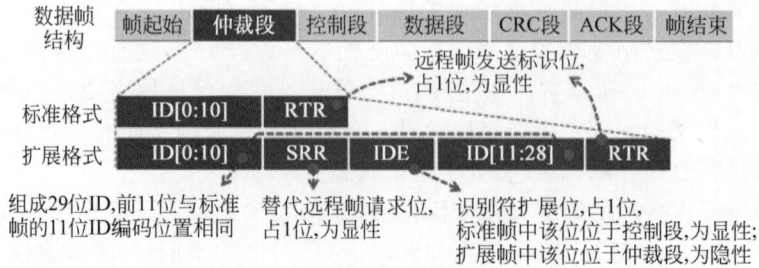

图 10.7　数据帧结构之仲裁段

CAN 控制器在发送数据的同时监测数据线的电平是否与发送数据对应电平相同，如果不同，则停止发送并做其他处理。假设节点 A、B 和 C 都发送相同格式相同类型的帧，如标准格式数据帧，它们竞争总线的过程如图 10.8 所示。

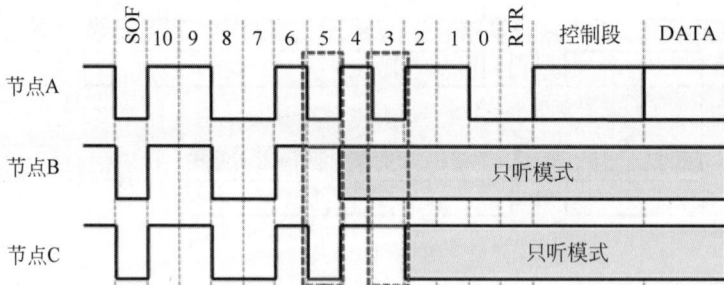

图 10.8　仲裁机制

从该分析过程得出结论：帧 ID 值越小，优先级越高；对于同为扩展格式的数据帧、标准格式远程帧和扩展格式远程帧的情况同理。

（3）控制段。

控制段共 6 位，标准帧的控制段由扩展帧标识位 IDE、保留位 r0 和数据长度码 DLC 组成，扩展帧控制段则由 IDE、r1、r0 和 DLC 组成，如图 10.9 所示。

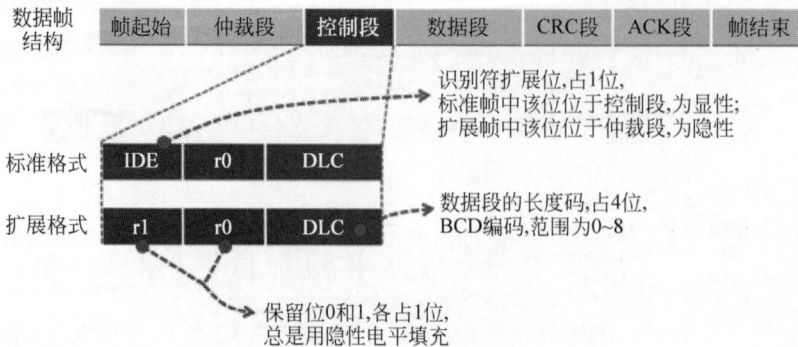

图 10.9　数据帧结构之控制段

（4）数据段。

一个数据帧传输的数据量最多为 8 字节,这种短帧结构使得 CAN-bus 实时性很高,非常适合汽车和工程应用场合,如图 10.10 所示。

图 10.10　数据帧结构之数据段

（5）CRC 段。

CAN-bus 使用 CRC 校验进行数据检错,CRC 校验值存放于 CRC 段。CRC 校验段由 15 位 CRC 值和 1 位 CRC 界定符构成,如图 10.11 所示。

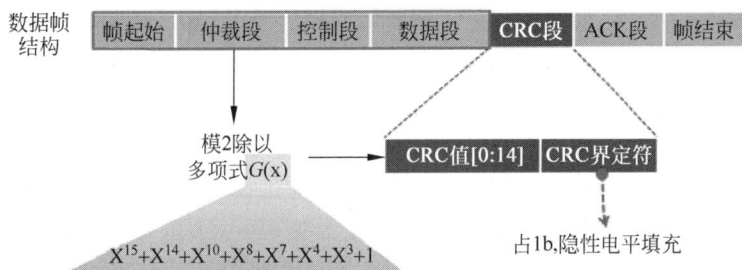

图 10.11　数据帧结构之 CRC 段

（6）ACK 段。

当一个接收节点接收的帧起始到 CRC 段之间的内容没发生错误时,它将在 ACK 段发送一个显性电平,如图 10.12 所示。

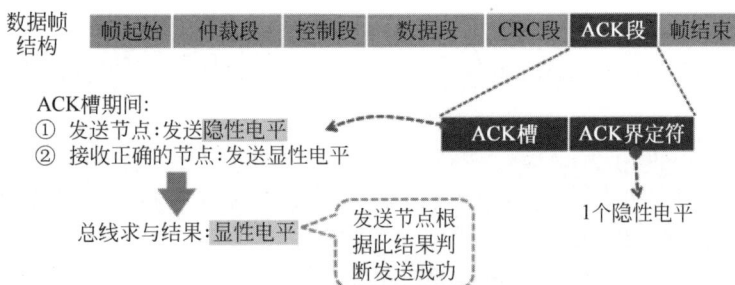

图 10.12　数据帧结构之 ACK 段

以上就是一个数据帧的结构,CAN 传输信息的时候必须要遵守这些规则。

10.2.3　车载 CAN 如何具体交互信息

相信大家学习了 10.2.1 节和 10.2.2 节的知识后,对于 CAN 如何沟通信息有了初步的了解,本节讨论具体如何使用到汽车上,也就是应该如何考虑软件设计的逻辑。

汽车上使用 CAN 通信一般会选择 500Kb/s 或者 1Mb/s 的传输速率,而各个模块之间需要交互的数据量是很大的。在实际使用中,不会直接传输控制器内的参数,因为 CAN 的数据传输类型和模块中程序的变量长度基本都不一致,每一帧 CAN 信息的数据段可以包含 8 字节 64 位的信息,而程序中有标识位、一字节数据、两字节数据,基本没有 8 字节的数据。为了在固定的通信速度下得到尽可能多的信息,控制模块内部的 CAN 功能往往会对数据进行重新打包处理,来适应 CAN 的报文。

举一个简单的例子,一个 CAN 报文可以包含最多 8 字节,我们要传输的信息,两个是 2 字节,三个是 1 字节的,还有 8 个标识位状态,如果不打包的话,就需要 13 次发送,而如果把这些信息打包成一个新的 8 字节变量则可以一次传输,大大提升了通信效率。而软件需要做的就是负责在发送模块中,按照设计把原来的 13 个变量对应放到这个 8 字节变量对应的位上,然后通过 CAN 发送出去,接收模块收到这个 8 字节变量后再按照设计从对应的位上取出这 13 个变量即可。

至此,CAN 通信协议已准备好,数据也已经打包好,是否万事俱备了? 实际上,这里还漏掉了一点,CAN 上传输的数据会很多,而一帧报文最多也就 8 字节,信息多了就需要更多的报文来发送,那 CAN 上这么多报文又是如何协调管理的呢? 细心的读者在 10.2.2 节讲述报文结构时,可能已经发现了有个仲裁段,其中明确提到帧 ID 值越小,优先级越高。仲裁段解决的问题是很多模块都可以往 CAN 发送数据,而 CAN 在同一时刻只能在 0 和 1 的状态中二选一,因此它解决的是不同模块都往 CAN 上发数据,哪个信号可以第一时间利用 CAN 发送的问题,而一个控制模块的很多信息则是通过控制模块内本身的程序来进行调度的,换句话说,模块内的 CAN 功能软件除了打包数据,还必须为什么时候发送什么信息进行协调。

综上所述,调用一个有 CAN 功能的模块在处理 CAN 通信发送数据的时候,软件需要完成三件事: 第一,罗列好哪些数据需要发送,各自的发送频率是多少; 第二,根据 CAN 的报文形式以及项目的 CAN 数据库定义对数据进行有效的打包; 第三,按时发送对应的信息。

🔑 10.3　C 语言在汽车 CAN 工作中的工程实例

经过前面两节的介绍,大家对于汽车必须依靠电子控制系统,以及控制模块之间通信的 CAN 网络有了初步的认识,本节将采用一个工程实例来帮助读者了解 C 语言在真实的汽车控制系统中是如何运用的。

下面给出某汽车 CAN 发送模块的程序代码,并通过注解的方式对代码实现的功能和 C 语言的运用展开分析,详见"代码分析"二维码。读者不必深究汽车电子控制系统的专业知识,只需要了解 C 语言在工程中如何运用即可。

代码分析

附录 A 运算符优先级及结合性

表 A.1 列出了运算符优先级及结合性。

表 A.1 运算符优先级及结合性

优先级	运算符	名称或含义	使用形式	结合方向	运算对象个数
1	( )	圆括号	(表达式) 函数名(形参表)	从左到右	
	[ ]	下标运算符	数组名[常量表达式]		
	->	指向结构体成员运算符	结构体指针->成员名		
	.	结构体成员运算符	结构体.成员名		
2	!	逻辑非运算符	!表达式	从右到左	单目运算符
	~	按位取反运算符	~表达式		
	++	自增运算符	++变量名 变量名++		
	--	自减运算符	--变量名 变量名--		
	-	负号运算符	-表达式		
	(类型)	强制转换运算符	(数据类型)表达式		
	*	指针运算符	*指针变量		
	&	取地址运算符	&变量名		
	sizeof	长度运算符	sizeof(表达式)		
3	*	乘法运算符	表达式 * 表达式	从左到右	双目运算符
	/	除法运算符	表达式/表达式		
	%	求余(取模)运算符	整型表达式%整型表达式		
4	+	加法运算符	表达式+表达式	从左到右	双目运算符
	-	减法运算符	表达式-表达式		
5	<<	左移运算符	变量<<表达式	从左到右	双目运算符
	>>	右移运算符	变量>>表达式		
6	>	大于运算符	表达式>表达式	从左到右	双目运算符
	>=	大于或等于运算符	表达式>=表达式		
	<	小于运算符	表达式<表达式		
	<=	小于或等于运算符	表达式<=表达式		
7	==	等于运算符	表达式==表达式	从左到右	双目运算符
	!=	不等于运算符	表达式!=表达式		
8	&	按位与运算符	表达式 & 表达式	从左到右	双目运算符
9	^	按位异或运算符	表达式^表达式	从左到右	双目运算符
10	|	按位或运算符	表达式|表达式	从左到右	双目运算符
11	&&	逻辑与运算符	表达式 && 表达式	从左到右	双目运算符
12	||	逻辑或运算符	表达式||表达式	从左到右	双目运算符

优先级	运算符	名称或含义	使用形式	结合方向	运算对象个数
13	?:	条件运算符	表达式 1? 表达式 2：表达式 3	从右到左	三目运算符
14	=	赋值运算符	变量＝表达式	从右到左	双目运算符
	＋=	加后赋值运算符	变量＋＝表达式		
	－=	减后赋值运算符	变量－＝表达式		
	*=	乘后赋值运算符	变量 *＝表达式		
	/=	除后赋值运算符	变量/＝表达式		
	%=	求余(取模)后赋值运算符	变量%＝表达式		
	<<=	左移后赋值运算符	变量<<＝表达式		
	>>=	右移后赋值运算符	变量>>＝表达式		
	&=	按位与后赋值运算符	变量 &＝表达式		
	^=	按位异或后赋值运算符	变量^＝表达式		
	|=	按位或后赋值运算符	变量|＝表达式		
15	,	逗号运算符 (顺序求值运算符)	表达式,表达式,…	从左到右	

附录 B ASCII 表

表 B.1 为 ASCII 表。

表 B.1 ASCII 表

二进制	十进制	十六进制	符号	二进制	十进制	十六进制	符号
00100000	32	20	空格	01000010	66	42	B
00100001	33	21	!	01000011	67	43	C
00100010	34	22	"	01000100	68	44	D
00100011	35	23	#	01000101	69	45	E
00100100	36	24	$	01000110	70	46	F
00100101	37	25	%	01000111	71	47	G
00100110	38	26	&	01001000	72	48	H
00100111	39	27	'	01001001	73	49	I
00101000	40	28	(	01001010	74	4A	J
00101001	41	29	)	01001011	75	4B	K
00101010	42	2A	*	01001100	76	4C	L
00101011	43	2B	+	01001101	77	4D	M
00101100	44	2C	,	01001110	78	4E	N
00101101	45	2D	—	01001111	79	4F	O
00101110	46	2E	.	01010000	80	50	P
00101111	47	2F	/	01010001	81	51	Q
00110000	48	30	0	01010010	82	52	R
00110001	49	31	1	01010011	83	53	S
00110010	50	32	2	01010100	84	54	T
00110011	51	33	3	01010101	85	55	U
00110100	52	34	4	01010110	86	56	V
00110101	53	35	5	01010111	87	57	W
00110110	54	36	6	01011000	88	58	X
00110111	55	37	7	01011001	89	59	Y
00111000	56	38	8	01011010	90	5A	Z
00111001	57	39	9	01011011	91	5B	[
00111010	58	3A	:	01011100	92	5C	\
00111011	59	3B	;	01011101	93	5D	]
00111100	60	3C	<	01011110	94	5E	^
00111101	61	3D	=	01011111	95	5F	_
00111110	62	3E	>	01100000	96	60	`
00111111	63	3F	?	01100001	97	61	a
01000000	64	40	@	01100010	98	62	b
01000001	65	41	A	01100011	99	63	c

二进制	十进制	十六进制	符号	二进制	十进制	十六进制	符号
01100100	100	64	d	01110010	114	72	r
01100101	101	65	e	01110011	115	73	s
01100110	102	66	f	01110100	116	74	t
01100111	103	67	g	01110101	117	75	u
01101000	104	68	h	01110110	118	76	v
01101001	105	69	i	01110111	119	77	w
01101010	106	6A	j	01111000	120	78	x
01101011	107	6B	k	01111001	121	79	y
01101100	108	6C	l	01111010	122	7A	z
01101101	109	6D	m	01111011	123	7B	{
01101110	110	6E	n	01111100	124	7C	|
01101111	111	6F	o	01111101	125	7D	}
01110000	112	70	p	01111110	126	7E	～
01110001	113	71	q	01111111	127	7F	删除

附录 C　常用库函数

1. 数学函数（表 C.1）

调用数学函数时，要求在源文件中包下以下命令行：

```
# include < math.h >
```

表 C.1　数学函数

函数原型说明	功　能	返回值	说　明
int abs(int x)	求整数 x 的绝对值	计算结果	
double fabs(double x)	求双精度实数 x 的绝对值	计算结果	
double acos(double x)	计算 $\cos^{-1}(x)$ 的值	计算结果	x 在 $-1\sim1$ 内
double asin(double x)	计算 $\sin^{-1}(x)$ 的值	计算结果	x 在 $-1\sim1$ 内
double atan(double x)	计算 $\tan^{-1}(x)$ 的值	计算结果	
double atan2(double x)	计算 $\tan^{-1}(x/y)$ 的值	计算结果	
double cos(double x)	计算 $\cos(x)$ 的值	计算结果	x 的单位为弧度
double cosh(double x)	计算双曲余弦 $\cosh(x)$ 的值	计算结果	
double exp(double x)	求 e^x 的值	计算结果	
double fabs(double x)	求双精度实数 x 的绝对值	计算结果	
double floor(double x)	求不大于双精度实数 x 的最大整数		
double fmod(double x,double y)	求 x/y 整除后的双精度余数		
double frexp(double val,int * exp)	把双精度浮点数 val 分解为尾数和以 2 为底的指数 n，即 $val=x*2^n$，n 存放在 exp 所指的变量中	返回尾数 x $0.5\leqslant x<1$	
double log(double x)	求 lnx	计算结果	$x>0$
double log10(double x)	求 $\log_{10}x$	计算结果	$x>0$
double modf(double val,double * ip)	把双精度型 val 分解成整数部分和小数部分，整数部分存放在 ip 所指的变量中	返回小数 部分	
double pow(double x,double y)	计算 x^y 的值	计算结果	
double sin(double x)	计算 $\sin(x)$ 的值	计算结果	x 的单位为弧度
double sinh(double x)	计算 $\sinh(x)$ 的值	计算结果	
double sqrt(double x)	计算 x 的开方	计算结果	$x\geqslant0$
double tan(double x)	计算 $\tan(x)$ 的值	计算结果	
double tanh(double x)	计算 $\tanh(x)$ 的值	计算结果	

2. 输入输出函数（表 C.2）

调用输入输出函数时，要求在源文件中包下以下命令行：

```
# include < stdio.h >
```

表 C.2　输入输出函数

函数原型说明	功　能	返　回　值
void clearer(FILE * fp)	清除与文件指针 fp 有关的所有出错信息	无
int fclose(FILE * fp)	关闭 fp 所指的文件,释放文件缓冲区	出错则返回非 0,否则返回 0
int feof(FILE * fp)	检查文件是否结束	文件结束则返回非 0,否则返回 0
int fgetc(FILE * fp)	从 fp 所指的文件中取得下一个字符	出错则返回 EOF,否则返回所读字符
char * fgets(char * buf,int n, FILE * fp)	从 fp 所指的文件中读取一个长度为 n−1 的字符串,将其存入 buf 所指存储区	返回 buf 所指地址,若文件结束或出错则返回 NULL
FILE * fopen(char * filename, char * mode)	以 mode 指定的方式打开名为 filename 的文件	成功则返回文件指针(文件信息区的起始地址),否则返回 NULL
int fprintf(FILE * fp,char * format,args,…)	把 args,…的值以 format 指定的格式输出到 fp 指定的文件中	实际输出的字符数
int fputc(char ch,FILE * fp)	把 ch 中字符输出到 fp 指定的文件中	成功则返回该字符,否则返回 EOF
int fputs(char * str,FILE * fp)	把 str 所指字符串输出到 fp 所指文件	成功则返回非负整数,否则返回 −1(EOF)
int fread(char * pt,unsigned size,unsigned n,FILE * fp)	从 fp 所指文件中读取长度 size 为 n 个数据项存到 pt 所指文件	读取的数据项个数
int fscanf(FILE * fp,char * format,args,…)	从 fp 所指的文件中按 format 指定的格式把输入数据存入 args,…所指的内存中	已输入的数据个数,若文件结束或出错则返回 0
int fseek(FILE * fp, long offer,int base)	移动 fp 所指文件的位置指针	成功则返回当前位置,否则返回非 0
long ftell(FILE * fp)	求出 fp 所指文件当前的读写位置	读写位置,出错则返回 −1L
int fwrite(char * pt,unsigned size,unsigned n,FILE * fp)	把 pt 所指向的 n * size 字节输入 fp 所指文件	输出的数据项个数
int getc(FILE * fp)	从 fp 所指文件中读取一个字符	返回所读字符,若出错或文件结束则返回 EOF
int getchar(void)	从标准输入设备读取下一个字符	返回所读字符,若出错或文件结束则返回 −1
char * gets(char * s)	从标准设备读取一行字符串放入 s 所指存储区,用'\0'替换读入的换行符	返回 s,出错则返回 NULL
int printf(char * format,args,…)	把 args,…的值以 format 指定的格式输出到标准输出设备	输出字符的个数
int putc(int ch,FILE * fp)	同 fputc	同 fputc
int putchar(char ch)	把 ch 输出到标准输出设备	返回输出的字符,若出错则返回 EOF
int puts(char * str)	把 str 所指字符串输出到标准设备,将'\0'转成回车换行符	返回换行符,若出错则返回 EOF

续表

函数原型说明	功　能	返　回　值
int rename(char * oldname, char * newname)	把 oldname 所指文件名改为 newname 所指文件名	成功则返回 0,否则返回−1
void rewind(FILE * fp)	将文件位置指针置于文件开头	无
int scanf(char * format,args, …)	从标准输入设备按 format 指定的格式把输入数据存入 args,…所指的内存中	已输入的数据的个数

3. 字符串函数(表 C.3)

调用字符串函数时,要求在源文件中包下以下命令行:

```
# include < string.h >
```

表 C.3　字符串函数

函数原型说明	功　能	返　回　值
char * strcat(char * s1,char * s2)	把字符串 s2 接到 s1 后面	s1 所指地址
char * strchr(char * s,int ch)	在 s 所指字符串中,找出第一次出现字符 ch 的位置	返回找到的字符的地址,找不到则返回 NULL
int strcmp(char * s1,char * s2)	对 s1 和 s2 所指字符串进行比较	s1<s2,返回负数;s1==s2,返回 0;s1>s2,返回正数
char * strcpy(char * s1,char * s2)	把 s2 指向的串复制到 s1 指向的空间	s1 所指地址
unsigned strlen(char * s)	求字符串 s 的长度	返回串中字符(不计最后的'\0')个数
char * strstr(char * s1,char * s2)	在 s1 所指字符串中,找出字符串 s2 第一次出现的位置	返回找到的字符串的地址,找不到则返回 NULL

4. 动态分配函数和随机函数(表 C.4)

调用动态分配函数和随机函数时,要求在源文件中包下以下命令行:

```
# include < stdlib.h >
```

表 C.4　动态分配函数和随机函数

函数原型说明	功　能	返　回　值
void * calloc(unsigned n,unsigned size)	分配 n 个数据项的内存空间,每个数据项的大小为 size 字节	分配内存单元的起始地址;如不成功则返回 0
void * free(void * p)	释放 p 所指的内存区	无
void * malloc(unsigned size)	分配 size 字节的存储空间	分配内存空间的地址;如不成功则返回 0
void * realloc(void * p,unsigned size)	把 p 所指内存区的大小改为 size 字节	新分配内存空间的地址;如不成功则返回 0
int rand(void)	产生 0~32767 的随机整数	返回一个随机整数
void exit(int state)	程序终止执行,返回调用过程,state 为 0 正常终止,非 0 非正常终止	无

参 考 文 献

[1] STEPHEN P. C Primer Plus 中文版[M].姜佑,译.6版.北京:人民邮电出版社,2020.

[2] KING N K. C语言程序设计现代方法[M].吕秀锋,黄倩,译.2版.北京:人民邮电出版社,2021.

[3] KERNIGHAN W B,RITCHIE M D. C程序设计语言[M].徐宝文,李志,译.2版.北京:机械工业出版社,2022.

[4] DEITEL P,DEITEL H. C程序设计教程[M].王海鹏,译.9版.北京:人民邮电出版社,2023.

[5] 何钦铭,颜晖.C语言程序设计[M].4版.北京:高等教育出版社,2020.

[6] 谭浩强.C程序设计[M].5版.北京:清华大学出版社,2017.

图书资源支持

感谢您一直以来对清华版图书的支持和爱护。为了配合本书的使用，本书提供配套的资源，有需求的读者请扫描下方的"书圈"微信公众号二维码，在图书专区下载，也可以拨打电话或发送电子邮件咨询。

如果您在使用本书的过程中遇到了什么问题，或者有相关图书出版计划，也请您发邮件告诉我们，以便我们更好地为您服务。

我们的联系方式：

清华大学出版社计算机与信息分社网站：https://www.shuimushuhui.com/

地　　址：北京市海淀区双清路学研大厦 A 座 714

邮　　编：100084

电　　话：010-83470236　　010-83470237

客服邮箱：2301891038@qq.com

QQ：2301891038（请写明您的单位和姓名）

资源下载： 关注公众号"书圈"下载配套资源。

资源下载、样书申请

图书案例

书圈

清华计算机学堂

观看课程直播